国家级实验教学示范中心联席会

计算机学科组规划教材

漫话微信小程序开发与实战

微课视频版

刘凡 编著

清华大学出版社

北京

内容简介

本书共有11章，主要介绍微信小程序的基础知识，分为小程序开发基础知识和实战练习两部分。在微信小程序开发基础知识部分，读者可以学习微信小程序的发展历程、开发前的准备工作、微信开发平台和微信开发者工具的使用，以及小程序的代码结构、目录结构、配置文件、逻辑层和视图层等内容。在微信小程序实战练习部分，读者可以通过三个实战项目进行练习，其中专属头像框更换项目侧重于微信小程序前端开发，宿舍报修系统实战项目侧重于微信小程序云开发技术，电影院自助管理系统实战项目侧重于Spring Boot后端开发。

本书适合作为高等院校计算机及相关专业的教材，也适合对微信小程序开发感兴趣的初学者或者想要深入学习微信小程序开发的读者。

图书在版编目(CIP)数据

漫话微信小程序开发与实战：微课视频版/刘凡编著. —北京：清华大学出版社，2024.10
国家级实验教学示范中心联席会计算机学科组规划教材
ISBN 978-7-302-66209-9

Ⅰ. ①漫…　Ⅱ. ①刘…　Ⅲ. ①移动终端－应用程序－程序设计－高等学校－教材　Ⅳ. ①TN929.53

中国国家版本馆CIP数据核字(2024)第086730号

责任编辑：郑寅堃　王冰飞
封面设计：刘　键
责任校对：韩天竹
责任印制：丛怀宇

出版发行：清华大学出版社
　　网　　址：https://www.tup.com.cn，https://www.wqxuetang.com
　　地　　址：北京清华大学学研大厦A座　　**邮　　编**：100084
　　社 总 机：010-83470000　　**邮　　购**：010-62786544
　　投稿与读者服务：010-62776969，c-service@tup.tsinghua.edu.cn
　　质量反馈：010-62772015，zhiliang@tup.tsinghua.edu.cn
　　课件下载：https://www.tup.com.cn，010-83470236
印 装 者：三河市铭诚印务有限公司
经　　销：全国新华书店
开　　本：185mm×260mm　　**印　张**：16.75　　**字　　数**：411千字
版　　次：2024年12月第1版　　**印　　次**：2024年12月第1次印刷
印　　数：1～1500
定　　价：59.90元

产品编号：096822-01

前言

微信小程序开发技术是互联网行业的新兴开发技术之一。对于用户而言,微信小程序不需要下载即可使用,对于开发者而言,微信小程序开发成本低、推广成本低、开发效率高。由于微信小程序具有的优点较多,社会对微信小程序开发人才的需求与日俱增。微信小程序学习门槛较低,开发者只需要具备 HTML、CSS 和 JavaScript 的语言基础即可。即使开发者对这些语言不太了解,也能快速上手。

本书主要以微信小程序开发为主,着重对初学者进行基础指导。通过阅读本书,读者不仅可以掌握微信小程序开发的基础语法,还能在练习中提高编程能力,用简明的语言掌握基础知识。本书还增加了漫画内容,以帮助初学者更好地掌握各个知识点。这本书非常适合在校师生学习阅读,还可以作为高等院校计算机及相关专业的教材使用。此外,本书将微信小程序开发实用技术融入完整的软件项目中,教学设计按照“由浅入深、由简单到复杂”的特点,增加学生的动手实训机会,引起学生的学习兴趣,进一步提高学生的技能操作熟练度。

本书的编写特点可以归纳为以下三点。

(1) 紧扣教学规律,合理设计内容结构。本书编者长期从事微信小程序开发教学工作,具有丰富的教学经验和软件开发经验,紧扣教学规律和学习规律,全力打造难易适中、结构合理、实用性强的教材。本书以知识点作为基本教学单元,采取“知识点引入—场景类比—原理讲解—案例实训—小结与思考”的内容结构。此次新编教材在传授知识的同时,将工程项目中常用环境配置、开发工具的使用及项目工程化工具一并传授,融会贯通,以期培养学生的工程能力和工程素养。

(2) 漫话式写作,丰富的教学资源。本书的写作风格是通过漫话式语言将基础知识输出给读者,每个章节都含有众多案例和漫画风格的讲解,通过生活化的场景类比讲解知识点背后的工作原理。通过这种方式不仅可以提升读者的编程能力,还可以极大地带动读者的阅读兴趣。

(3) 高效的课程辅助工具,深度强化学生成长。为了改变传统教学观念的限制,对学生的学习情况进行有效监督管理。本书附带提供一个辅助教师课堂教学的微信小程序，具有课堂签到和基于知识点的随机课堂测验、投票等功能，能够准确分析学生知识点的掌握情况，量化处理学生的学习结果，并将其融入平时的教学考评活动之中，提升课堂教学效果。

希望本书能够对读者学习微信小程序开发有所帮助。

由于编者能力和水平有限，书中难免存在不足与疏漏之处，请各位读者批评指正。

编　者

2024 年 8 月

目 录

随书资源

第1章

认识微信小程序

CHAPTER 1

微课视频

在线练习

本章主要介绍微信小程序的概念、微信小程序所具有的优点、微信小程序的发展过程、开发微信小程序与开发普通网页的区别,以及微信小程序的发展现状与发展前景。

1.1 微信小程序简介

微信小程序,简称小程序,英文名 WeChat Mini Program。它是一种不需要下载安装即可使用的应用,用户搜索就能打开,相比其他类型 App 更便捷,更"触手可及"。

一些性能要求不高、使用频度不高、业务逻辑简单的应用更适合被做成小程序,如用于购票、缴费、手机充值的 App 等。

微信小程序图标如图 1-1 所示。

图 1-1 微信小程序图标

1.2 小程序大事记

2016 年 1 月 11 日,"微信之父"张小龙时隔多年的公开亮相,解读了微信的四大价值观。张小龙指出,"越来越多产品通过公众号来做,因为这里开发、获取用户和传播成本更低。拆分出来的服务号并没有提供更好的服务,所以微信内部正在研究新的形态,叫作微信小程序,之前叫作应用号"。

2016 年 9 月 21 日,微信小程序正式开启内测。在微信生态下,"触手可及、用完即走"的微信小程序引起人们的广泛关注。腾讯云微信小程序解决方案正式上线,提供微信小程序在云端服务器的技术支持。

2017 年 1 月 9 日 0 点,万众瞩目的第一批微信小程序正式上线,用户可以体验到微信小程序提供各种各样的服务。

2017 年 12 月 28 日,微信更新的 6.6.1 版本开放了小游戏功能,微信启动页面还重点推荐了小游戏"跳一跳",用户可以通过微信小程序找到自己已经玩过的小游戏。

2018 年 1 月 18 日,微信团队提供了侵权投诉渠道,用户或企业可以在微信公众平台及微信客户端入口投诉侵权者。

2018 年 1 月 25 日,微信团队在"微信公众平台"发布公告称,"从移动应用分享至微信的小程序页面,用户访问时支持打开来源应用。同时,为提升用户使用体验,开发者可以设置小程序菜单的颜色风格,并根据业务需求对小程序菜单外的标题栏区域进行自定义"。

2018 年 3 月,微信团队正式宣布启动微信小程序广告组件内测,内测内容还包括第三方可以快速创建并认证小程序、新增小程序插件管理接口和更新基础能力,开发者可以通过微信小程序来赚取广告收入。在公众号文中、朋友圈广告及公众号底部的广告位都支持微信小程序的投放广告,从微信小程序的广告位也可以直达小程序。

2018 年 7 月 13 日,微信小程序任务栏功能升级,新增"我的微信小程序"板块;而微信小程序原有的"星标"功能升级,用户可以将喜欢的小程序直接添加到"我的微信小程序"栏中。

2018 年 8 月 10 日,微信团队宣布,微信小程序后台数据分析及插件功能升级,开发者可查看已将小程序添加到"我的微信小程序"中的用户数。此外,2018 年 8 月 1 日至 12 月 31 日期间,微信小程序(含小游戏)流量主的广告收入分成比例优化上调,单日广告流水 10 万~100 万区间的收入部分,开发者可获得的分成由原来流水的 30%上调到 50%,优质微信小程序流量主可获得更高收益。

2018 年 9 月 28 日，微信“功能直达”功能正式开放，商家与用户的距离可以更“近”一步：用户微信搜一搜功能词，搜索页面将呈现相关的微信小程序，单击搜索结果即可直达微信小程序相关服务页面。

2019 年 8 月 9 日，微信团队向开发者发布新功能公测与更新公告，微信 PC 端新版本支持打开聊天中分享的微信小程序。安装最新 PC 端测试版微信后，单击聊天中的微信小程序便会弹出微信小程序浮窗。而在微信小程序右上角的操作选项中也开始支持“最小化”操作，这让微信小程序像其他 PC 端软件一样能够被最小化，可以排列于 Windows 系统的任务栏中。

2020 年，微信小程序基础库迎来重大更新，新增多项功能，如自定义组件支持无障碍访问，自定义 tabbar，以及页面级自定义导航配置等。引入“长期订阅消息”功能，增强了小程序与用户之间的互动能力。微信小程序支持“插件支付”，简化了支付流程并提升了用户体验。微信小程序新增“视频编辑”接口，用户可以直接在小程序内编辑视频，提升了媒体处理能力。

2021 年，推出“小程序打开客服”功能，用户可以直接在小程序内联系客服，提升了用户服务体验。微信小程序支持“车牌识别”接口，为交通出行类小程序提供了更多便利。微信小程序新增“视频号活动”接口，允许小程序参与视频号的互动和活动。

2022 年，推出“视频号直播”相关接口，小程序可以直接预约和管理视频号直播，拓展了直播能力。新增 wx.sendSms 接口，允许小程序发送短信验证码，提升了用户验证流程的便捷性。

2023 年，推出“大模型技术创新”，微信小程序开始支持大型 AI 模型的集成和应用，提升了 AI 能力。

2024 年，微信小程序基础库新增 API 支持小程序跳转小店订单详情，增强了电商功能。推出微信小店商品卡片样式自定义能力，提升了商家的个性化展示能力。微信小程序全局翻译，增强了多语言支持能力。

小程序部分大事记总结如图 1-2 所示。

图 1-2　小程序部分大事记

1.3 开发小程序与开发普通网页的区别

小程序的主要开发语言是 JavaScript,小程序的开发同普通的网页开发相比有很大的相似性。对于前端开发者而言,从网页开发迁移到小程序开发成本并不高,但是二者还是有些许区别的。

网页开发渲染线程和脚本线程是互斥的,这也是长时间的脚本运行可能导致页面失去响应的原因。而在小程序中二者是分开的,分别运行在不同的线程中。网页开发者可以使用各种浏览器暴露出来的 DOM API 进行 DOM 操作,而小程序的逻辑层和渲染层是分开的,逻辑层运行在 JSCore 中,并没有一个完整的浏览器对象,因而缺少相关的 DOM API 和 BOM API。这一区别导致了前端开发非常熟悉的一些库,如 jQuery、Zepto 等在小程序中无法运行。同时 JSCore 的环境同 NodeJS 环境也不尽相同,所以一些 NPM 的包在小程序中也是无法运行的。

网页开发者需要面对的环境是各式各样的浏览器,在 PC 端需要面对 Edge、Chrome、Firefox 等,在移动端需要面对 Safari、Chrome 及 iOS、Android 系统中的各式 WebView 框架。而在小程序开发过程中开发者需要面对的是两大操作系统(iOS 和 Android)的微信客户端,以及用于辅助开发的小程序开发者工具,在小程序中的三大运行环境也是有所区别的,如表 1-1 所示。

表 1-1　三大运行环境对比

运行环境	逻辑层	渲染层
iOS	JavaScript Core	WKWebView
Android	V8	Chromium 定制内核
小程序开发者工具	NWJS	Chrome WebView

开发者在开发网页的时候只需要使用浏览器,至多搭配一些辅助工具或编辑器。开发小程序则有所不同,开发者需要经过申请小程序账号、安装小程序开发者工具、配置项目等过程方可完成。

普通网页开发与微信小程序开发的主要区别如图 1-3 所示。

图 1-3　主要区别

1.4　小程序的发展现状与前景

截至 2024 年 10 月，微信小程序用户规模已达到 9.49 亿，月人均使用时长增长至 1.7 小时，月人均使用次数接近 70 次，同比分别增长了 15.1%和 5.2%。此外，百万用户量级以上的微信小程序占比已达到 14.1%。

微信小程序发展现状总结如图 1-4 所示。

图 1-4　微信小程序发展现状总结

对于用户来说，小程序不需要下载、即用即走，使用极为方便。对于开发者来说，小程序开发成本低、推广成本低、开发效率高。这些优点使得创业者纷纷投资开发小程序。

由于有即扫即用免安装的优势，小程序非常契合餐饮、扫码搭车等即时消费场景，在电商、美食、外卖、旅游等场景具有相对优势。2021 年微信团队从拓宽场景（例如，视频号直播引流至小程序进行交易变现）、降本提效、丰富经营、数据分析、运营支撑、提升信任这六个方面入手，继续助力小程序生态。

微信小程序作为一种轻量级应用，开发简洁，开发费用相对较低，且微信团队也在逐步加强开发扶持，从而降低开发者开发的门槛，且凭借微信平台本身的社交属性，可以进一步节省开发者推广成本。

微信小程序轻量化还体现在其能带给用户更简洁轻盈和高效的体验感，其发展将越来越向用户的核心需求靠拢。

目前主流的微信小程序的核心功能基本以购物交易为主，且这类小程序相比其他类型的小程序用户量更大，所以开发者将会把目光更多转向电商类小程序的开发。

随着人工智能技术在技术层及平台层的完善，未来视觉识别、自然语言处理、语音识别等人工智能将会更多地服务于小程序的运营者。

微信小程序发展前景总结如图 1-5 所示。

图 1-5　微信小程序发展前景总结

1.5 小结

本章小结如图 1-6 所示。

图 1-6 小结

1.6 习题

1. 微信小程序是由(　　)提出的，其出现解决了 App 使用的效率问题。

   A. 张小龙　　B. 尤雨溪　　C. 马化腾　　D. 李彦宏

2. 下面对微信小程序发展前景的说法中，错误的是(　　)。

   A. 微信小程序是一个生态体系，开发者将来能够更好地借助扩展插件进行小程序的开发

   B. 微信小程序不断地完善自己，支持的功能越来越强，进一步完善了开发接口

   C. 微信小程序只能由个人申请使用

   D. 微信小程序积累了大量的用户，且用户黏性高

3. 下面对微信小程序的描述中，错误的是(　　)。

   A. 微信小程序是一种不需要安装即可使用的应用

   B. 微信小程序运行于微信之上，类似于原生 App

   C. 微信小程序应用大小上限为 3048KB

   D. 微信小程序可以跨平台

4. 下面功能中，微信小程序不支持的是(　　)。

A. 集中入口　　B. 线下扫码　　C. 挂起状态　　D. 消息通知

5. 下面关于微信小程序优点的描述，正确的是(　　)。

A. 微信小程序不需要下载，可通过"扫一扫"的方式获取

B. 微信小程序不需要升级

C. 微信小程序开发周期短，开发成本低

D. 微信小程序能推送消息

6. 下面对微信小程序功能的描述，正确的是(　　)。

A. 微信小程序支持线下扫码

B. 微信小程序可以在聊天窗口和小程序之间进行切换

C. 微信小程序可以通过集中入口进入

D. 微信小程序可以进行消息通知

7. 请简述什么是微信小程序。

8. 试述开发微信小程序与开发普通网页的区别。

9. 试述使用微信小程序开发的优势。

第2章

开发前的准备

CHAPTER 2

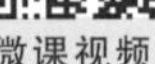

在线练习

本章主要介绍注册和使用微信小程序管理后台、安装和使用微信开发者工具的方法。微信小程序管理后台和微信开发者工具都是开发微信小程序必不可少的工具，通过微信小程序管理后台，开发者可以完成小程序的基础性配置，如小程序名称、LOGO等，还可以对小程序进行开发人员管理和版本管理、查询小程序访问数据等。通过微信开发者工具，开发者可以开发微信小程序。

2.1　注册微信小程序开发者账号

2.1.1　邮箱注册

打开微信公众平台网页 https://mp. weixin. qq. com/,选择“立即注册”选项,如图 2-1 所示,进入立即注册页面,选择“小程序”选项,如图 2-2 所示。

图 2-1　微信公众平台网页

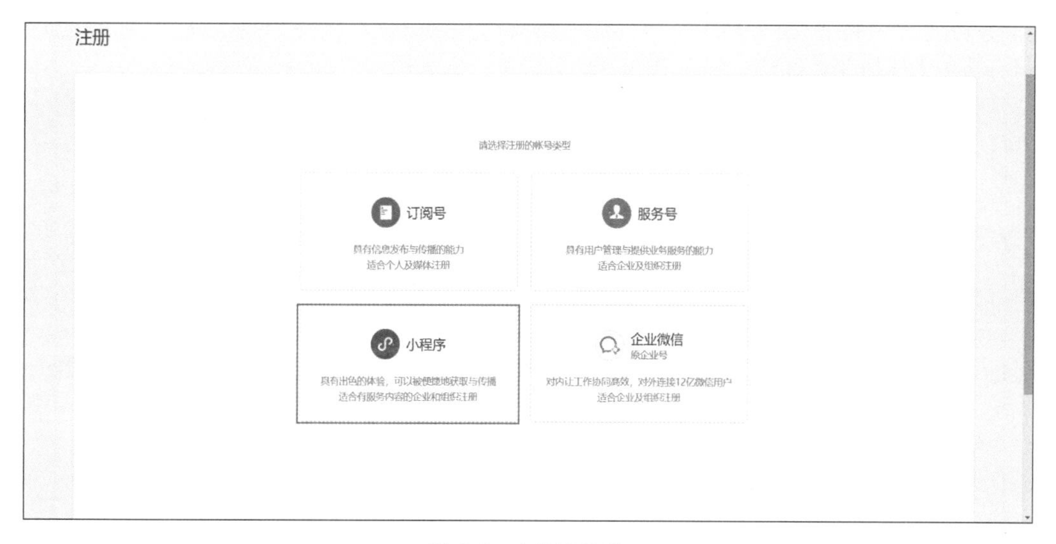

图 2-2　小程序注册

按流程填写账号信息、激活邮箱和登记信息,如图 2-3 所示。填写账号信息环节中填写邮箱需要未注册过公众平台、开放平台、企业号、未绑定个人号的邮箱。激活邮箱环节需要登录邮箱并查收激活邮件,然后访问激活链接。

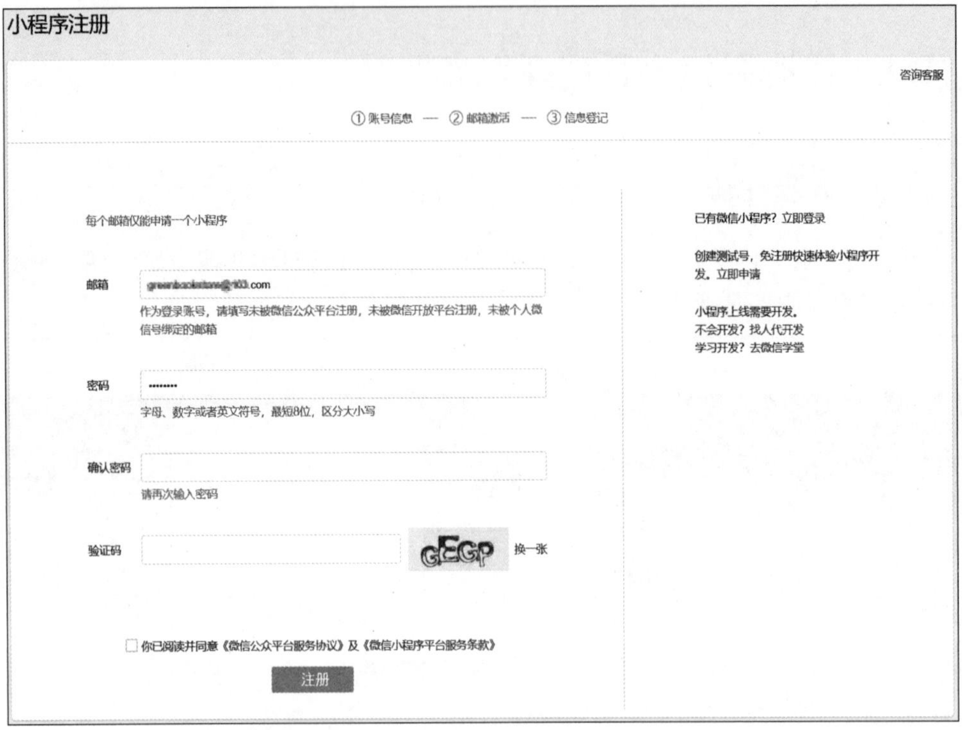

小程序注册

咨询客服

① 账号信息 — ② 邮箱激活 — ③ 信息登记

每个邮箱仅能申请一个小程序

邮箱 greenbookstore@163.com

作为登录账号，请填写未被微信公众平台注册，未被微信开放平台注册，未被个人微信号绑定的邮箱

密码 ••••••••

字母、数字或者英文符号，最短8位，区分大小写

确认密码

请再次输入密码

验证码 cEGP 换一张

你已阅读并同意《微信公众平台服务协议》及《微信小程序平台服务条款》

注册

已有微信小程序？立即登录

创建测试号，免注册快速体验小程序开发。立即申请

小程序上线需要开发。
不会开发？找人代开发
学习开发？去微信学堂

图 2-3　填写账号信息

2.1.2　填写主体信息并验证

访问激活链接后，可继续下一步的注册流程。先选择主体类型，完善主体信息和管理员信息，如图 2-4 所示。

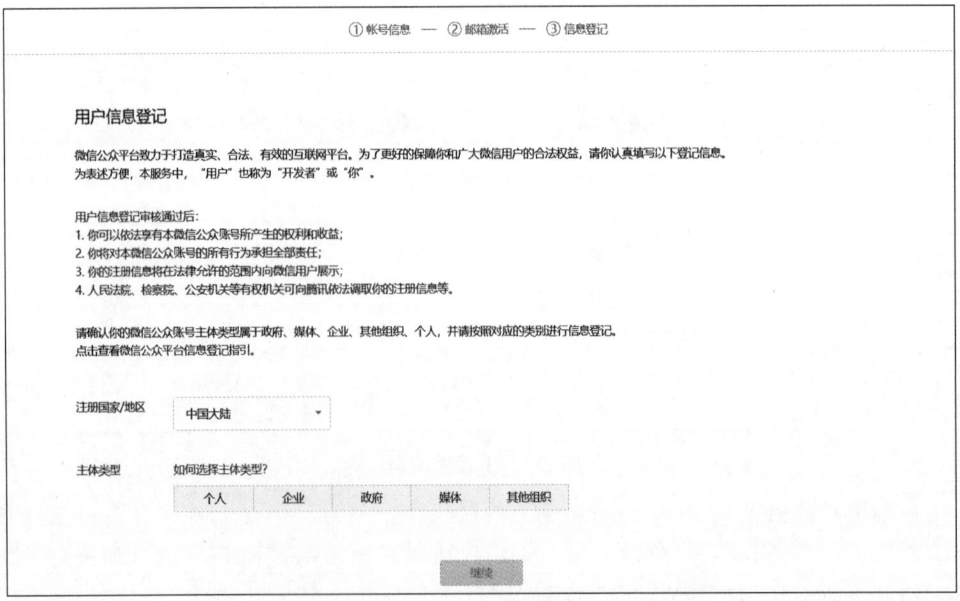

① 帐号信息 — ② 邮箱激活 — ③ 信息登记

用户信息登记

微信公众平台致力于打造真实、合法、有效的互联网平台。为了更好的保障你和广大微信用户的合法权益，请你认真填写以下登记信息。
为表述方便，本服务中，"用户"也称为"开发者"或"你"。

用户信息登记审核通过后：
1. 你可以依法享有本微信公众账号所产生的权利和收益；
2. 你将对本微信公众账号的所有行为承担全部责任；
3. 你的注册信息将在法律允许的范围内向微信用户展示；
4. 人民法院、检察院、公安机关等有权机关可向腾讯依法调取你的注册信息等。

请确认你的微信公众账号主体类型属于政府、媒体、企业、其他组织、个人，并请按照对应的类别进行信息登记。
点击查看微信公众平台信息登记指引。

注册国家/地区 中国大陆

主体类型 如何选择主体类型？

个人 企业 政府 媒体 其他组织

继续

图 2-4　信息填写

主体类型说明如表 2-1 所示。

表 2-1 主体类型说明

账号主体	范围
个人	18 岁以上认证身份信息的微信实名用户
企业	企业、分支机构
企业(个体工商户)	个体工商户
政府	国内各级、各类政府机构、事业单位、具有行政职能的社会组织等。目前主要覆盖公安机构、党团机构、司法机构、交通机构、旅游机构、工商税务机构、市政机构等
媒体	报纸、杂志、电视、电台、通讯社等
其他组织	不属于政府、媒体、企业或个人的类型

此处可以设置主体类型为个人,注意事项如图 2-5 所示。

图 2-5 注意事项

有盈利需求的小程序可以选择企业主体,注册企业类型账号时需要进行企业认证,可选择如下两种主体认证方式。

方式一:需要用公司的对公账户向腾讯公司打款来验证主体身份。打款信息在提交主体信息后可以查看到。

方式二:通过已认证的微信账户认证主体身份,此方法需支付 300 元认证费。认证通过前,小程序部分功能将暂时无法使用。

主体信息登记如图 2-6 所示。

主体信息登记

企业类型 ● 企业 ○ 个体工商户
企业包括:企业、分支机构、企业相关品牌等

企业名称 s
需与当地政府颁发的商业许可证书或企业注册证上的企业名称完全一致,信息审核审核成功后,企业名称不可修改。

营业执照注册号
请输入15位营业执照注册号或18位的统一社会信用代码。

注册方式 ○ 向腾讯公司小额打款验证
① 填写企业对公账户
为验证真实性,此对公账户需给腾讯打款验证。注册最后一步可查看打款信息,请尽快联系贵公司/单位财务进行打款。
② 注册最后一步,需用该对公账户向腾讯公司进行打款
③ 腾讯公司收到汇款后,会将注册结果发至管理员微信、公众平台站内信
④ 打款将原路退回至您的对公账户

○ 微信认证
微信注册并认证,需支付300元审核费用。提交认证后会在1-5个工作日完成审核。在认证完成前小程序部分能力暂不支持。查看详情

图 2-6 主体信息登记

政府、媒体、其他类型组织在注册小程序账号时,必须通过微信认证验证自身主体身份。认证通过前,小程序部分功能将暂时无法使用。主体类型选择如图 2-7 所示。

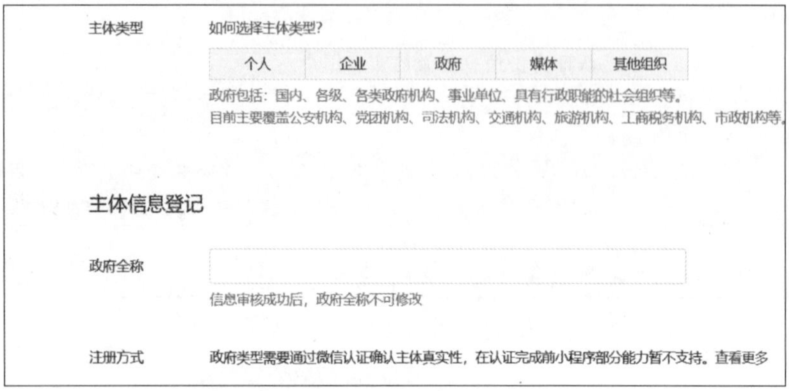
主体类型
如何选择主体类型?
个人
企业
政府
媒体
其他组织
政府包括:国内、各级、各类政府机构、事业单位、具有行政职能的社会组织等。
目前主要覆盖公安机构、党团机构、司法机构、交通机构、旅游机构、工商税务机构、市政机构等。
主体信息登记
政府全称
信息审核成功后,政府全称不可修改
注册方式
政府类型需要通过微信认证确认主体真实性,在认证完成前小程序部分能力暂不支持。查看更多

图 2-7　主体类型选择

微信认证入口为“登录小程序”—“设置”—“微信认证详情”,如图 2-8 所示。

服务类目
一个月内可申请修改5次
本月还可修改5次
详情
主体信息
企业法人及个体工商户
小程序迁移
详情
名称修正
微信认证
已认证
于2022-06-06完成微信认证审核
详情
相关小程序
暂无
默认展示同个微信开放平台账号下的小程序,可添加团队的其他小程序
修改
相关公众号
暂无
默认展示同个微信开放平台账号下的公众号,可添加团队的其他公众号
修改

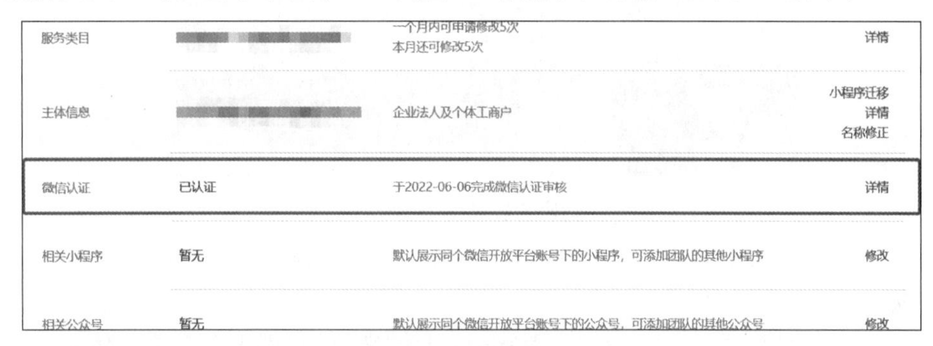

图 2-8　微信认证入口

选择主体类型为个人后需要填写管理员信息,此处需要注意的是一个手机号只能绑定五个微信小程序,如图 2-9 所示。

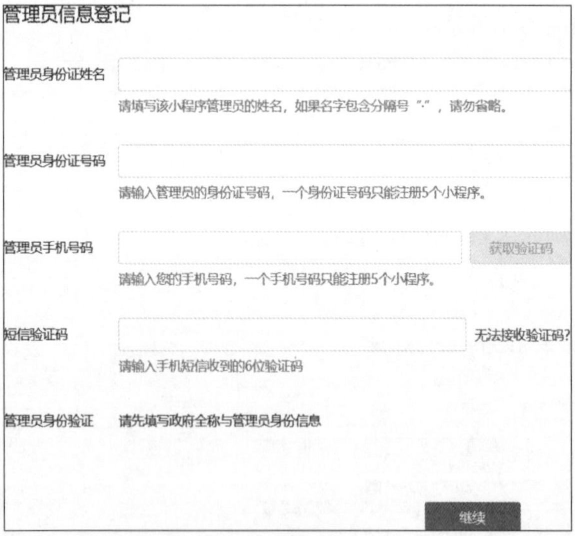
管理员信息登记
管理员身份证姓名
请填写该小程序管理员的姓名,如果名字包含分隔号“·”,请勿省略。
管理员身份证号码
请输入管理员的身份证号码,一个身份证号码只能注册5个小程序。
管理员手机号码
获取验证码
请输入您的手机号码,一个手机号码只能注册5个小程序。
短信验证码
无法接收验证码?
请输入手机短信收到的6位验证码
管理员身份验证
请先填写政府全称与管理员身份信息
继续

图 2-9　管理员信息填写

已确认的主体信息不可变更，确认完成后微信小程序账号就注册成功了，如图2-10所示。

图2-10　主体信息不可变更

总结注册微信小程序开发者账号的流程，如图2-11所示。

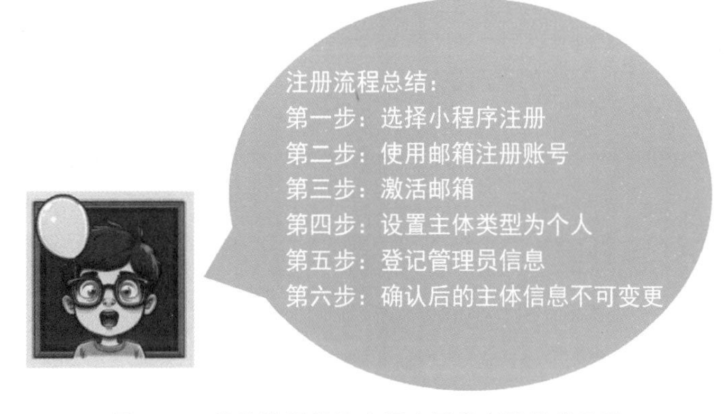

图2-11　总结注册微信小程序开发者账号的流程

2.2　微信小程序管理后台介绍

(1) 完成注册和微信认证后，需要完善微信小程序信息，例如，补充小程序名称信息、上传小程序图标、填写小程序介绍并选择服务范围等，如图2-12所示。

(2) 小程序成员管理(登录小程序管理后台→"管理"→"成员管理")包括对小程序项目成员及体验成员的管理，如图2-13所示。

图 2-12　微信小程序信息完善

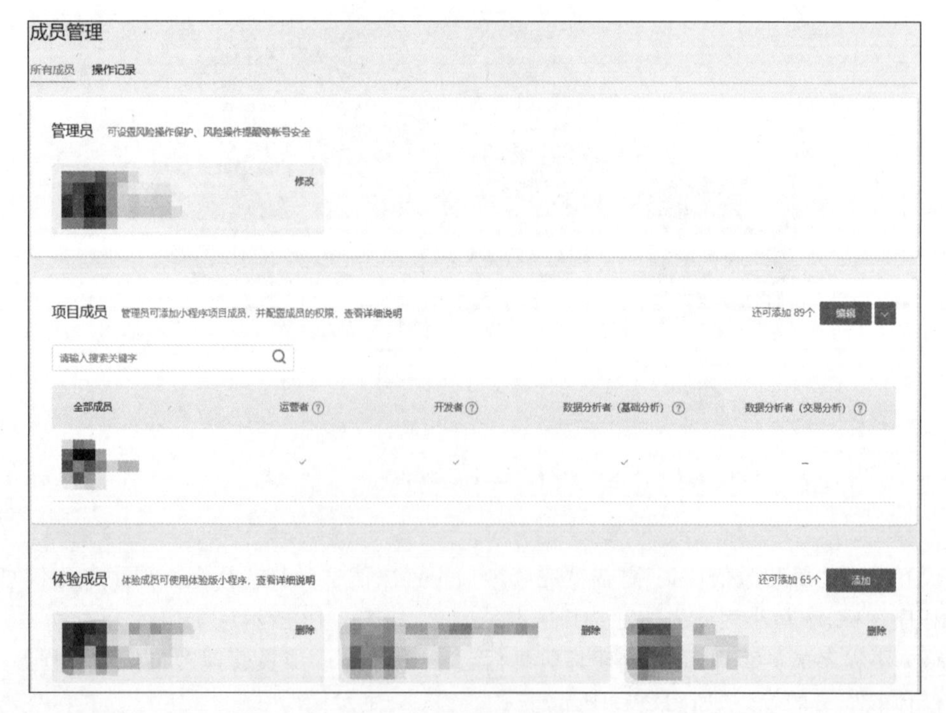

图 2-13　小程序成员管理

项目成员表示参与小程序开发、运营的成员，其可登录小程序管理后台，具体包括运营者、开发者及数据分析者三类角色。管理员可在“成员管理”中添加、删除项目成员，并设置项目成员的具体角色。运营者可使用管理、推广、设置等模块权限，可使用体验版小程序；开发者可使用开发模块权限，可使用体验版小程序、开发者工具(IDE)；数据分析者(基础分析)可使用统计模块权限，可使用体验版小程序。体验成员表示参与小程序内测体验的成员，可使用体验版小程序，但不属于项目成员。管理员及项目成员均可添加、删除体验成员。

小程序成员权限对比如表 2-2 所示。

表 2-2　小程序成员权限对比

序号	权　　限	运　营　者	开　发　者	数据分析者
1	登录	√	√	√
2	版本发布	√		
3	数据分析			√
4	开发能力		√	
5	修改小程序介绍	√		
6	暂停/恢复服务	√		
7	设置可被搜索	√		
8	解除关联移动应用	√		
9	解除关联公众号	√		
10	管理体验者	√	√	√
11	体验者权限	√	√	√
12	微信支付	√		
13	小程序插件管理	√		
14	游戏运营管理	√		
15	推广	√	√	√

说明如下。

① 登录：可登录小程序管理后台，不需要管理员确认。

② 版本发布：发布、回退小程序版本。

③ 数据分析：在统计模块查看小程序数据。

④ 开发能力：可使用小程序开发者工具及开发版小程序进行开发；在开发模块使用开发管理、开发者工具和云开发等功能。

⑤ 修改小程序介绍：修改小程序在主页展示的功能介绍。

⑥ 暂停/恢复服务：暂停或恢复小程序线上服务。

⑦ 设置可被搜索：设置小程序是否可被用户主动搜索到。

⑧ 解除关联移动应用：可解绑小程序已关联的移动应用。

⑨ 解除关联公众号：可解绑小程序已关联的公众号。

⑩ 管理体验者：添加或删除小程序体验者。

⑪ 体验者权限：使用体验版小程序。

⑫ 微信支付：使用小程序微信支付(虚拟支付)模块。

⑬ 小程序插件管理：运营者可进行小程序插件开发管理、申请管理和设置插件。

⑭ 游戏运营管理：可使用小游戏管理后台的素材管理、游戏圈管理等功能。

⑮ 推广：在推广模块使用小程序流量主、广告主等功能。

每个小程序账号均可添加一定数量的项目成员、体验成员，具体限制如表 2-3 所示。

表 2-3　小程序成员数量限制

主体类型	个人	未认证、未发布非个人	已认证未发布/未认证已发布非个人	已认证已发布非个人
项目成员	15	30	60	90
体验成员	15	30	60	90

(3) 获取 AppID 需要进入“设置-开发设置”页面查看 AppID 信息，如图 2-14 所示。

开发管理

运维中心　监控告警　开发设置　接口设置　安全中心

开发者ID

开发者ID　操作

AppID(小程序ID)

AppSecret(小程序密钥)　重置

IP白名单　未开启IP白名单保护

图 2-14　获取 AppID

(4) 代码审核与发布、版本管理总体流程如图 2-15 所示。

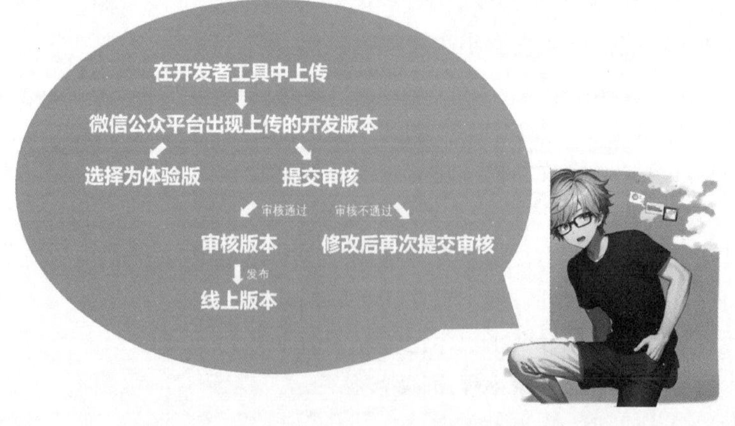

图 2-15　代码审核与发布、版本管理总体流程

提交审核需要登录微信公众平台小程序，进入版本管理页面，开发版本中会展示已上传的代码版本，管理员可提交代码审核，或是设置该版本为体验版，又或是删除该开发版本，如

图 2-16 所示。

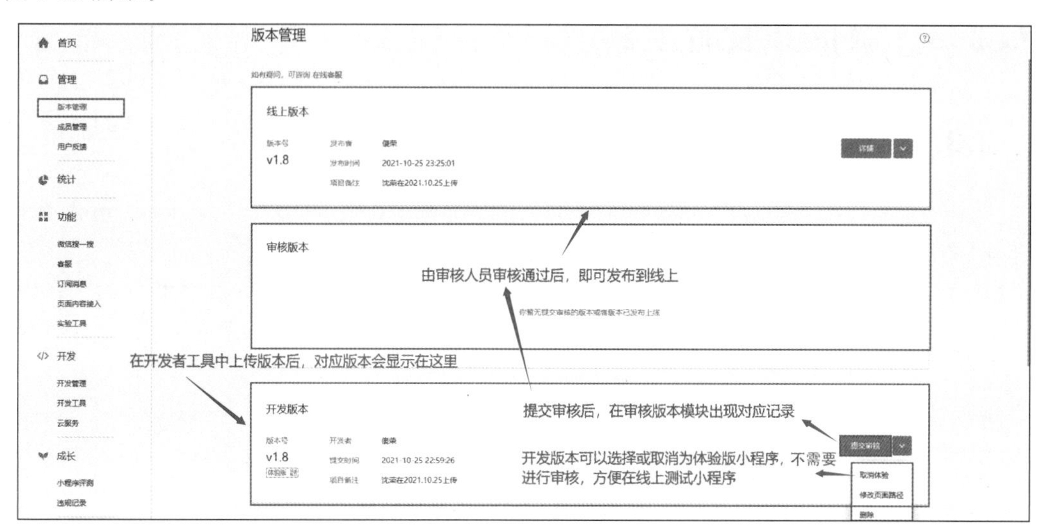

图 2-16　代码审核与发布

设置开发版本为体验版小程序时可以将上传的开发版本更改为体验版小程序，用户经过扫码后即可在真机上查看，其与在开发者工具上进行真机调试的区别在于真机调试时小程序进入页面会有一个“开发版”的小标志，而体验版小程序的小标志是“体验版”。此外，体验版小程序相比开发版小程序可以更真实地模拟真机上小程序的运行情况，例如，若在开发小程序时用到 canvas 组件的 API，则在开发版小程序中调用 API 时会失败，而在体验版小程序中却没有这个问题。

发布上线时需要先提交审核，在审核版本模块会出现正在被审核的版本，由小程序审核人员人工审核通过后，小程序才可以发布到线上。需要注意的是，代码审核通过后还需要开发者手动发布，之后小程序才会被发布到线上提供服务。

(5) 设置页面。可以修改小程序的基本信息、功能设置、账号信息等，如图 2-17 所示。

图 2-17　设置页面

2.3 微信开发者工具

2.3.1 下载微信开发者工具

前往 https://developers.weixin.qq.com/miniprogram/dev/devtools/download.html，选择相应的操作系统(版本)即可下载(建议下载稳定版本)，如图 2-18 所示。

图 2-18 下载开发者工具

2.3.2 认识微信开发者工具

微信小程序自带的开发者工具集开发、预览、调试、发布于一体，但是由于编码的体验不算好，因此笔者建议使用 VSCode+微信开发者工具来开发，VSCode 负责编码，微信开发者工具负责预览和测试。

图 2-19 微信开发者登录页

(1) 登录页：可以使用微信扫码登录开发者工具，开发者工具将使用目前微信账号的信息开发和调试小程序，如图 2-19 所示。

(2) 项目列表：登录成功后，用户会看到已经存在的项目列表和代码片段列表，如图 2-20 所示，在项目列表中用户可以选择“公众号网页调试”，进入“公众号网页调试”模式。

(3) 新建项目：当符合以下条件时，用户可以在本地创建一个小程序项目，如图 2-21 所示。

新建项目时，用户需要一个小程序的 AppID，如没有 AppID，则可以选择申请使用测试号；登录的微信号需要属于该 AppID 的开发者；需要选择一个空目

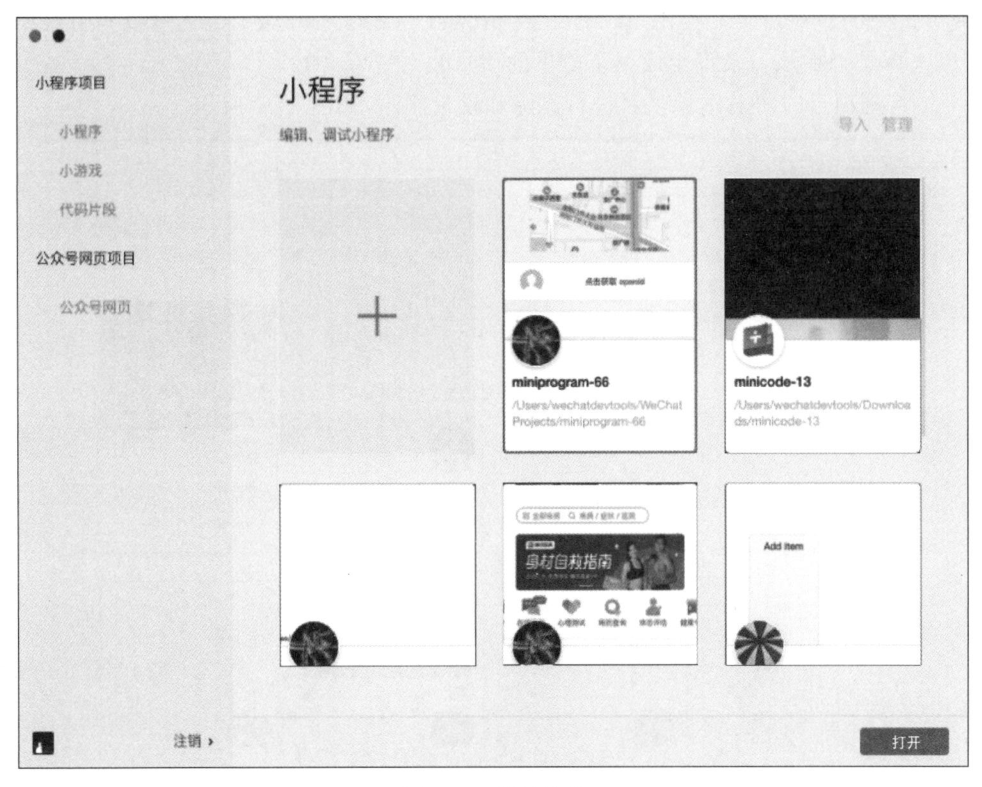

图 2-20　项目列表

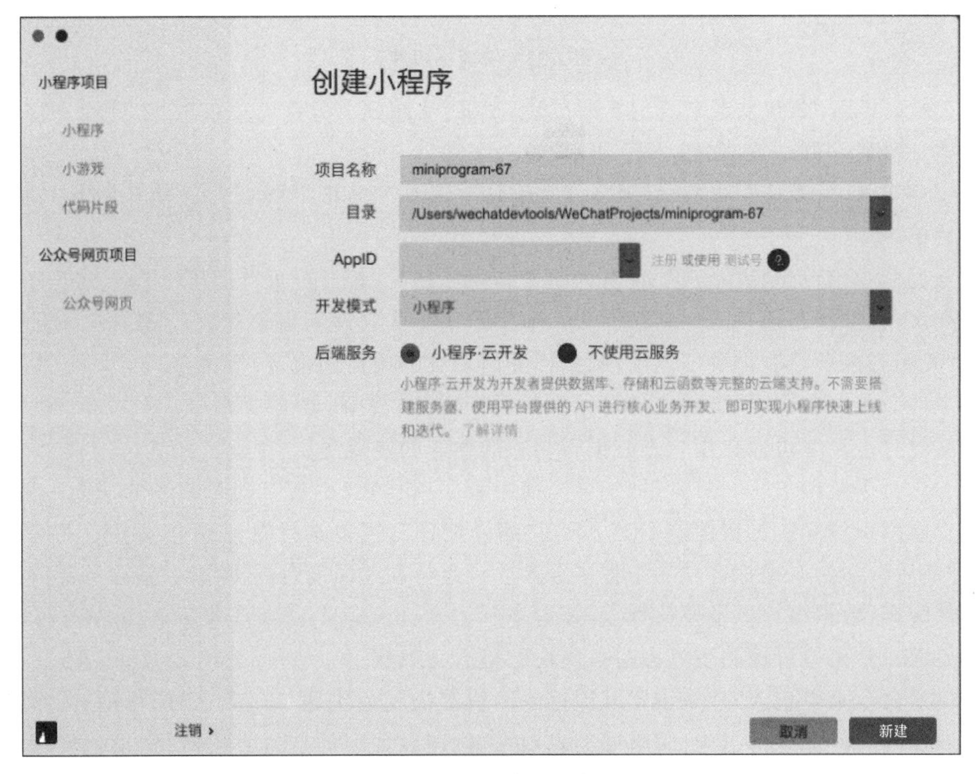

图 2-21　创建小程序

录,或者选择的非空目录下存在 app.json 或 project.config.json 文件;当选择空目录时,用户可以选择是否在该目录下生成一个简单的项目。

(4) 管理项目时可对本地项目进行删除和批量删除,如图 2-22 所示。

图 2-22 管理小程序

(5) 主界面,即开发者工具主界面,从上到下、从左到右分别为菜单栏、工具栏、模拟器、目录树、编辑区、调试器,如图 2-23 所示。

① 菜单栏。菜单栏有“项目”“文件”“编辑”“工具”“界面”“设置”“微信开发者工具”等命令菜单。

项目命令菜单包含“新建项目”(即快速新建项目)、“打开最近”(即可以查看最近打开的项目列表,并选择是否进入对应项目)、“查看所有项目”(即新窗口打开启动页的项目列表页)、“关闭当前项目”(即关闭当前项目,回到启动页的项目列表页)等命令。

文件命令菜单包含“新建文件”“保存”“保存所有”“关闭文件”等命令。

编辑命令菜单可以让用户查看编辑相关的操作和快捷键。

工具命令菜单包含“编译”(即编译当前小程序项目)、“刷新”(即与编译的功能一致,由于历史原因保留对应的快捷键 Ctrl+R)、“编译配置”(可以选择普通编译或自定义编译条件)、“前后台切换”(模拟客户端小程序进入后台运行和返回前台的操作)、“清除缓存”(即清除文件缓存、数据缓存以及授权数据)等命令。

界面命令菜单可控制主界面窗口模块的显示与隐藏。

设置命令菜单包含“外观设置”(即控制编辑器的配色主题、字体、字号、行距)、“编辑设置”(即控制文件保存的行为,编辑器的表现)、“代理设置”(即选择直连网络、系统代理和手动设置代理)、“通知设置”(即设置是否接受某种类型的通知)等命令。

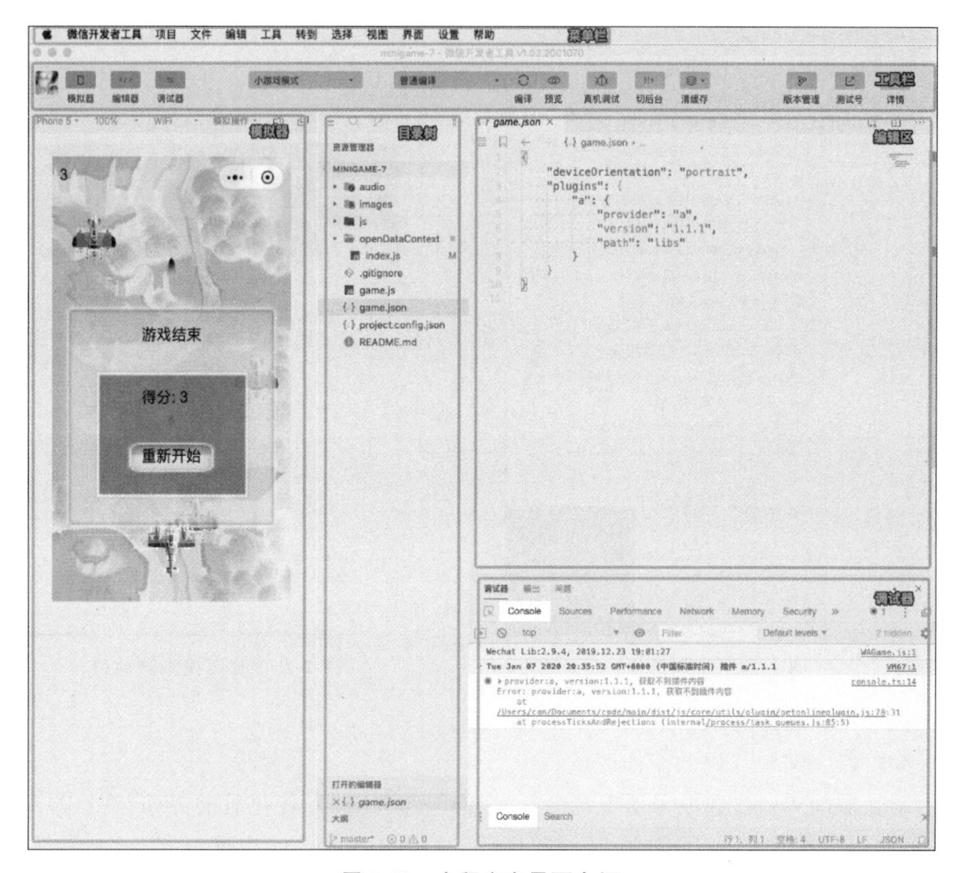

图 2-23　小程序主界面介绍

微信开发者工具命令菜单包含“切换账号”(即快速切换登录用户)、“关于”(关于开发者工具)、“检查更新”(即检查版本更新)、“开发者论坛”(可以前往开发者论坛)、“开发者文档”(前往开发者文档)、“调试”(即调试开发者工具、调试编辑器)、“更换开发模式”(即快速切换公众号网页调试和小程序调试)、“退出”(即退出开发者工具)等命令。

② 工具栏。在工具栏左侧单击用户头像可以打开个人中心,在这里可以方便地切换用户和查看开发者工具收到的消息。用户头像右侧是控制主界面模块显示/隐藏的按钮,包括“模拟器”“编辑器”“调试器”“可视化”。程序至少需要有一个模块显示。

工具栏中间,用户可以选择“普通编译”,也可以新建并选择自定义条件进行编译和预览。在“普通编译”中可以选择添加编译模式,选择小程序中的某一页面作为编译入口,这样小程序代码更新后不会总是编译 App. json 中 page 字段的第一个页面。通过切后台按钮,用户可以模拟小程序进入后台的情况。“预览”提供了在真机上预览页面的功能,但不能调试。“真机调试”同样可以在真机上预览页面功能,但可以调试。工具栏提供了清除缓存的快速入口,用户可以方便地清除开发者工具的文件缓存、数据缓存,还有后台的授权数据,以方便调试。

工具栏右侧是开发辅助功能的区域,在这里可以上传代码、管理版本、查看项目详情。

③ 模拟器。模拟器可以模拟小程序在微信客户端的表现。小程序的代码在被编译后可以在模拟器上直接运行。在模拟时,开发者可以选择不同的手机型号,如图 2-24 所示,除此之外,也可以添加自定义设备来调试小程序在不同尺寸机型上的适配问题。若想要分离出模拟器窗口,可以单击如图 2-25 所示右上角的按钮。

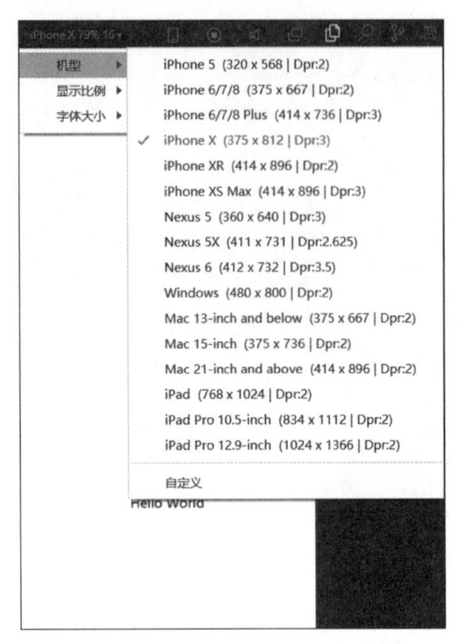

图 2-24 机型选择

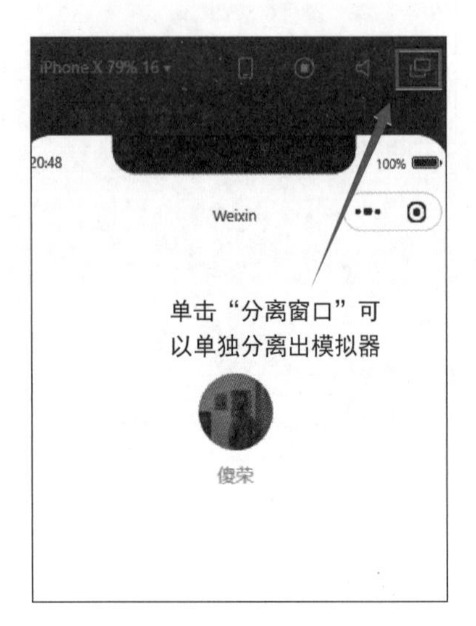

图 2-25 分离模拟器窗口

④ 目录树。在之后的目录结构章节会介绍。

⑤ 编辑器。编写代码的工作区域。

⑥ 调试器。Wxml 选项卡用于帮助开发者开发 WXML 转化后的界面,在这里可以看到真实的页面结构及结构对应的 wxss 属性,同时用户可以通过修改对应 wxss 属性,在模拟器中实时看到修改的情况(仅为实时预览,无法保存到文件)。通过调试模块左上角的选择器,用户还可以快速定位页面中组件对应的 WXML 代码,如图 2-26 所示。

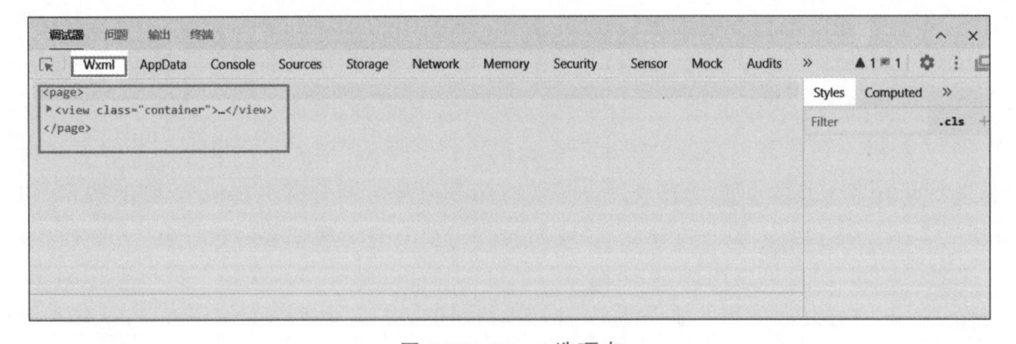

图 2-26 Wxml 选项卡

AppData 选项卡用于显示当前项目运行时小程序 AppData 的具体数据,实时地反映项目数据情况,用户可以在此处编辑数据,并及时地将之反馈到界面上,如图 2-27 所示。

Console 选项卡可以接受开发者输入的调试代码,输出小程序的错误会显示在此处,如图 2-28 所示。

Sources 选项卡用于显示当前项目的脚本文件。与浏览器开发不同,微信小程序框架会对脚本文件进行编译,所以在 Sources 选项卡中开发者看到的文件是经过处理之后的脚本文件,其中的代码都会被包裹在 define()函数中,并且对于 Page 代码,在尾部会有 require 的主动调用模块,如图 2-29 所示。

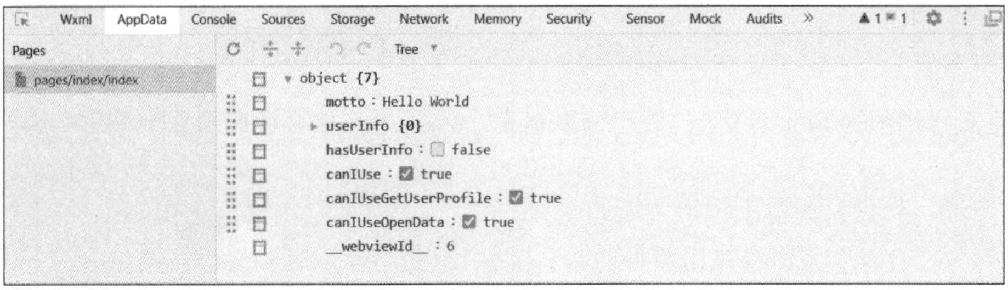

图 2-27　AppData 选项卡

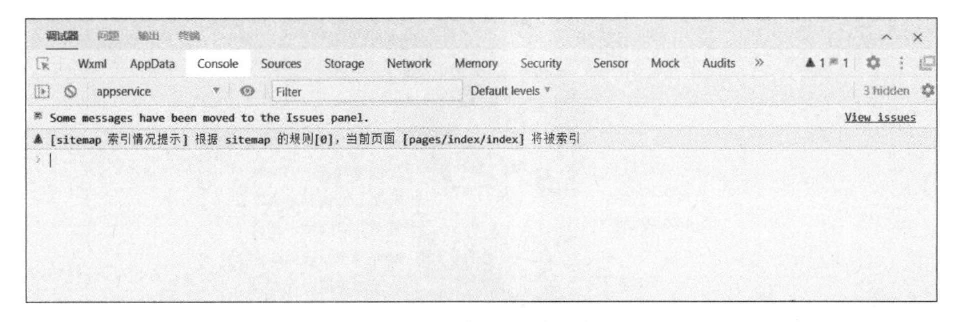

图 2-28　Console 选项卡

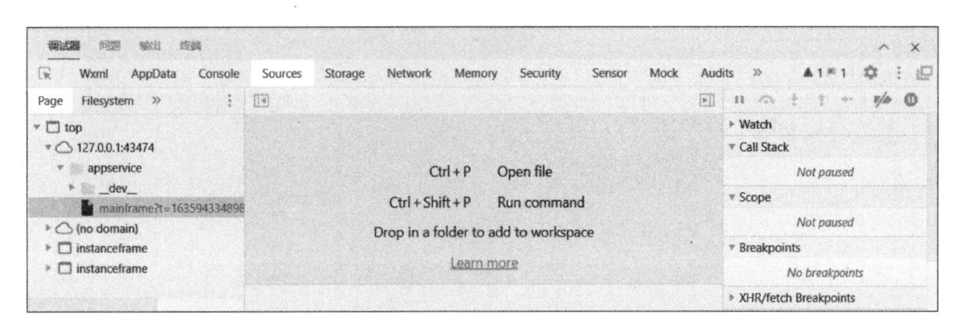

图 2-29　Sources 选项卡

Storage 选项卡用于显示当前项目使用 wx. setStorage 或 wx. setStorageSync 后的数据存储情况。开发者可以直接在该选项卡上对数据进行删除(按 Delete 键)、新增、修改，如图 2-30 所示。

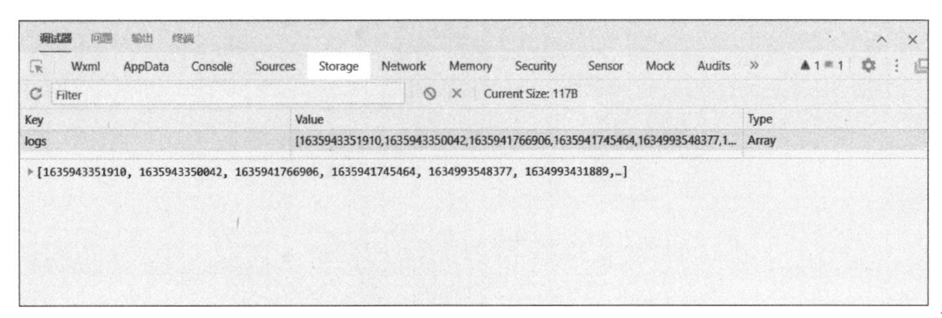

图 2-30　Storage 选项卡

Network 选项卡用于观察和显示 request 和 socket 的请求情况，调用后端的接口会在此显示，开发者可以查看调用接口的入参和返回值，如图 2-31 所示。

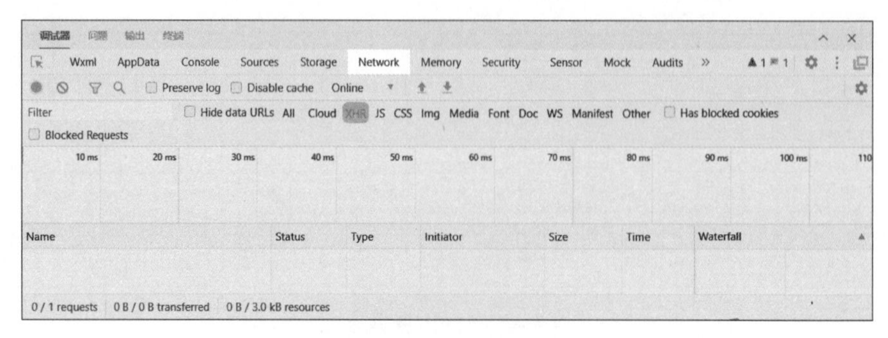

图 2-31 Network 选项卡

2.4 小结

本章小结如图 2-32 所示。

图 2-32 小结

2.5　习题

1. 在进入微信小程序开发前，需要先注册(　　)，并安装微信开发者工具。
   A. AppID　　B. 微信公众号　　C. 企业微信　　D. 服务号
2. 在管理小程序权限时，(　　)是使用开发者工具及开发版小程序开发的权限。
   A. 开发管理　　B. 开发者权限　　C. 暂停服务设置　　D. 登录
3. 在小程序权限管理中，(　　)权限可以实现小程序的提交审核、发布、回退。
   A. 开发管理　　B. 开发设置　　C. 数据分析　　D. 开发者权限
4. 搭建小程序开发环境主要就是安装(　　)。
   A. Chrome　　B. 微信开发者工具
   C. 编辑器　　D. 微信客户端
5. 下面微信小程序管理后台提供的功能中，说法正确的是(　　)。
   A. 查看 AppID　　B. 进行小程序开发管理
   C. 发布小程序　　D. 统计小程序
6. 微信开发者工具中，调试器中的(　　)可以查看网络请求信息。
   A. Console 选项卡　　B. Network 选项卡
   C. AppData 选项卡　　D. Source 选项卡
7. 微信开发者工具的主界面主要由菜单栏和(　　)组成。
   A. 编辑器　　B. 模拟器　　C. 调试器　　D. 工具栏
8. 下面关于微信小程序工具栏的说法中，正确的是(　　)。
   A. 切后台用于模拟小程序在手机中切后台的效果
   B. 版本管理可以通过 Git 对小程序进行版本管理
   C. 组合键 Ctrl+C 可以实现自动编译
   D. 如果在创建项目时使用的 AppID 为测试号，则工具栏会显示上传按钮
9. 小程序开发过程中，产品组成员的权限包括(　　)。
   A. 体验者权限　　B. 数据分析　　C. 开发者权限　　D. 小程序插件
10. 下面对于搭建微信小程序开发环境的说法中，正确的是(　　)。
    A. 开发微信小程序，首先需要注册微信公众号
    B. 微信小程序开发环境也可以开发普通网页
    C. 微信小程序管理后台可以实现小程序的提交审核、发布、回退
    D. 搭建微信小程序开发环境主要就是下载及安装微信开发者工具
11. 请简述搭建微信小程序开发环境的过程。
12. 请简述微信开发者工具中调试器的功能。
13. 试述注册微信小程序开发者账号的流程。
14. 注册微信小程序开发者账号时选择主体为个人或企业的区别是什么？
15. 创建一个微信小程序，并为小程序添加一个项目成员和一个体验成员。

第3章

第一个微信小程序

CHAPTER 3

微课视频

在线练习

本章的主要任务是初步介绍微信开发者工具的使用方法，包括创建项目、编译项目及预览小程序，然后使用微信开发者工具开发第一个微信小程序，在小程序页面输出 Hello WeChat。

3.1 Hello WeChat 微信小程序

3.1.1 创建项目

双击微信开发者工具图标启动程序，初次打开时需要使用微信扫码登录，进入如图 3-1 所示的页面，可以选择新建项目。若不是初次打开，一般会直接进入编辑器页面，这时若想要回到项目管理页面只需要关掉编辑器，则项目管理页面会自动出现。

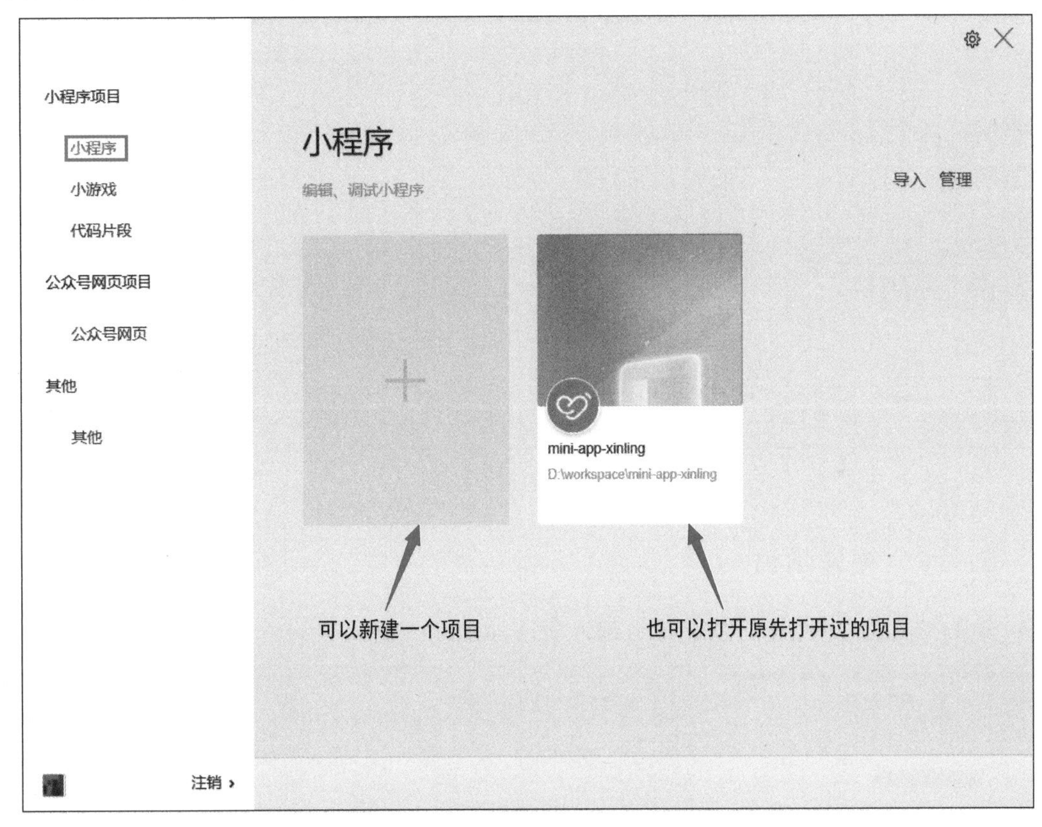

图 3-1　微信开发者工具项目管理页

在新建项目时需要填写**项目名称**(尽量使用英文)；然后选择项目存放**目录**；项目的 **AppID** 可以在小程序管理后台中获取，在开发管理中的开发设置中复制 ID(AppID 是开发者唯一的身份认证，支付、获取手机信息等高级功能需要 AppID 授权，后期调用微信小程序的接口等功能也需要 AppID)。如果只想做一些简单的功能测试，则可以不填写 AppID，单击使用测试号即可，后期项目要发布上线只需重新把 AppID 改回正式的开发者 ID 即可；**开发模式**默认情况下会直接选中小程序；**后端服务**若选择云开发小程序，则可以使用云数据库、云函数等高级功能，若选择测试号则没有权限选择后端服务。具体如图 3-2 所示。

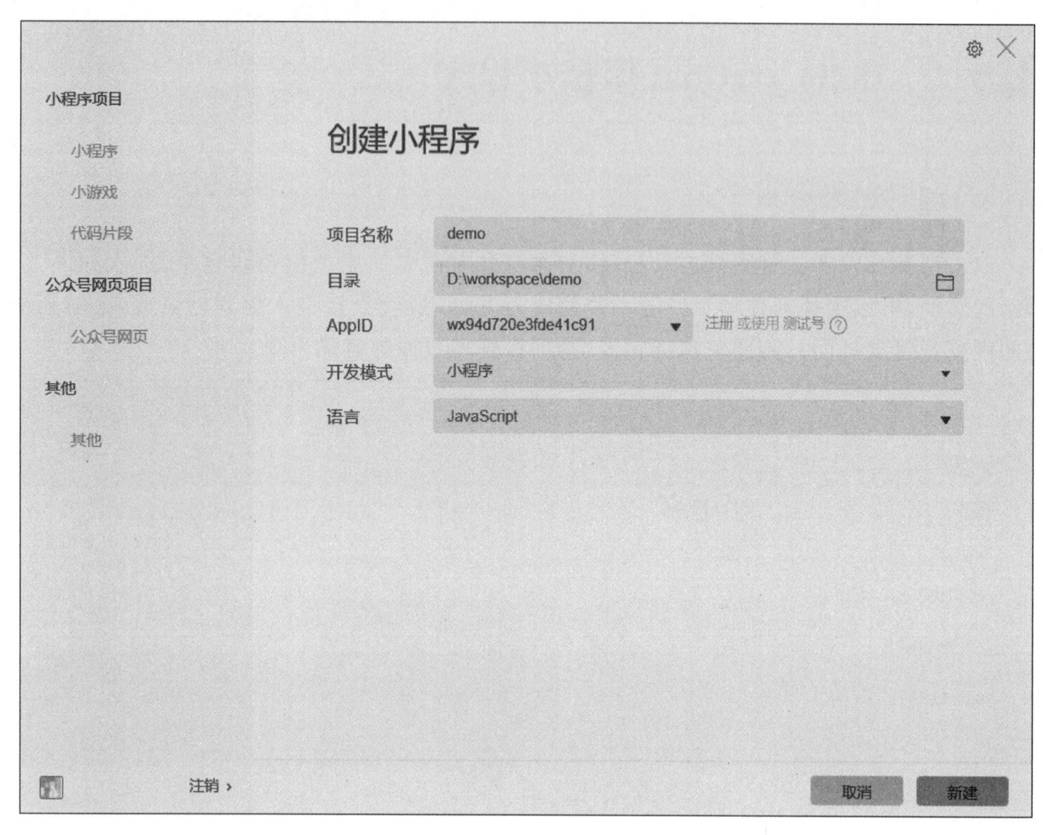

图 3-2　创建小程序

3.1.2　编译项目

单击工具栏中的“编译”按钮即可编译项目，如图 3-3 所示。

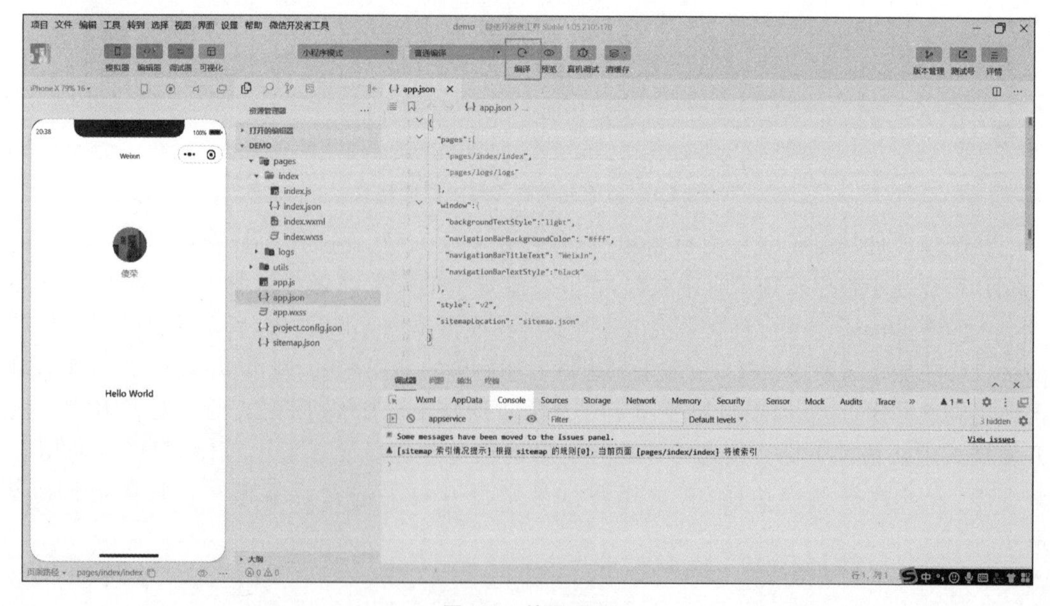

图 3-3　编译项目

3.1.3　浏览项目

在开发者工具左边的手机模拟器中可以浏览当前页面的布局情况，如图 3-4 所示。

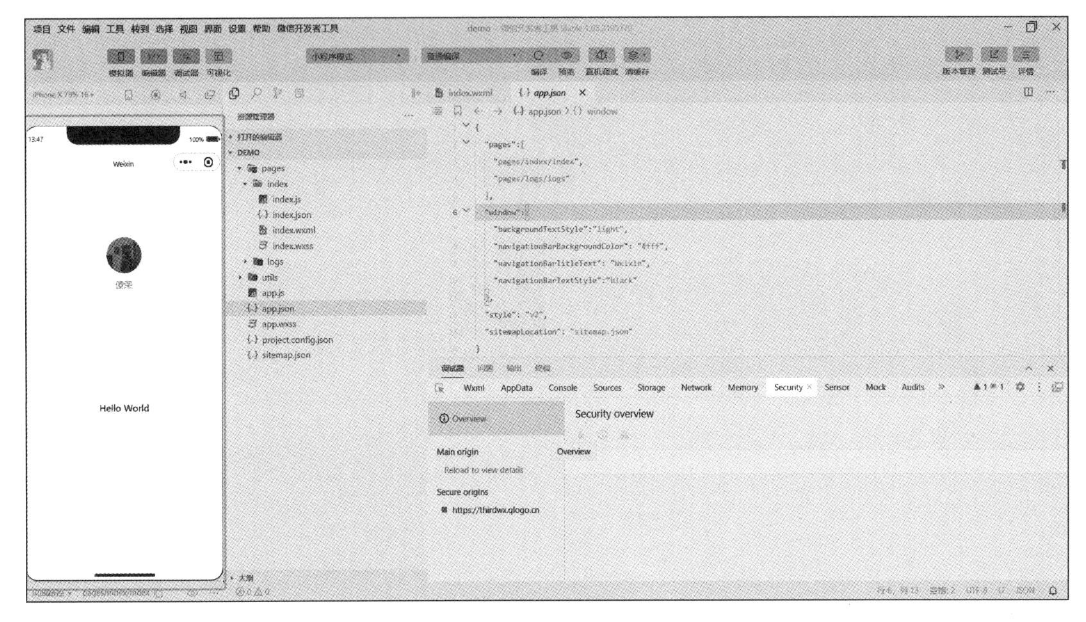

图 3-4　模拟器预览

3.1.4　使用手机浏览项目

单击“预览”按钮，如图 3-5 所示，用手机扫描生成的二维码，即可在手机上预览页面。

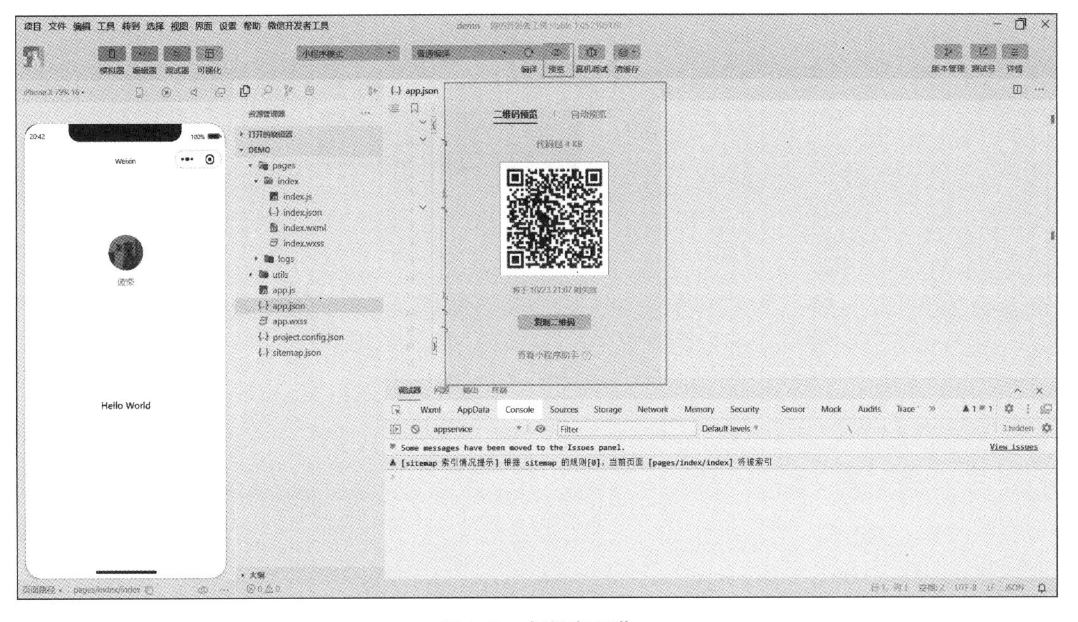

图 3-5　小程序预览

注意,该功能只为手机提供了预览页面,开发者并不能真正地操作页面内的网页元素。

要在手机上调试并查看代码执行情况,需要单击“真机调试”按钮,如图 3-6 所示,用手机扫描生成的二维码,即可进入真机调试状态,与预览功能不同,真机调试会出现调试窗口,方便开发者检查小程序运行情况,如图 3-7 和图 3-8 所示。

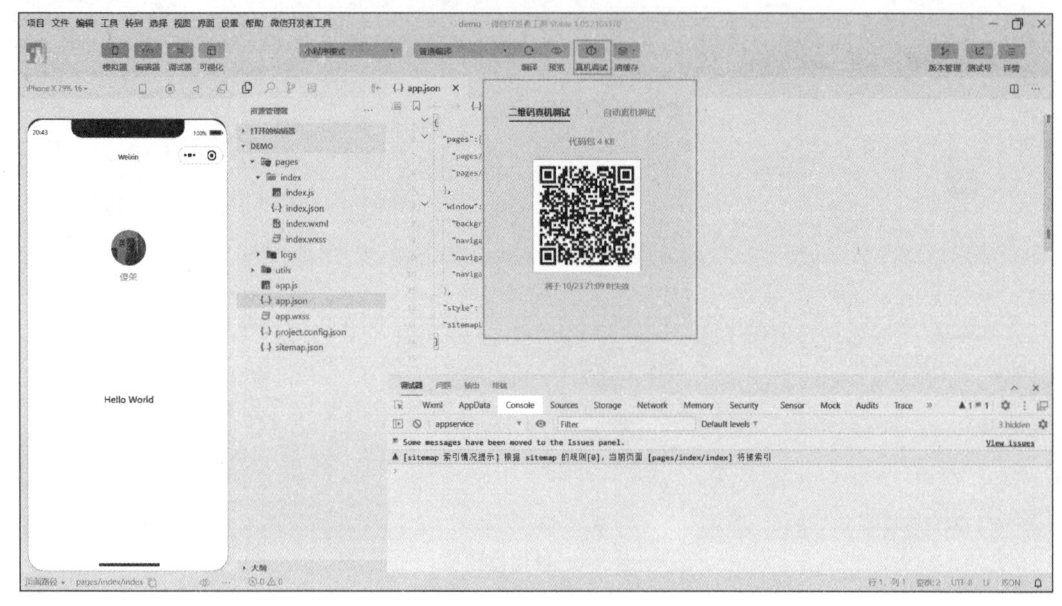

图 3-6　真机调试入口

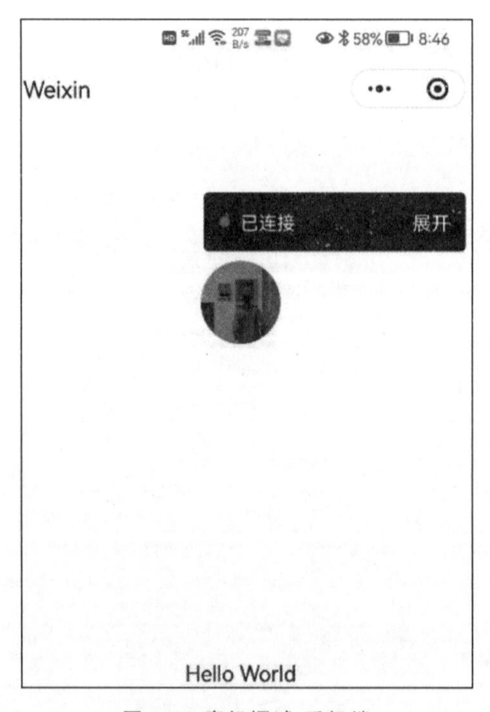

图 3-7　真机调试-手机端

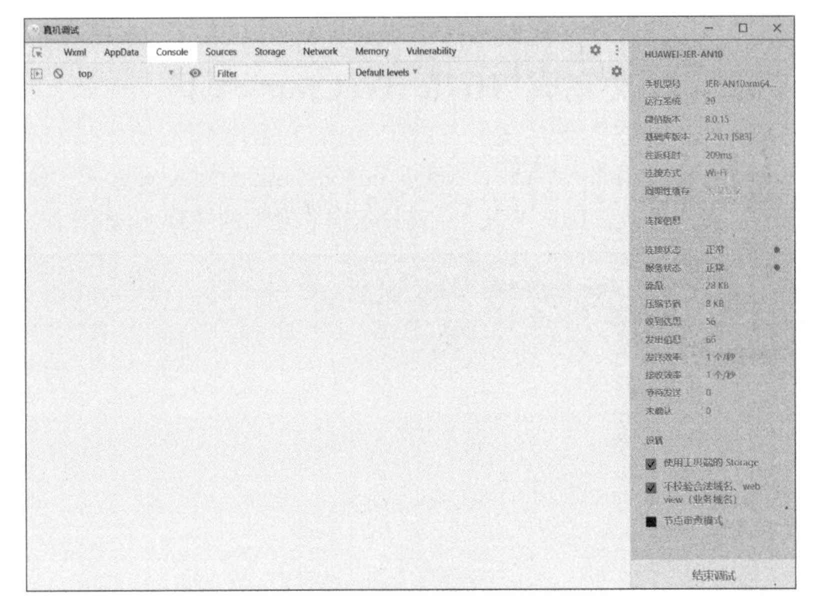

图 3-8　真机调试-PC 端

预览小程序的三种方式如图 3-9 所示。

图 3-9　预览小程序的三种方式

3.1.5　项目详情

微信小程序的代码主要存放在四个文件中，如图 3-10 所示。

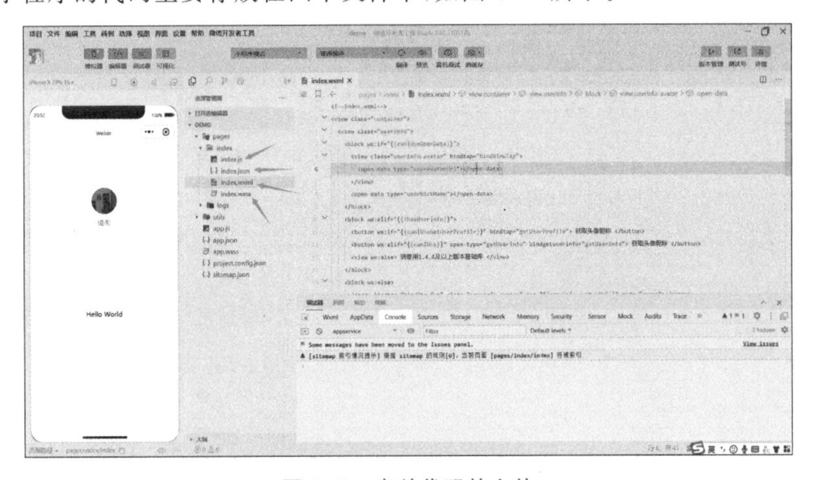

图 3-10　存放代码的文件

3.2 简单修改完成“Hello WeChat”项目

要想在小程序中输出 Hello WeChat,需要在 index.wxml 中加入“< view > Hello WeChat </view >”代码段,保存修改,Hello WeChat 就显示在了左端的屏幕上,如图 3-11 所示。

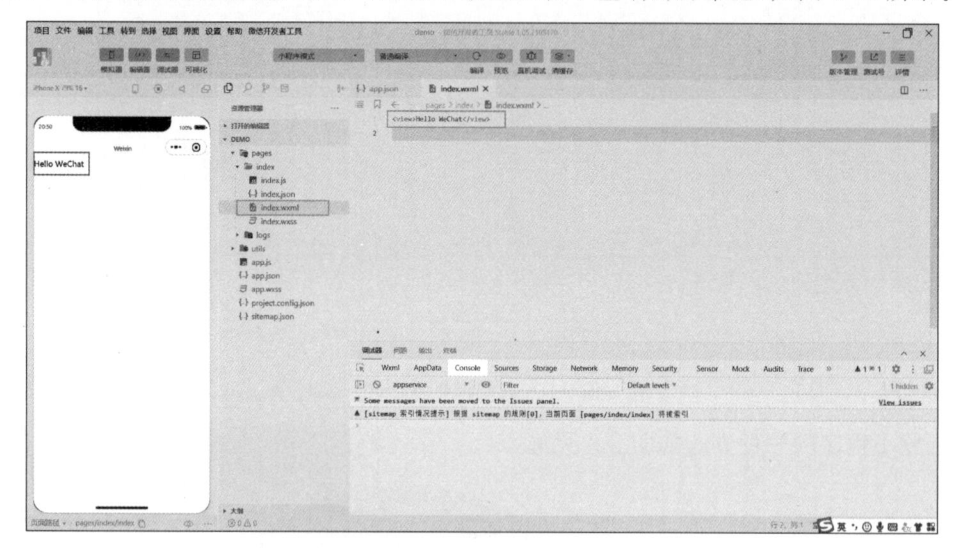

图 3-11　Hello WeChat

3.3 小结

本章小结如图 3-12 所示。

图 3-12　小结

3.4　习题

1. 微信小程序的开发和调试中,(　　)可以让开发者在手机上体验对应的开发版本。
   A. 微信调试　　B. 真机调试　　C. Chrome 调试　　D. 远程调试
2. 下面关于创建微信小程序项目的说法中正确的是(　　)。
   A. 通过微信开发者工具创建微信小程序
   B. 微信小程序项目通过 AppID 和测试创建
   C. 创建空白微信小程序项目时会自动创建 app.json 文件
   D. 创建空白微信小程序项目时会自动创建 project.config.json 文件
3. 在创建好的微信小程序项目中编写并展示 Hello WeChat。

第4章

微信小程序的结构

CHAPTER 4

微课视频

在线练习

本章主要讲解了微信小程序的具体结构，包括项目的目录结构，其中具体的文件包括全局的配置文件、非全局的配置文件、样式文件、小程序结构文件和逻辑文件等。此外，还进一步介绍了生命周期的概念（包括应用的生命周期和页面的生命周期）和常见的页面路由及模块化的概念等，最后介绍了容器组件与布局、WXS事件绑定、双向绑定和页面渲染等具体内容。

4.1　小程序代码的构成

4.1.1　JSON 配置

JSON 并不是编程语言而是一种数据格式。在小程序中，JSON 扮演着静态配置的角色。在项目的根目录有 app.json 和 project.config.json 两个 JSON 文件，此外在 pages/logs 目录下还有一个 logs.json 数据文件。

1. 小程序中用到的 JSON 配置

（1）app.json 是当前小程序的全局配置，包括小程序的所有页面路径、页面表现、网络超时时间、底部 tab 等。app.json 配置内容如图 4-1 所示。

```
1.   {
2.     "pages":[
3.       "pages/index/index",
4.       "pages/logs/logs"
5.     ],
6.     "window":{
7.       "backgroundTextStyle":"light",
8.       "navigationBarBackgroundColor": "#fff",
9.       "navigationBarTitleText": "Weixin",
10.      "navigationBarTextStyle":"black"
11.    }
12.  }
```

图 4-1　app.json 配置内容

① pages 字段用于描述当前小程序所有页面路径，这是为了让微信客户端知道当前小程序页面定义在哪个目录。

② window 字段定义小程序所有页面的顶部背景颜色、文字颜色等。

（2）project.config.json ：通常在使用一个工具的时候，每个人都会针对各自喜好做一些个性化配置，如界面颜色、编译配置等，当换了另外一台计算机重新安装工具时，还要重新配置。考虑到这点，小程序开发者工具在每个项目的根目录都会生成一个 project.config.json 文件，在工具上做的任何配置都会写入这个文件，当重新安装工具或换计算机工作时，只要载入同一个项目的代码包，开发者工具就会自动恢复当时开发项目时的个性化配置，其包括编辑器的颜色、代码上传时自动压缩等一系列选项。

（3）page.json：如果整个小程序的风格是蓝色调，那么开发者在 app.json 中声明顶部颜色是蓝色即可。实际情况可能不是这样，可能小程序中的每个页面都通过不一样的色调来区分各功能模块，因此 page.json 可以让开发者独立定义每个页面的一些属性。

2. JSON 配置的注意事项

JSON 配置的注意事项如图 4-2 所示。

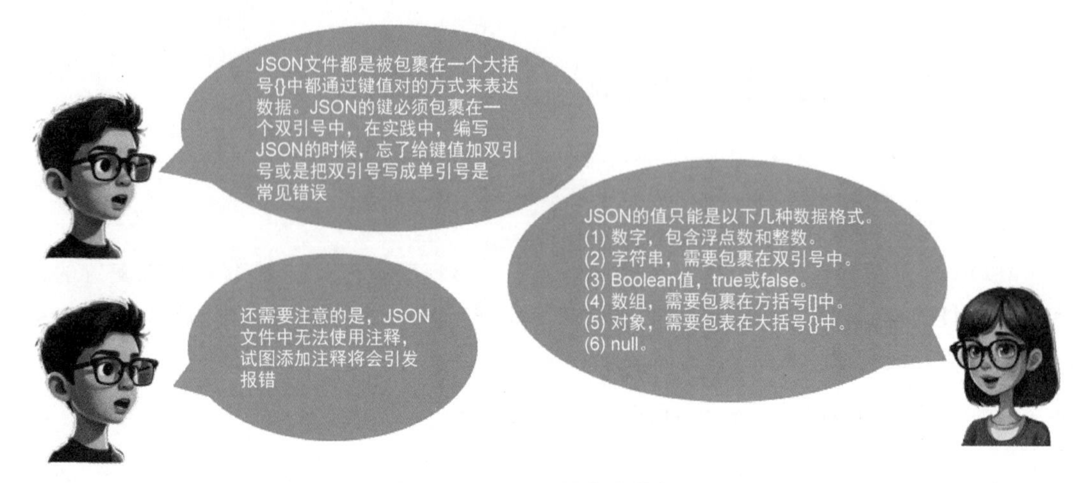

图 4-2 JSON 配置的注意事项

4.1.2 WXML 模板

网页编程采用的是"HTML+CSS+JS"这样的组合，其中 HTML 用来描述页面的结构，CSS 用来描述页面的样式，JS 通常用来处理页面元素的行为。

同样道理，在小程序中也有类似的角色，其中 WXML 充当的就是类似 HTML 的角色。打开 pages/index/index.wxml 会看到以下的内容。

```
1.  <view class = "container">
2.    <view class = "userinfo">
3.      <button wx:if = "{{!hasUserInfo && canIUse}}"> 获取头像昵称 </button>
4.      <block wx:else>
5.        <image src = "{{userInfo.avatarUrl}}" background - size = "cover"></image>
6.        <text class = "userinfo - nickname">{{userInfo.nickName}}</text>
7.      </block>
8.    </view>
9.    <view class = "usermotto">
10.     <text class = "user - motto">{{motto}}</text>
11.   </view>
12. </view>
```

和 HTML 非常相似，WXML 也由标记、属性等构成。但是也有不一样的地方，如下所示。

标记名不同，往往写 HTML 的时候，经常会用到的标记是 div、p、span，小程序的 WXML 用的标记是 view、button、text 等，这些标记就是小程序给开发者封装好的基本元素，此外还有地图、视频、音频等组件也是如此。

另外 WXML 还多了一些如 wx:if 这样的属性及{{ }}这样的表达式，在网页的一般开发流程中，通常会通过 JS 操作 DOM(对应 HTML 的 HTML DOM)，以响应用户的行为。例如，用户单击某个按钮的时候，JS 会记录一些状态到变量中，同时通过 DOM API 操控 DOM 的属性，进而使页面发生变化。当项目越来越大的时候，代码会充斥着非常多的页面交互逻辑和程序的各种状态变量，因此 MVVM 提供了开发模式(如 React、Vue)，提倡把渲染和逻辑分离。简单来说,就是不要再让 JS 直接操控 DOM,JS 只需要管理状态即可,然后再通过一种模板语法来描述状态和页面结构的关系。

小程序的框架也用到了这个思路,如需要把一个 Hello World 的字符串显示在界面上,WXML 要这么写:“< text >{{msg}}</text >”。

JS 只需要管理状态即可:“this. setData({ msg: "Hello World" })”。

通过{{ }}的语法把一个变量绑定到页面上,这被称为数据绑定。仅仅通过数据绑定还不能完整地描述状态和页面的关系,还需要 if/else、for 等控制功能,在小程序中,这些控制功能都用“wx:”开头的属性来表达。

4.1.3 WXSS 样式

WXSS (WeiXin Style Sheets)是一套样式语言,用于描述 WXML 组件的样式。WXSS 支持大部分 CSS 的特性,为了更适合微信小程序开发,WXSS 对 CSS 进行了扩充及修改。

WXSS 新增了尺寸单位。在写 CSS 样式时,开发者需要考虑手机设备屏幕会有不同的宽度和设备像素比,并采用一些技巧来换算像素单位。WXSS 在底层支持新的尺寸单位 rpx(responsive pixel),rpx 可以根据屏幕宽度进行自适应并规定屏幕宽为 750rpx。例如,在 iPhone6 上,屏幕宽度为 375px,共有 750 个物理像素,则 750rpx=375px=750 物理像素,1rpx=0. 5px=1 物理像素。使用这一技术,可以免去开发者换算的烦恼,只要交给小程序底层来换算即可,由于换算采用的是浮点数运算,所以运算结果可能会和预期结果有一点点偏差。

px 与 rpx 换算方式如图 4-3 所示。

设备	rpx换算px(屏幕宽度/750)	px换算rpx(750/屏幕宽度)
iPhone5	1rpx = 0.42px	1px = 2.34rpx
iPhone6	1rpx = 0.5px	1px = 2rpx
iPhone6 Plus	1rpx = 0.522px	1px = 1.81rpx

图 4-3 px 与 rpx 换算方式

另外,WXSS 提供了全局样式和局部样式。和之前 app. json、page. json 的概念相同,开发者可以写一个 app. wxss 作为全局样式,其会作用于当前小程序的所有页面,而局部页面样式 page. wxss 仅对当前页面生效。

框架组件支持开发者使用 style、class 属性来控制组件的样式。编写代码时,开发者应将静态的样式统一写到 class 属性中。style 属性接收动态的样式。请尽量避免将静态的样式写进 style 中,以防止渲染速度受到影响。例如,以下代码是区别很大的。

```
1.  // style 接收动态样式
2.  <view style = "color:{{color}};" />
3.  // class 接收静态样式
4.  <view class = "normal_view" />
5.
```

WXSS 还支持使用“@import”语句导入外联样式表,“@import”后跟需要导入的外联样式表的相对路径,用“;”表示语句结束,如下所示。

```
1.  /** common.wxss **/
2.  .small-p {
3.    padding:5px;
4.  }
5.  /** app.wxss **/
6.  @import "common.wxss";
7.  .middle-p {
8.    padding:15px;
9.  }
```

此外 WXSS 仅支持部分 CSS 选择器,目前支持的选择器如图 4-4 所示。

选择器	样例	样例描述
.class	.intro	选择所有带class="intro" 属性的组件
#id	#firstname	选择带id="firstname" 属性的组件
element	view	选择所有 view 组件
element, element	view, checkbox	选择所有文档的 view 组件和checkbox 组件
::after	view::after	在 view 组件后边插入内容
::before	view::before	在 view 组件前边插入内容

图 4-4　WXSS 支持的 CSS 选择器

4.1.4　JS 逻辑交互

一个服务仅仅只有页面展示是不够的,其还需要和用户做交互,如响应用户的触控点击、获取用户的位置等。在小程序中,开发者可以通过编写 JS 脚本来处理用户的操作行为,代码如下。

```
1.  <view>{{ msg }}</view>
2.  <button bindtap="clickMe">点击我</button>
```

上例中，单击 button 按钮的时候，人们希望把界面上 msg 显示成 "Hello World"，于是人们在 button 上声明了一个属性：bindtap，在 JS 文件中声明了 clickMe 方法来响应这次单击操作，代码如下。

```
1.  Page({
2.    clickMe: function() {
3.      this.setData({ msg: "Hello World" })
4.    }
5.  })
```

此外还可以在 JS 中调用小程序提供的丰富的 API，利用这些 API 可以很方便地调起微信提供的功能，如获取用户信息、本地存储、微信支付等。在前面的例子中，pages/index/index. js 文件就调用了 wx. getUserInfo( )方法获取微信用户的头像和昵称，最后通过 setData( )方法把获取到的信息显示到页面上。

4.2　目录结构

目录第一层由 pages 页面文件夹、utils 工具文件夹、app. js 全局入口文件、app. json 全局配置文件、app. wxss 全局样式文件、project. config. json 项目配置文件和 sitemap. json 索引配置文件构成，其中 pages 页面文件夹中主要存放开发者新建的页面文件和日志页面文件，新建的页面文件基本由页面逻辑文件 xx. js、页面配置文件 xx. json、页面结构文件 xx. wxml、页面样式文件 xx. wxss 构成，日志页面文件由 logs. js、logs. json、logs. wxml、logs. wxss 构成。目录结构如图 4-5 所示。

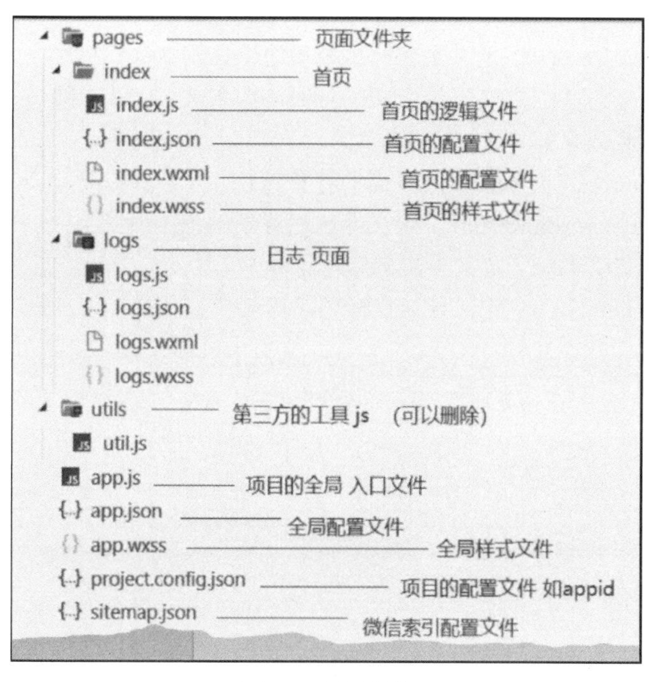

图 4-5　目录结构

4.3 小程序配置文件

4.3.1 全局配置文件 app.json

建议开发者在微信开发者工具中编写配置文件,因为在该工具中输入代码时会有代码提示,而 VSCode 中没有。

(1) pages 字段:用于描述当前小程序的所有页面路径,如图 4-6 所示。

该字段的属性如下所示。

配置小程序的页面,有几个页面就配置几行。

在微信开发者工具自带的代码编辑器中,为 pages 字段添加新的页面路径后开发者工具会自动创建好页面文件夹。

在需要将某个页面为打开小程序后的第一个界面时,只需在 pages 字段里将其配置路径写在第一行即可。

(2) window 字段:定义小程序所有页面的顶部样式,如图 4-7 所示。

```
"pages":[
  "pages/index/index",
  "pages/logs/logs"
],
```

图 4-6 app.json 中 pages 字段

```
"window":{
  "backgroundTextStyle":"light",
  "navigationBarBackgroundColor": "#fff",
  "navigationBarTitleText": "Weixin",
  "navigationBarTextStyle":"black"
},
```

图 4-7 app.json 中 window 字段

该字段的属性如下所示。

enablePullDownRefresh:定义是否开启全局的下拉刷新。

backgroundTextStyle:定义下拉 loading 的样式,仅支持 dark 和 light 两种模式,开启下拉刷新后才能看到效果。

backgroundColor:定义下拉刷新页面的背景颜色。

navigationBarBackgroundColor:定义导航栏背景颜色。

navigationBarTitleText:定义导航栏标题名称。

navigationBarTextStyle:定义导航栏标题字体颜色,仅支持 black 和 white 两种模式。

```
"tabBar": {
  "list": [{
    "pagePath": "pagePath",
    "text": "text",
    "iconPath": "iconPath",
    "selectedIconPath": "selectedIconPath"
  }]
},
```

图 4-8 tabbar 样式及 app.json 中 tabbar 字段

(3) tabbar 字段:配置底部标签栏,如图 4-8 所示。

该字段的属性如下所示。

list:tab 的列表。

pagePath:单击某个 tab 跳转的目标页面路径。

text:tab 名称。

iconPath:未选中该 tab 时的图像存放的路径。

selectedIconPath:选中该 tab 时的图像存放的路径。

4.3.2　页面配置文件 page.json

在 page.json 中只能配置 app.json 中部分 window 配置项的内容，此页面中的配置项会覆盖 app.json 的 window 中相同的配置项。

4.4　逻辑层

逻辑层是由 JavaScript 脚本语言实现页面交互的抽象概念。在该层中，程序通过各种事件触发行为。

4.4.1　应用生命周期

微信小程序提供了以下方法来监听应用的生命周期事件。

onLaunch()：监听小程序的初始化进程，如第一次启动小程序时。具体应用场景如小程序第一次启动时想要获取用户个人信息时。

onShow()：监听小程序启动，如从后台重新返回到小程序时触发。具体应用场景如从后台重新返回到前台时想要对小程序的数据或页面效果重置。

onHide()：监听小程序切后台，小程序由前台切换到后台时。具体应用场景如小程序切换到后台时想要使计时器暂停。

onError()：应用代码发生错误时触发的事件。具体应用场景如在应用发生代码报错时收集用户的错误信息，通过异步请求将错误的信息发送后台。

onPageNotFound()：应用第一次启动时，如果找不到第一个入口页面时触发的行为。

4.4.2　页面生命周期

页面生命周期如图 4-9 所示。

微信小程序提供了以下方法来监听页面的生命周期事件。

onLoad()：页面加载时触发。具体应用场景如 onLoad 中发送异步请求来初始化页面数据。

onShow()：页面显示时触发。

onReady()：页面初次渲染完毕时触发。

onHide()：页面被隐藏时触发。

onUnload()：页面卸载时触发，例如，navigator 组件中跳转方式为 redirect 时，其将关闭当前页面再跳转，这其实就是卸载。

onPullDownRefresh()：监听用户下拉操作。具体应用场景如用户在下拉需要更新数据时。

onReachBottom()：页面上拉触底时触发，该事件需要让页面出现滚动条时才可触发。具体应用场景如用户在上拉需要加载数据时。

onShareAppMessage()：用户单击右上角转发时触发。

onPageScroll()：页面滚动时触发。

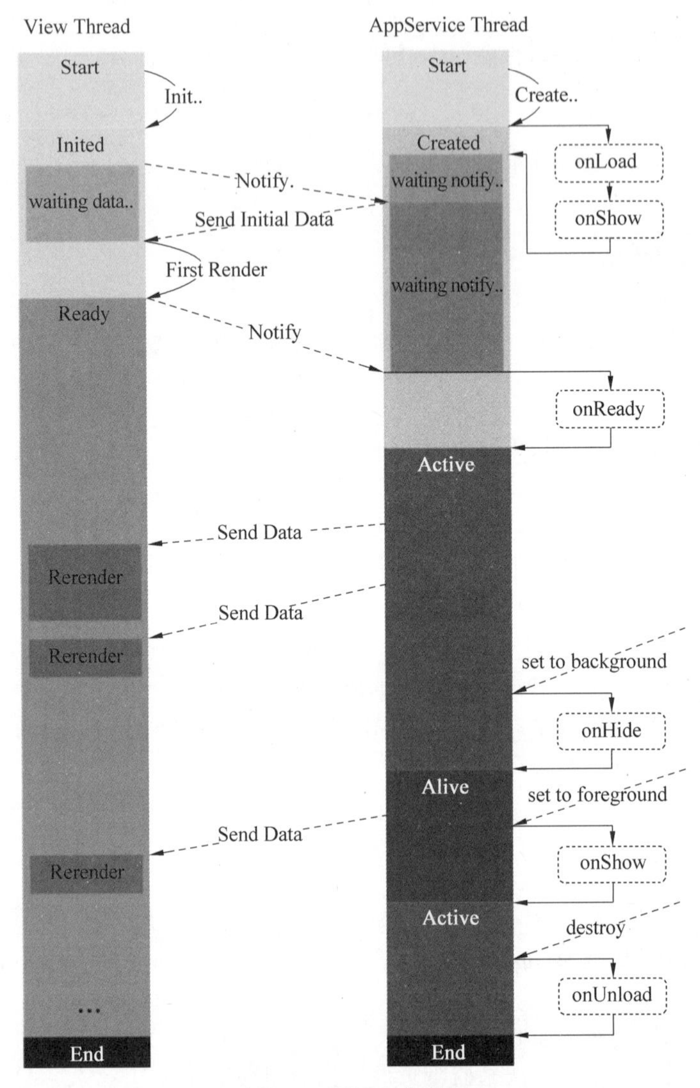

图 4-9 页面生命周期

onResize():页面尺寸改变时触发,尤其指小程序发生横屏竖屏切换时触发。

onTabItemTap:当前是 tab 页时,再单击当前页面的 tab 时触发。

4.4.3 页面路由

在小程序中所有页面的路由全部由框架管理。框架以栈的形式维护当前的所有页面。当发生路由切换的时候,页面栈的表现如图 4-10 所示,开发者可以使用 getCurrentPages()方法获取当前页面栈。

路由方式:路由的触发方式及页面生命周期方法如图 4-11 所示。

Tab 切换对应的生命周期如图 4-12 所示(以 A、B 页面为 tabBar 页面,C 页面是从 A 页面打开的页面,D 页面是从 C 页面打开的页面为例)。

在使用 Tab 切换生命周期时需要注意以下几点,如图 4-13 所示。

路由方式	页面栈表现
初始化	新页面入栈
打开新页面	新页面入栈
页面重定向	当前页面出栈，新页面入栈
页面返回	页面不断出栈，直到目标返回页
Tab 切换	页面全部出栈，只留下新的 Tab 页面
重新加载	页面全部出栈，只留下新的页面

图 4-10　页面栈的表现

路由方式	触发时机	路由前页面	路由后页面
初始化	小程序打开的第一个页面		onLoad, onShow
打开新页面	调用 API wx.navigateTo 使用组件 `<navigator open-type="navigateTo"/>`	onHide	onLoad, onShow
页面重定向	调用 API wx.redirectTo 使用组件 `<navigator open-type="redirectTo"/>`	onUnload	onLoad, onShow
页面返回	调用 API wx.navigateBack 使用组件 `<navigator open-type="navigateBack">` 用户按左上角返回按钮	onUnload	onShow
Tab 切换	调用 API wx.switchTab 使用组件 `<navigator open-type="switchTab"/>` 用户切换 Tab		各种情况请参考下表
重新加载	调用 API wx.reLaunch 使用组件 `<navigator open-type="reLaunch"/>`	onUnload	onLoad, onShow

图 4-11　路由的触发方式

当前页面	路由后页面	触发的生命周期（按顺序）
A	A	Nothing happend
A	B	A.onHide(), B.onLoad(), B.onShow()
A	B（再次打开）	A.onHide(), B.onShow()
C	A	C.onUnload(), A.onShow()
C	B	C.onUnload(), B.onLoad(), B.onShow()
D	B	D.onUnload(), C.onUnload(), B.onLoad(), B.onShow()
D（从转发进入）	A	D.onUnload(), A.onLoad(), A.onShow()
D（从转发进入）	B	D.onUnload(), B.onLoad(), B.onShow()

图 4-12　Tab 切换对应的生命周期

图 4-13　Tab 切换生命周期的注意事项

4.4.4 模块化

开发者可以将一些公共代码抽象成为一个单独的 js 文件，以之作为一个模块。模块只有通过 module.exports 或 exports 才能对外暴露接口，代码如下。

```
1.  // common.js
2.  function sayHello(name) {
3.    console.log(`Hello ${name} !`)
4.  }
5.  function sayGoodbye(name) {
6.    console.log(`Goodbye ${name} !`)
7.  }
8.  module.exports.sayHello = sayHello
9.  exports.sayGoodbye = sayGoodbye
10.
11. //   在需要使用这些模块的文件中，使用 require 将公共代码引入
12. var common = require('common.js')
13. Page({
14.   helloMINA: function() {
15.     common.sayHello('MINA')
16.   },
17.   goodbyeMINA: function() {
18.     common.sayGoodbye('MINA')
19.   }
20. })
```

4.5 视图层

框架的视图层(webview)由 WXML 与 WXSS 编写，并由组件来进行展示。视图层可将逻辑层的数据反映成视图，同时将视图层的事件发送给逻辑层。WXS(weixin script) 是小程序的一套脚本语言，其结合 WXML，可以构建出页面的结构。

4.5.1 容器组件与布局

微信小程序开发框架为开发者提供了一系列基础组件，开发者可以通过组合这些基础组件进行快速开发。

组件(component)是视图层的基本组成单元，其自带一些功能和微信风格一致的样式。一个组件通常包括开始标签和结束标签，以及其自带的属性用来修饰这个组件，内容则在两个标签之内。例如，如下代码中，< tagname >是开始标签，</tagname >是结束标签，property 是属性，value 是属性值，"Content goes here..."是标签之间的内容。

```
1.  < tagname property = "value">
2.  Content goes here ...
3.  </tagname >
```

属性的类型有 Boolean(布尔值)、Number(数字)、String(字符串)、Array(数组)、Object(对象)、EventHandler(事件处理函数名)、Any(任意属性)等。

所有组件都支持的属性如图 4-14 所示。

属性名	类型	描述	注解
id	String	组件的唯一标示	保持整个页面唯一
class	String	组件的样式类	在对应的 WXSS 中定义的样式类
style	String	组件的内联样式	可以动态设置的内联样式
hidden	Boolean	组件是否显示	所有组件默认显示
data-*	Any	自定义属性	组件上触发的事件时，会发送给事件处理函数
bind* / catch*	EventHandler	组件的事件	详见事件

图 4-14 所有组件都支持的属性

4.5.2 WXS 事件响应

1. 背景

微信小程序在用户进行频繁交互时容易发生卡顿，例如，页面有 2 个元素 A 和 B，用户在 A 上做 touchmove 手势，要求 B 也跟随移动，此时的 movable-view 组件就是一个典型的例子。一次 touchmove 事件的响应过程如下。

(1) touchmove 事件从视图层(webview)被抛到逻辑层(app service)。

(2) 逻辑层(app service)处理 touchmove 事件，再通过 setData()方法来改变 B 的位置。

一次 touchmove 的响应需要经过 2 次逻辑层和渲染层的通信及一次渲染，通信的耗时比较多。此外 setData()方法的渲染也会阻塞其他脚本执行,导致整个用户交互的动画过程发生延迟。

2. 实现方案

本方案基本的思路是减少通信的次数,让事件在视图层响应。小程序的框架分为视图层和逻辑层,这样分层的目的是管控,这是由于开发者的代码只能运行在逻辑层,而这个思路就必须要让开发者的代码运行在视图层,如图 4-15 所示的流程。

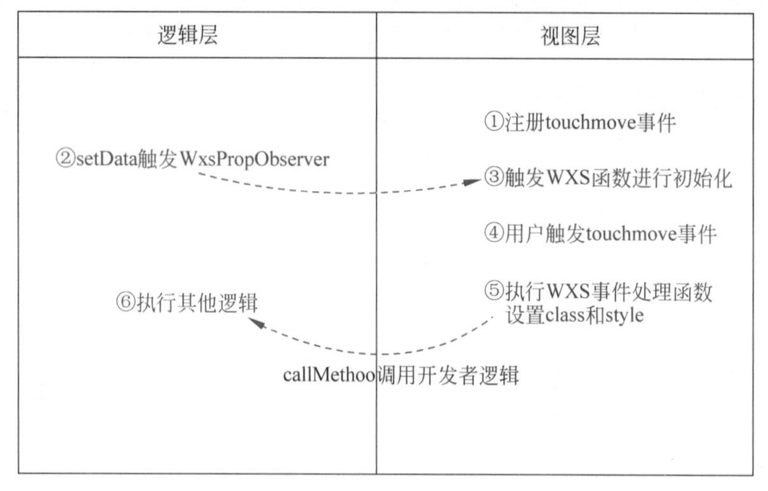

图 4-15 WXS 事件响应

WXS 函数用来响应小程序事件,其目前只能响应内置组件的事件,不支持自定义组件事件。WXS 函数除了纯逻辑的运算,还可以通过封装好的 ComponentDescriptor 实例访问及设置组件的 class 和样式,在处理交互动画方面,设置 style 和 class 足以满足需求。WXS 函数的例子如下所示。

```
1. var wxsFunction = function(event, ownerInstance) {
2.     var instance = ownerInstance.selectComponent('.classSelector') // 返回组件的实例
3.     instance.setStyle({
4.         "font - size": "14px"                                    // 支持 rpx
5.     })
6.     instance.getDataset()
7.     instance.setClass(className)
8.     // ...
9.     return false     // 不往上冒泡,相当于同时调用了 stopPropagation 和 preventDefault
10. }
```

其中,入参 event 是在小程序事件对象基础上增加 event.instance 来表示触发事件的组件的 ComponentDescriptor 实例;ownerInstance 表示触发事件的组件所在的组件的 ComponentDescriptor 实例。如果触发事件的组件在页面内,则 ownerInstance 表示页面实例。

4.5.3 双向绑定

在 WXML 中,普通属性的绑定是单向的,如下所示。

```
1.  <input value="{{value}}" />
```

如果使用"this.setData({ value: 'leaf' })"来更新 value，则"this.data.value"和输入框之中显示的值都会被更新为 leaf；但如果用户修改了输入框里的值，则"this.data.value"不会同时改变。

如果需要在用户输入的同时改变"this.data.value"，那么需要借助简易双向绑定机制。此时，可以在对应项目之前加入“model:”前缀，如下所示。

```
1.  <input model:value="{{value}}" />
```

这样，如果输入框的值被改变了，"this.data.value"也会改变。同时，WXML 中所有绑定了 value 的位置也会被一并更新，数据监听器也会被正常触发。

用于双向绑定的表达式有如下限制。

（1）双向绑定只对单一字段有效，如以下写法是非法的。

```
1.  <input model:value="值为 {{value}}" />
2.  <input model:value="{{ a + b }}" />
```

（2）目前，双向绑定还不支持路径引用，如以下这样的表达式目前暂不支持。

```
1. <input model:value="{{ a.b }}" />
```

4.5.4　页面渲染

小程序页面的初始化分为两个部分，即逻辑层和视图层。

逻辑层初始化：载入必需的小程序代码、初始化页面 this 对象（也包括它涉及的所有自定义组件的 this 对象）、将相关数据发送给视图层。

视图层初始化：载入必需的小程序代码，然后等待逻辑层初始化完毕并接收逻辑层发送的数据，最后渲染页面。

1. 条件渲染

方法 1：“wx:if="{{true/false}}"”，值为 true 则显示标记，为 false 则不显示。

方法 2：使用 hidden 属性。

```
1.  //以下代码显示隐藏,一下两行代码效果相同
2.  <view hidden>隐藏< view>
3.  <view hidden="{{true}}">隐藏< view>
```

当标记不需要频繁地切换显示时，优先使用“wx:if”，其本质是把标记直接从页面结构中删除。

当标记需要频繁地切换显示时，优先使用 hidden 属性，本质是通过对样式（display: none）的修改来实现的，注意，hidden 属性不要和样式中的 display 属性一起使用。

2. 列表渲染

“wx:for=""”可以循环遍历数组和对象。

```
1.  列表循环:
2.  //js 中
3.  Page({
4.    data: {
5.      array: [{
6.        id:0,
7.        message: 'foo',
8.      }, {
9.        id:1,
10.       message: 'bar'
11.     }]
12. }
13. })
14. //wxml 中
15. <view wx:for="{{array}}" wx:for-item="item" wx:for-index="index" wx:key="id">
16. {{index}}: {{item.message}}
17. </view>
18.
19. //wx:key=""填充一个唯一的值,用来提高列表渲染的性能
20. //当绑定值为一个普通字符串时,例如,wx:key="id",则这个 id 是循环数组中对象的唯一属
    //性; 如果绑定值为保留字 * this,例如,wx:key=" * this",则代表数组 item 项本身,且每个
    //item 项是各自不同的
21.
22. //当出现数组的嵌套循环时,wx:for-item 和 wx:for-index 绑定的名称不能相同
23. //如果只有一层循环,wx:for-item="item" wx:for-index="index"可以省略,小程序自动将
    //循环名称和索引名称定义为 item 和 index
24.
25. 对象循环:
26. //js 中
27. Page({
28.   data: {
29.     person: {
30.         id:0,
31.         name: 'sr',
32.     }
33. }
34. })
35. //wxml 中
36. //循环对象时,最好把名称改成如下,这样更直观
37. <view wx:for="{{person}}" wx:for-item="value" wx:for-index="key" wx:key="id">
38. {{key}}: {{value}}
39. </view>
```

4.6 小结

本章小结如图 4-16 所示。

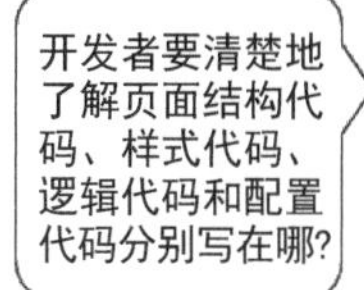

图 4-16　小结

4.7　上机案例

为新建的小程序配置以下内容的 tabBar。

```
1."tabBar": {
2.  "list": [{
3.    "pagePath": "pages/index/index",
4.    "text": "首页"
5.  }, {
6.    "pagePath": "pages/logs/index",
7.    "text": "日志"
8.  }]
9.},
```

4.8　习题

1. 在小程序目录结构中，(　　)文件是应用配置文件。

A. app.js　　B. app.json
C. project.config.js　　D. index.json

2. 在小程序目录结构中，样式文件的扩展名是(　　)。
A. js　　B. json　　C. wXss　　D. wxml

3. 在小程序页面样式文件中，不能用作 wxss 元素尺寸的单位是(　　)。
A. rpx　　B. px　　C. vh　　D. Rpx

4. 下列关于 WXS 说法中错误的是(　　)。
A. WXS 可以调用 JavaScript 文件中定义的函数
B. WXS 函数不能作为组件的事件回调
C. WXS 可以在所有版本的小程序中运行
D. WXS 是小程序的一套脚本语言

5. 下面对于微信小程序目录结构说法中，正确的是(　　)。
A. app.wxss 表示公共样式文件
B. index.wxss 表示页面样式文件
C. app.js 为应用逻辑配置文件
D. index.js 为应用逻辑代码文件

6. 请简单描述页面样式的单位 rpx 与 px 的关系。

7. App()生命周期函数包括哪些？

8. 请尝试使用 wxss 样式文件来修改微信小程序页面中的元素。

9. 为微信小程序配置一个 tabBar。

第5章

小程序组件

CHAPTER 5

微课视频　　在线练习

本章主要介绍小程序组件的相关内容，小程序官方为开发者提供了一系列基础组件，开发者可以通过组合这些基础组件进行快速开发。组件是视图层的基本组成单元，其自带一些功能与微信风格的样式。一个组件通常包括开始标记和结束标记，属性用来修饰这个组件，内容在两个标记之内。整体用法类似 HTML 中的标记，由于小程序组件内容很多，不好记忆，在学习过程中可以通过类比实现相应功能的 HTML 标记的方法来记忆。

如下代码所示，<view></view>为小程序的一个组件，<view>是开始标记，</view>是结束标记，classname 是属性，content 是内容。

```
1. <view classname = "cls">
2.     Content
3. </view>
```

5.1 视图容器组件

5.1.1 view 组件

view 组件是最基本的组件,其类似网页开发中的 div 标记,view 组件是块级元素,显示时独占一行,宽度默认继承自父级,并且高度、宽度、外边距及内边距都可以由开发者控制,如图 5-1 所示。

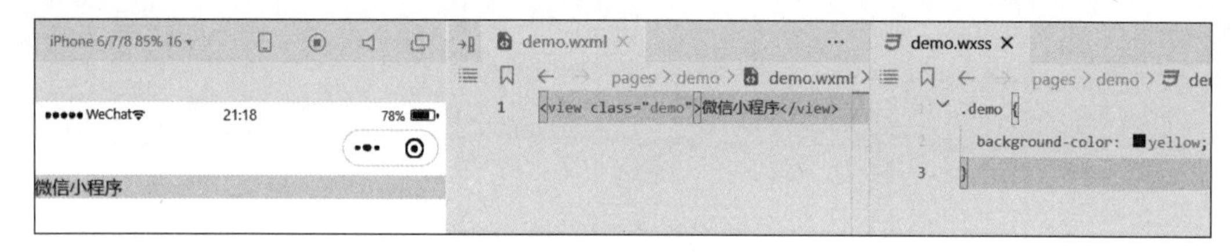

图 5-1　view 组件

view 组件可设置的属性如图 5-2 所示。

属性	类型	默认值	必填	说明	最低版本
hover-class	string	none	否	指定按下去的样式类。当 hover-class="none" 时,禁用按下态效果	1.0.0
hover-stop-propagation	boolean	false	否	指定是否阻止本结点的祖先结点出现按下的状态	1.5.0
hover-start-time	number	50	否	按住后多久出现按下的状态,单位为毫秒	1.0.0
hover-stay-time	number	400	否	手指松开后按下的状态保留时间,单位为毫秒	1.0.0

图 5-2　view 组件属性

当设置 hover-class 属性时,可以指定该元素在鼠标按下时的样式,鼠标弹起后该样式消失,例如,给 view 标签设置鼠标按下时背景颜色变为黄色,代码及效果如图 5-3 所示。

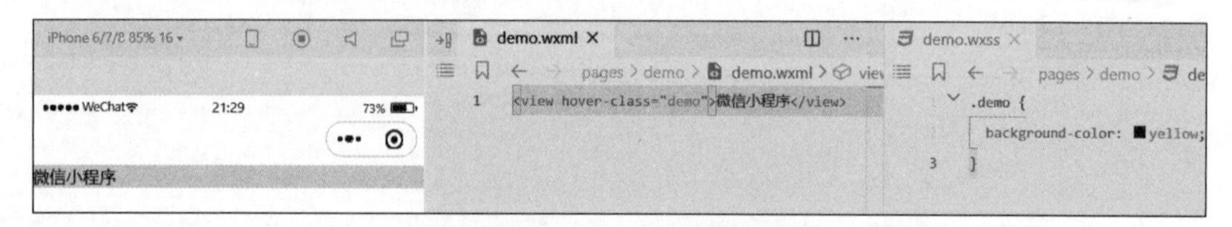

图 5-3　鼠标按下的代码及效果

5.1.2 page-container 组件

page-container 组件可以部署一个页面容器,在页中加载出这个页的子页面。

小程序如果需要在页面内进行复杂的界面设计(如在页面内弹出半屏的弹窗、在页面内加载一个全屏的子页面等),往往需要避免用户进行返回操作时直接离开当前页面,只关闭当前弹出的组件。为此,微信小程序提供了"假页"容器组件,其效果类似于 popup 弹出层,页面内存在该容器时,用户进行返回操作只能关闭该容器而不关闭页面。返回操作包括三种情形,即右滑手势、安卓物理返回键和调用 navigateBack 接口。

page-container 组件属性如图 5-4 所示。

属性	类型	默认值	必填	说明	最低版本
show	boolean	false	否	是否显示容器组件	2.16.0
duration	number	300	否	动画时长，单位为毫秒	2.16.0
z-index	number	100	否	z-index 层级	2.16.0
overlay	boolean	true	否	是否显示遮罩层	2.16.0
position	string	bottom	否	弹出位置，可选值为 top、bottom、right、center	2.16.0
round	boolean	false	否	是否显示圆角	2.16.0
close-on-slideDown	boolean	false	否	是否在下滑一段距离后关闭	2.16.0
overlay-style	string		否	自定义遮罩层样式	2.16.0
custom-style	string		否	自定义弹出层样式	2.16.0
bind:beforeenter	eventhandle		否	进入前触发	2.16.0
bind:enter	eventhandle		否	进入中触发	2.16.0
bind:afterenter	eventhandle		否	进入后触发	2.16.0
bind:beforeleave	eventhandle		否	离开前触发	2.16.0
bind:leave	eventhandle		否	离开中触发	2.16.0
bind:afterleave	eventhandle		否	离开后触发	2.16.0
bind:clickoverlay	eventhandle		否	单击遮罩层时触发	2.16.0

图 5-4　page-container 组件属性

5.1.3　scroll-view 组件

scroll-view 组件可以设置可滚动的视图区域,其属性如图 5-5 所示。

属性	类型	默认值	必填	说明	最低版本
scroll-x	boolean	false	否	允许横向滚动	1.0.0
scroll-y	boolean	false	否	允许纵向滚动	1.0.0
upper-threshold	number/string	50	否	距顶部/左边多远时，触发 scrolltoupper 事件	1.0.0
lower-threshold	number/string	50	否	距底部/右边多远时，触发 scrolltolower 事件	1.0.0
scroll-top	number/string		否	设置竖向滚动条位置	1.0.0
scroll-left	number/string		否	设置横向滚动条位置	1.0.0

图 5-5　scroll-view 组件属性

给 scroll-view 组件设置 scroll-y 属性可使之实现竖向滚动，设置 scroll-x 属性可使之实现横向滚动，设置竖向滚动时，使用 scroll-y="true"或 scroll-y 这两种方式都可以，设置横向滚动同理。

需要注意的是，使用竖向滚动时，需要给 scroll-view 设置一个固定高度，这个固定高度需要小于内容的宽度才能使滚动条显现，否则看不出效果，如图 5-6 所示。

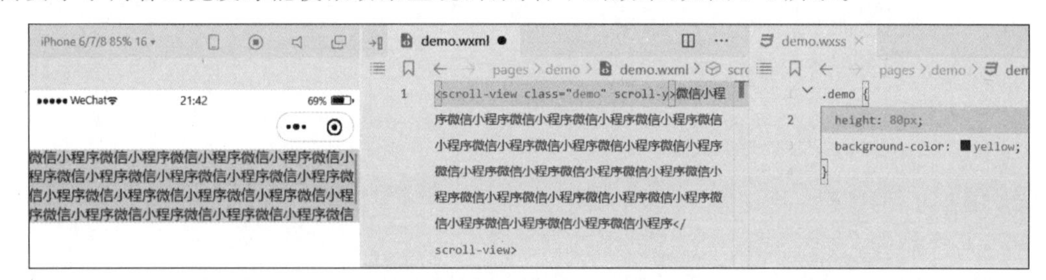

图 5-6　scroll-view 组件注意事项

给 scroll-view 设置 bindscrolltolower 属性可以绑定当滚动条滚动到底部时触发的事件，如图 5-7 所示，当滚动条滑到底部时，将弹出提示框“滚动条滑到底了！”。

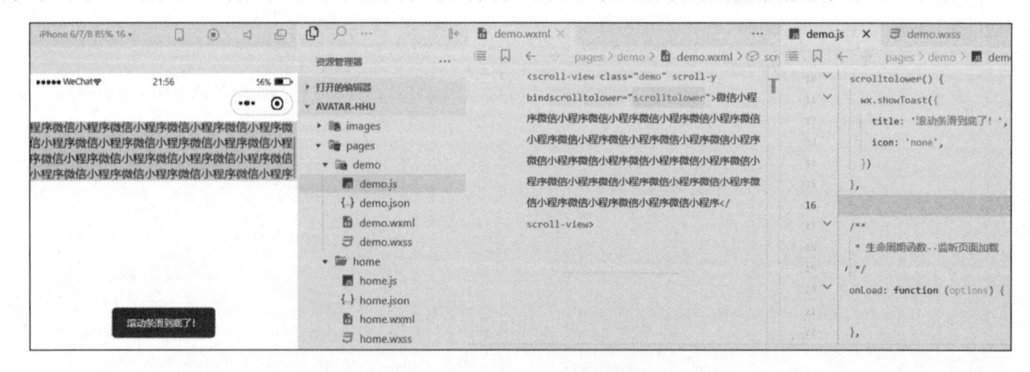

图 5-7　bindscrolltolower 属性

注意：在实际测试过程中，在滑向底部的过程中，该绑定事件会触发多次，并不是滑到底部只触发一次，这算是一个 bug，但是开发者可以通过函数节流的方法来限制触发次数。

5.1.4　cover-view 组件和 cover-image 组件

(1) cover-view 是覆盖在原生组件之上的文本视图。

目前原生组件均已支持同层渲染，因此建议使用 view 替代之。该组件可覆盖的原生组件包括 map、video、canvas、camera、live-player、live-pusher。

另外，该组件只支持嵌套 cover-view、cover-image，并可在 cover-view 中使用 button。

例如，如图 5-8 所示地图上的三个不同颜色的浮层就是用 cover-view 实现的。

(2) cover-image 是覆盖在原生组件之上的图像视图。

目前原生组件均已支持同层渲染，建议使用 image 替代之。

补充知识：原生组件的概念如图 5-9 所示。

图 5-8　cover-view 组件实现效果

图 5-8　原生组件的概念

5.1.5 moveable-area 组件和 moveable-view 组件

movable-area 组件用于设置可移动区域，而 movable-view 组件则是可移动的视图容器，其在页面中可以拖拽滑动。movable-view 组件必须在 movable-area 组件中，并且必须是直接子结点，否则其将不能移动。

写法举例如下所示。

```
1.  <movable-area>
2.      <movable-view x="{{x}}" y="{{y}}" direction="all">text</movable-view>
3.  </movable-area>
```

movable-view 属性如图 5-10 所示。

属性	类型	默认值	必填	说明	最低版本
direction	string	none	否	movable-view组件的移动方向，属性值有all、vertical、horizontal、none	1.2.0
inertia	boolean	false	否	movable-view组件是否带有惯性	1.2.0
out-of-bounds	boolean	false	否	超过可移动区域后，movable-view组件是否还可以移动	1.2.0
x	number/string		否	定义x轴方向的偏移，如果x的值不在可移动范围内，会自动移动到可移动范围；改变x的值会触发动画；单位支持px（默认）、rpx	1.2.0
y	number/string		否	定义y轴方向的偏移，如果y的值不在可移动范围内，会自动移动到可移动范围；改变y的值会触发动画；单位支持px（默认）、rpx	1.2.0
damping	number	20	否	阻尼系数，用于控制x或y改变时的动画和过界回弹的动画，值越大移动越快	1.2.0
friction	number	2	否	摩擦系数，用于控制惯性滑动的动画，值越大摩擦力越大，滑动越快停止；必须大于0，否则会被设置成默认值	1.2.0
disabled	boolean	false	否	是否禁用	1.9.90
scale	boolean	false	否	是否支持双指缩放，默认缩放手势生效区域是在movable-view组件内	1.9.90
scale-min	number	0.5	否	定义缩放倍数最小值	1.9.90
scale-max	number	10	否	定义缩放倍数最大值	1.9.90
scale-value	number	1	否	定义缩放倍数，取值范围为 0.5 ~ 10	1.9.90
animation	boolean	true	否	是否使用动画	2.1.0
bindchange	eventhandle		否	拖动过程中触发的事件，event.detail = {x, y, source}	1.9.90
bindscale	eventhandle		否	缩放过程中触发的事件，event.detail = {x, y, scale}，x和y字段在2.1.0版本之后支持	1.9.90
htouchmove	eventhandle		否	初次手指触摸后移动为横向的移动时触发，如果catch此事件，则意味着touchmove事件也被catch	1.9.90

图 5-10 movable-view 组件属性

注意：movable-view 必须设置 width 和 height 属性，其默认值为 10px。movable-view 默认为绝对定位，top 和 left 属性为 0px。

5.1.6　swiper 组件和 swiper-item 组件

swiper 是轮播图组件，其中只可放置 swiper-item 组件（即轮播元素组件），示例如下。

```
1.  <swiper>
2.      <swiper-item><image src=""/></swiper-item>
3.      <swiper-item><image src=""/></swiper-item>
4.      <swiper-item><image src=""/></swiper-item>
5.  </swiper>
```

微信小程序的轮播图默认样式为宽 100%，高 150px，而图像的默认宽高为 320px * 240px，且 swiper 组件的高度无法由内容撑开，所以要使得轮播图和原图贴合，需要设置轮播图的高度，使轮播图的宽度与高度的比值等于原图像宽高比，如此才能实现等比例的缩放，计算公式如下所示。

```
1.  //swiper 的高度 / swiper 的宽度 = 原图的宽度 / 原图的高度
2.  //所以：swiper 的高度 = swiper 的宽度 * 原图的宽度 / 原图的高度
3.  //如原图为 1125 * 352px
4.  //则：
5.  swiper {
6.      width: 100%;
7.      height: calc(100vw * 253/1125);
8.  }
9.  image {
10.     width: 100%
11. }
12. //同时设置 image 的 mode 属性为 widthFix
```

swiper 组件属性如下。

autoplay 属性定义是否自动切换图像，默认为 false。

interval 属性定义自动切换的时间间隔，默认为 5s。

circular 属性定义是否循环轮播，默认为 false。

indicator-dots 属性定义是否显示面板指示点，默认为 false。

indicator-color 属性定义指示点未选中时的颜色。

indicator-active-color 属性定义指示点选中时的颜色。

5.2　文本组件

5.2.1　text 组件

text 组件类似网页开发中的 span 标记，是一种行内元素，其默认宽度为其本身内容的宽度，相邻行内元素在同一行时，该行可以显示多个元素，为其直接设置宽高是无效的，如

图 5-11 所示。

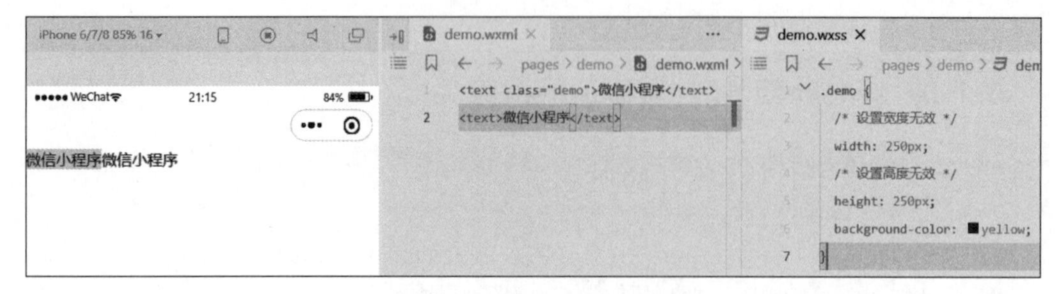

图 5-11　text 组件的无效设置

text 组件只能内嵌 text 组件，长按 text 组件时，其中的文本可以被复制(只有该标记有这个功能)，该组件还支持对空格、回车进行编码。

text 组件属性如图 5-12 所示。

属性	类型	默认值	必填	说明	最低版本
selectable	boolean	false	否	文本是否可选 (已废弃)	1.1.0
user-select	boolean	false	否	文本是否可选，该属性会使文本结点显示为 inline-block	2.12.1
space	string		否	显示连续空格	1.4.0
decode	boolean	false	否	是否解码	1.4.0

合法值	说明
ensp	中文字符空格一半大小
emsp	中文字符空格大小
nbsp	根据字体设置的空格大小

图 5-12　text 组件属性

5.2.2　rich-text 组件

rich-text 组件为富文本组件，所谓富文本指可支持图像、各种特殊标点、分段等格式的内容，而纯文本则只支持文字和基本的标点。

rich-text 组件的具体用法是将富文本解析成对应的标记，其值可以是字符串或数组，具体示例如下所示。

```
1.  // 1 index.wxml 加载节点数组
2.  <rich-text nodes="{{nodes}}" bindtap="tap"></rich-text>
3.  // 2 加载字符串
```

```
4.  <rich-text nodes='<img
5.  src="https://developers.weixin.qq.com/miniprogram/assets/images/head_global_z_@all.p
6.  ng" alt="">'></rich-text>
7.
8.  // index.js
9.  Page({
10.   data: {
11.     nodes: [{
12.       name: 'div',                    //name 标签名
13.       attrs: {                        //attrs 属性
14.         class: 'div_class',
15.         style: 'line-height: 60px; color: red;'
16.       },
17.       children: [{                    //children 子节点列表
18.         type: 'text',                 //文本内容
19.         text: 'Hello World!'
20.       }]
21.     }]
22. },
23.   tap() {
24.     console.log('tap')
25. }
26. })
```

注意：rich-text 组件的 nodes 属性不应为字符串值，其会影响性能；attrs 属性不支持 id，但支持 class；name 属性对大小写不敏感。另外，rich-text 组件会屏蔽所有子结点事件，且如果其包含不受信任的 HTML 结点，则该结点及其所有子结点将会无法显示。再有，rich-text 组件内的 img 标记仅支持网络图像。

5.3 表单组件

5.3.1 button 组件

button 组件可以创建一个按钮，如图 5-13 所示。

图 5-13 button 组件按钮

button 组件的 size 属性可以设置按钮的大小，可选值有 default（默认大小）、mini（小尺寸）等，如图 5-14 所示。

button 组件的 type 属性可以设置按钮的样式类型，可选值有默认 default（灰色）、primary（绿色）、warn（红色）等，如图 5-15 所示。

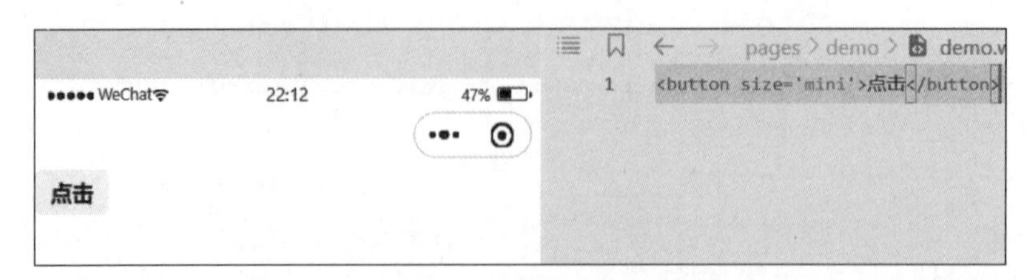

图 5-14　size 属性有效值

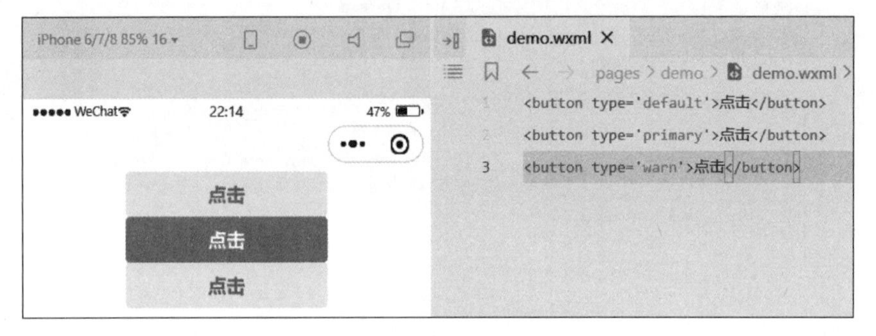

图 5-15　type 属性有效值

button 组件的 disabled 属性可以设置是否禁用按钮,默认为 false;loading 属性可以设置名称前是否带 loading 图标,默认为 false,如图 5-16 所示。

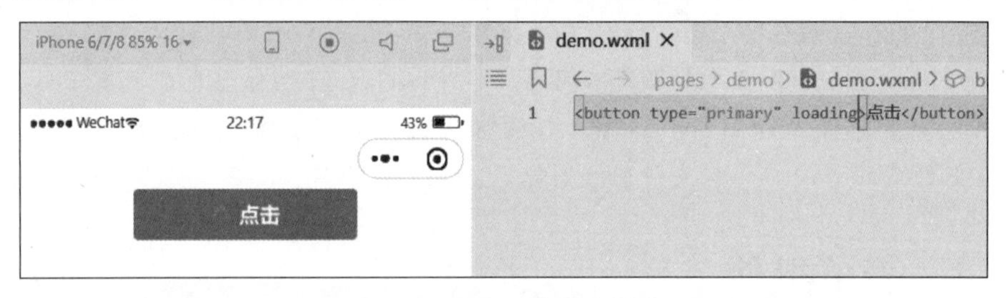

图 5-16　loading 属性有效值

form-type 属性用于 form 组件,属性值有 submit(提交表单)、rest(重置表单)等。open-type 属性用于设定微信开放能力,如图 5-17 所示。

```
<button open-type="contact">contact</button>
<button open-type="share">share</button>
<button open-type="getPhoneNumber" bindgetphonenumber="getPhoneNumber">getPhoneNumber</button>
<button open-type="getUserInfo" bindgetuserinfo="getUserInfo">getUserInfo</button>
<button open-type="launchApp">launchApp</button>
<button open-type="openSetting">openSetting</button>
<button open-type="feedback">feedback</button>
```

图 5-17　open-type 属性有效值

button 组件的 open-type 属性值如下。

(1) contact:打开客服对话功能,需要在微信小程序的后台做对应支持性配置。

实现过程:要将小程序的 appid 由测试号改为开发者的 appid,登录微信小程序官网,添加客服微信(即添加当前小程序的客服微信号,客服是某个小程序的开发方的工作人员),然后用真机调试。

(2) share:转发当前的小程序页面给微信联系人,但不能将之分享到朋友圈。

（3）getPhoneNumber：获取当前用户的手机号，如果不是企业的小程序账号，则没有这一权限。该功能需要绑定 bindgetphonenumber 事件，然后从事件的回调函数中通过参数来获取信息。但是获取到的信息是经过加密的，需要用户自己在小程序的后台服务器中解析手机号码，然后返回到小程序中。

（4）getUserInfo：获取当前用户的个人信息，需要绑定 bindgetuserinfo 事件，然后从事件的回调函数中通过参数来获取信息，信息没有加密（该属性值已失效，现在需要采用 wx.getUserProfile 的 api 来获取用户信息）。

（5）launchApp：在小程序中直接打开 App。需要先在 App 中通过某个链接打开小程序，然后才可以在小程序中使用 launchApp 重新打开 App。

（6）openSetting：打开小程序内置的授权页面。该页面只会出现用户曾经单击确认过的权限。

（7）feedback：打开小程序内置的意见反馈页面。该页面只能通过真机调试打开。

5.3.2　form 组件

form 组件即表单，其可以将组件内用户输入的 switch、input、checkbox、slider、radio、picker 等表单提交后台。

当单击 form 表单中 form-type 属性值为 submit 的 button 组件时，微信小程序会将表单组件中的 value 值提交，开发者需要为表单组件加上 name 属性，以该属性值作为提交的 key。

以下 WXML 代码实现了一个 form 表单。

```
1.  <view class = "container">
2.    <view class = "page - body">
3.      <form catchsubmit = "formSubmit" catchreset = "formReset">
4.        <view class = "page - section page - section - gap">
5.          <view class = "page - section - title"> switch </view>
6.          <switch name = "switch"/>
7.        </view>
8.
9.        <view class = "page - section page - section - gap">
10.         <view class = "page - section - title"> radio </view>
11.         <radio - group name = "radio">
12.           <label><radio value = "radio1"/>选项一</label>
13.           <label><radio value = "radio2"/>选项二</label>
14.         </radio - group>
15.       </view>
16.
17.       <view class = "page - section page - section - gap">
18.         <view class = "page - section - title"> checkbox </view>
19.         <checkbox - group name = "checkbox">
20.           <label><checkbox value = "checkbox1"/>选项一</label>
21.           <label><checkbox value = "checkbox2"/>选项二</label>
22.         </checkbox - group>
23.       </view>
24.
```

```
25.        <view class="page-section page-section-gap">
26.          <view class="page-section-title">slider</view>
27.          <slider value="50" name="slider" show-value></slider>
28.        </view>
29.
30.        <view class="page-section">
31.          <view class="page-section-title">input</view>
32.          <view class="weui-cells weui-cells_after-title">
33.            <view class="weui-cell weui-cell_input">
34.              <view class="weui-cell__bd" style="margin: 30rpx 0" >
35.                <input class="weui-input" name="input" placeholder="这是一个输入框" />
36.              </view>
37.            </view>
38.          </view>
39.        </view>
40.
41.        <view class="btn-area">
42.          <button style="margin: 30rpx 0" type="primary" formType="submit">Submit
   </button>
43.          <button style="margin: 30rpx 0" formType="reset">Reset</button>
44.        </view>
45.      </form>
46.    </view>
47.
48. </view>
```

具体实现效果如图 5-18 所示。

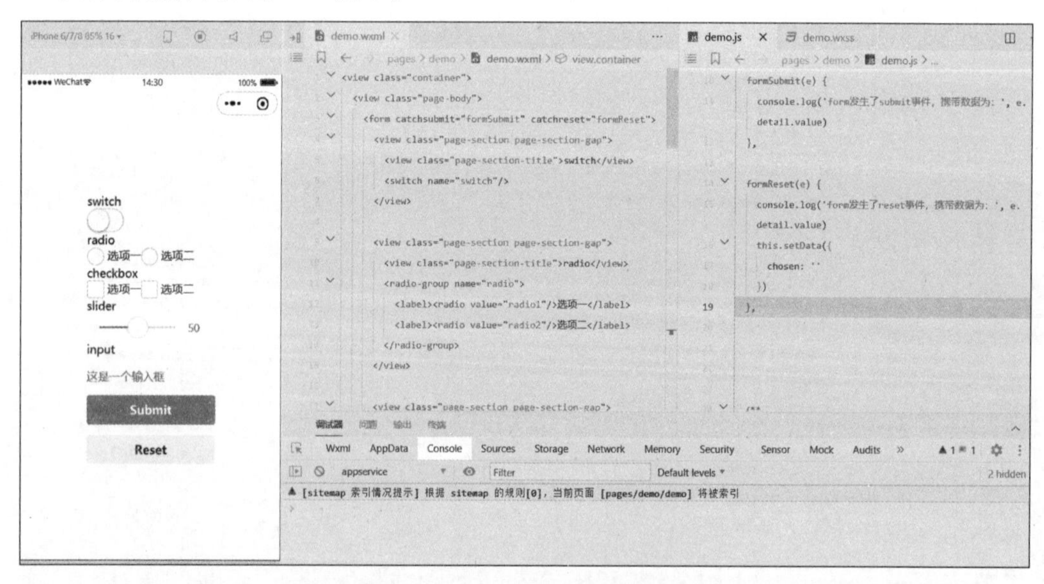

图 5-18　form 组件的实现效果

上文代码同时为表单绑定了 submit(提交表单)事件和 reset(重置表单)事件，reset 事件可以将表单中用户已经修改过的内容重置为初始状态，submit 事件可以提交表单中用户填写好的内容，例如，用户可以提交如图 5-19 所示的内容，并在 submit 绑定事件的回调函数中打印输出这些提交的内容。

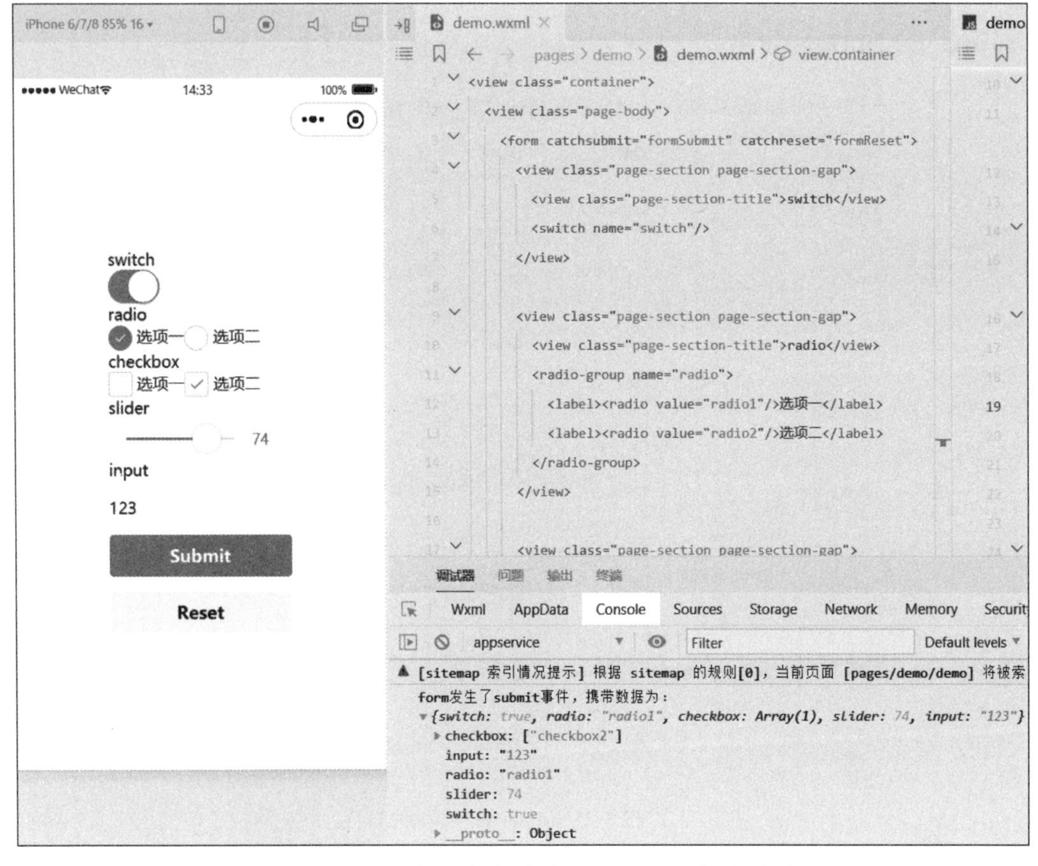

图 5-19　submit(提交表单)事件和 reset(重置表单)事件

form 表单属性如图 5-20 所示，bindsubmit 和 catchsubmit 属性效果相同，bindreset 和 catchreset 属性效果相同。

属性	类型	默认值	必填	说明	最低版本
report-submit	boolean	false	否	是否返回 formId 用于发送模板消息	1.0.0
report-submit-timeout	number	0	否	等待一段时间（毫秒数）以确认 formId 是否生效。如果未指定这个参数，formId 有很小的概率是无效的（如遇到网络失败的情况）。指定这个参数将可以检测 formId 是否有效，以这个参数的时间作为这项检测的超时时间。如果失败，将返回 requestFormId:fail 开头的 formId	2.6.2
bindsubmit	eventhandle		否	携带 form 中的数据触发 submit 事件，event.detail = {value : {'name': 'value'} , formId: ''}	1.0.0
bindreset	eventhandle		否	表单重置时会触发 reset 事件	1.0.0

图 5-20　form 表单属性

5.3.3 input 组件

input 组件可以创建输入框。其具体属性如图 5-21 所示。

属性	类型	默认值	必填	说明
value	string		是	输入框的初始内容
type	string	text	否	input 的类型
password	boolean	false	否	是否是密码类型
placeholder	string		是	输入框为空时占位符
placeholder-style	string		是	指定 placeholder 的样式
placeholder-class	string	input-placeholder	否	指定 placeholder 的样式类
disabled	boolean	false	否	是否禁用
maxlength	number	140	否	最大输入长度，设置为-1时将不限制最大输入长度

图 5-21 input 组件属性

该组件的 value 属性可以设置输入框的初始内容，如设置 value 为 123，则输入框的初始内容就会显示为 123，如图 5-22 所示。

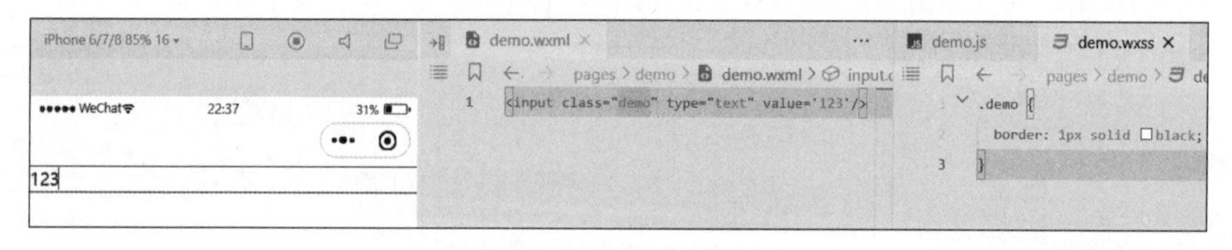

图 5-22 value 属性用法

type 属性的合法值有 text（文本）输入、number（数字）输入、idcard（身份证）输入、digit（带小数点的数字）输入、safe-password（密码安全）输入、nickname（昵称）输入等几种。

password 属性可以设置输入的内容为密码类型，当其值为 true 时，将会把用户输入的内容转换为圆点，如图 5-23 所示。

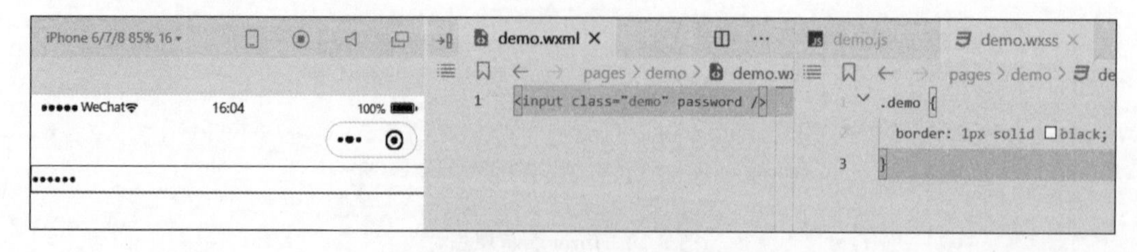

图 5-23 password 属性用法

placeholder 属性可以设置输入框为空时的占位符，当聚焦输入框并输入内容时，占位符会消失，如图 5-24 所示。

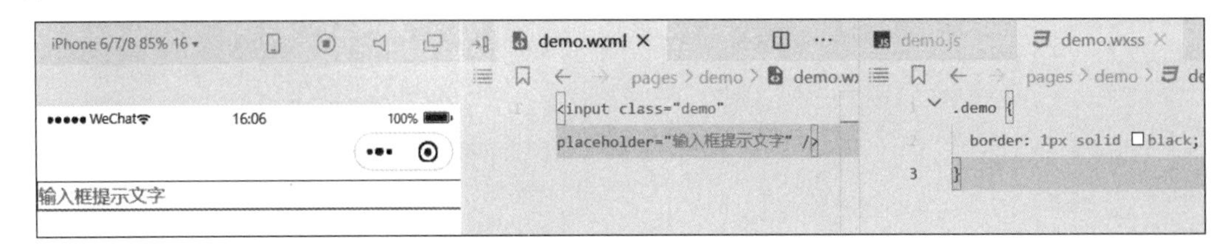

图 5-24　placeholder 属性用法

disabled 属性可以设置是否禁用输入框。

maxlength 属性可以设置输入框最大允许的输入长度，例如，设置 maxlength="5"时，输入框只能输入 5 个字符，设置为-1 时将不限制最大输入长度，如图 5-25 所示。

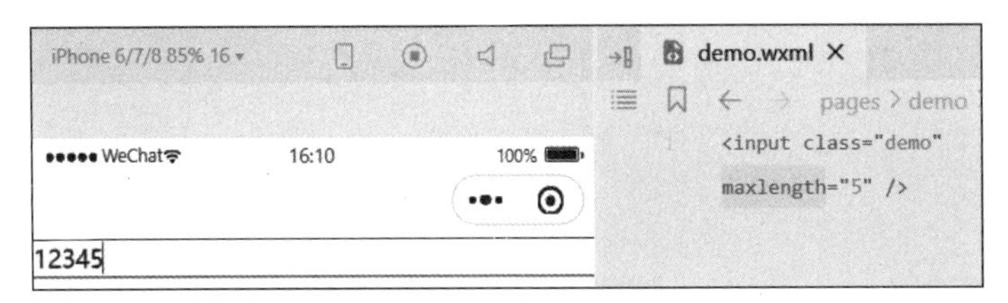

图 5-25　maxlength 属性用法

5.3.4　textarea 组件

textarea 组件与 input 组件类似，只不过其呈现为多行输入框，如图 5-26 和图 5-27 所示。

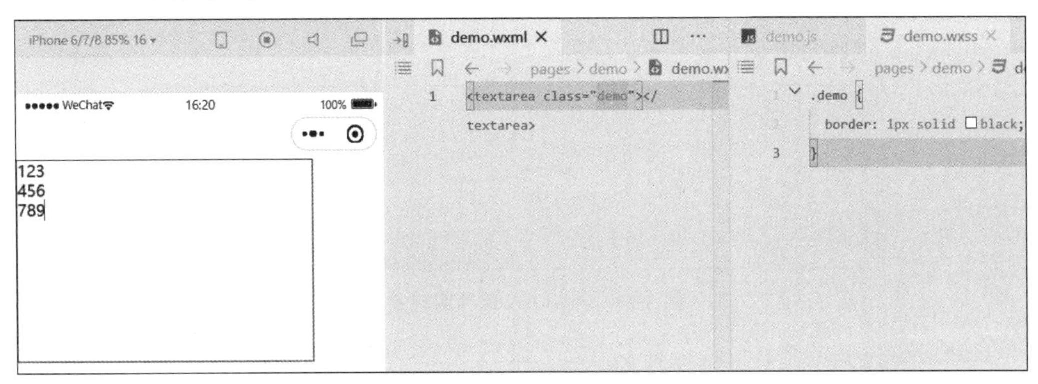

图 5-26　textarea 组件事例

该组件的 value 属性可以设置输入框的初始内容，其值 value 为 123 时，输入框初始内容会就显示为 123。

placeholder 属性可以设置输入框为空时的占位符，当聚焦输入框并打字输入时，占位符会消失。

disabled 属性可以设置是否禁用输入框。

maxlength 属性可以设置输入框最大允许的输入长度，例如，设置 maxlength="5"时，输入框只能输入 5 个字符，设置为-1 时将不限制最大输入长度。

属性	类型	默认值	必填	说明
value	string		否	输入框的内容
placeholder	string		否	输入框为空时占位符
placeholder-style	string		否	指定 placeholder 的样式，目前仅支持color、font-size和font-weight
placeholder-class	string	textarea-placeholder	否	指定 placeholder 的样式类
disabled	boolean	false	否	是否禁用
maxlength	number	140	否	最大输入长度，设置为-1 时将不限制最大输入长度

图 5-27 textarea 组件属性

5.3.5 checkbox 组件和 checkbox-group 组件

checkbox 组件可以创建复选框,实现效果如图 5-28 所示。

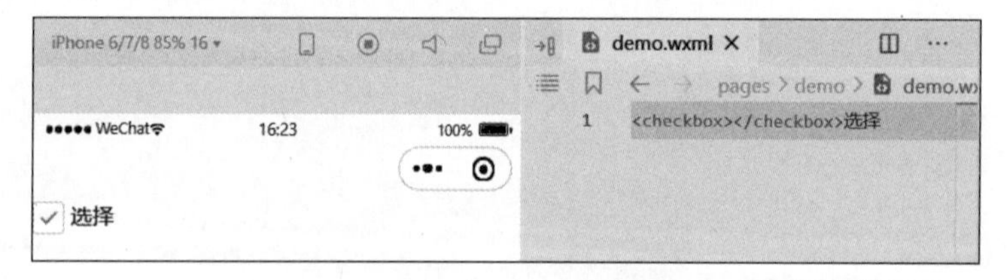

图 5-28 checkbox 组件实现效果

checkbox-group 组件可以包裹多个 checkbox 组件,实现复选框组,如图 5-29 所示。

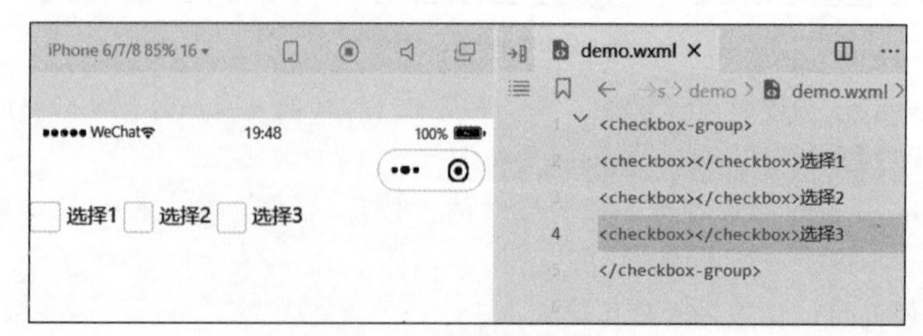

图 5-29 checkbox-group 组件实现效果

checkbox 组件的属性如图 5-30 所示。

属性	类型	默认值	必填	说明	最低版本
value	string		否	checkbox标识，选中时触发checkbox-group的 change 事件，并携带 checkbox 的 value	1.0.0
disabled	boolean	false	否	是否禁用	1.0.0
checked	boolean	false	否	当前是否选中，可用来设置默认选中	1.0.0
color	string	#09BB07	否	checkbox的颜色，同css的color	1.0.0

图 5-30　checkbox 组件的属性

checkbox 组件的 value 属性可以作为复选框的标识，当 checkbox 组件和 checkbox-group 组件联合使用时，给 checkbox-group 组件绑定 change 事件，则 checkbox 组件选中或取消均将触发 change 事件，具体示例如图 5-31 所示，为 checkbox-group 组件设置 change 绑定事件，事件触发时控制台响应输出绑定事件传递的参数。

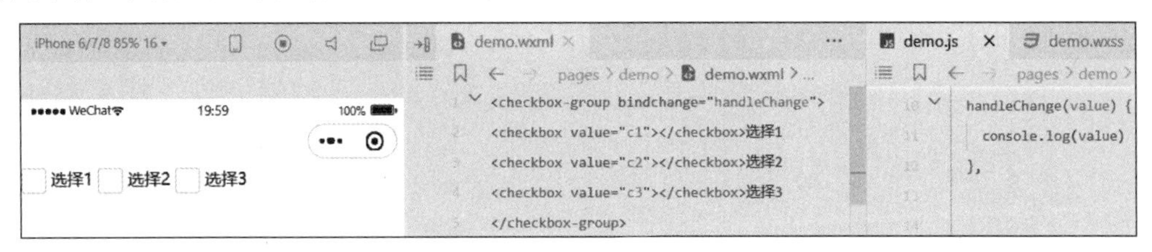

图 5-31　为 checkbox-group 组件设置 change 绑定事件

当选中第一个复选框时，控制台响应输出如图 5-32 所示，可以看到，绑定事件触发时传递的 value 属性值是一个对象，里面的 detail 对象字段中 value 属性值存储了用户选中的复选框的 value 属性值。

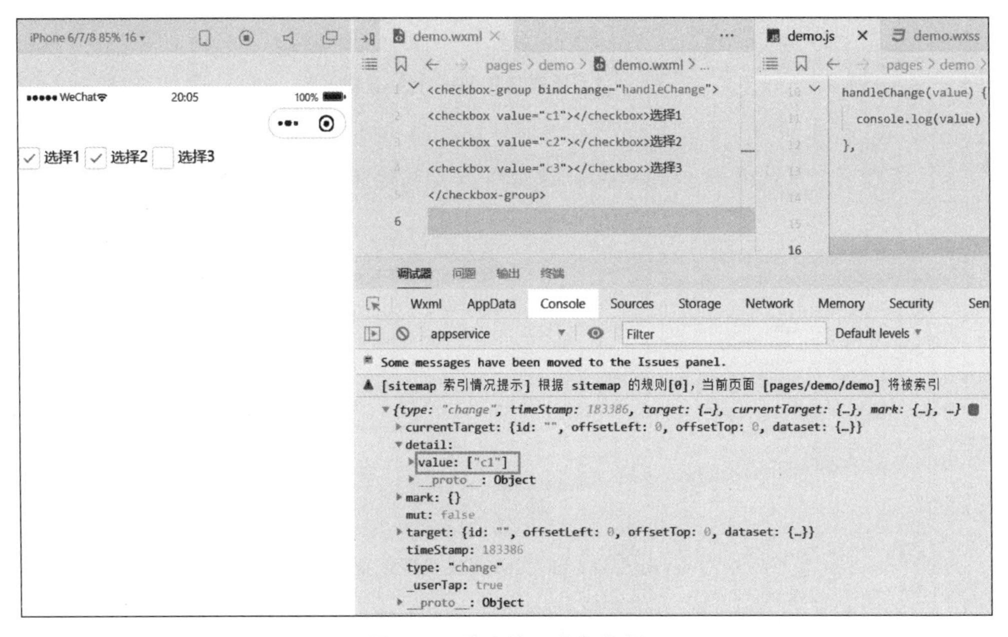

图 5-32　选中第一个复选框

当用户再次选中第二个复选框时,detail 下的 value 数组应该会再增加一个元素“c2”,如图 5-33 所示果然如此。

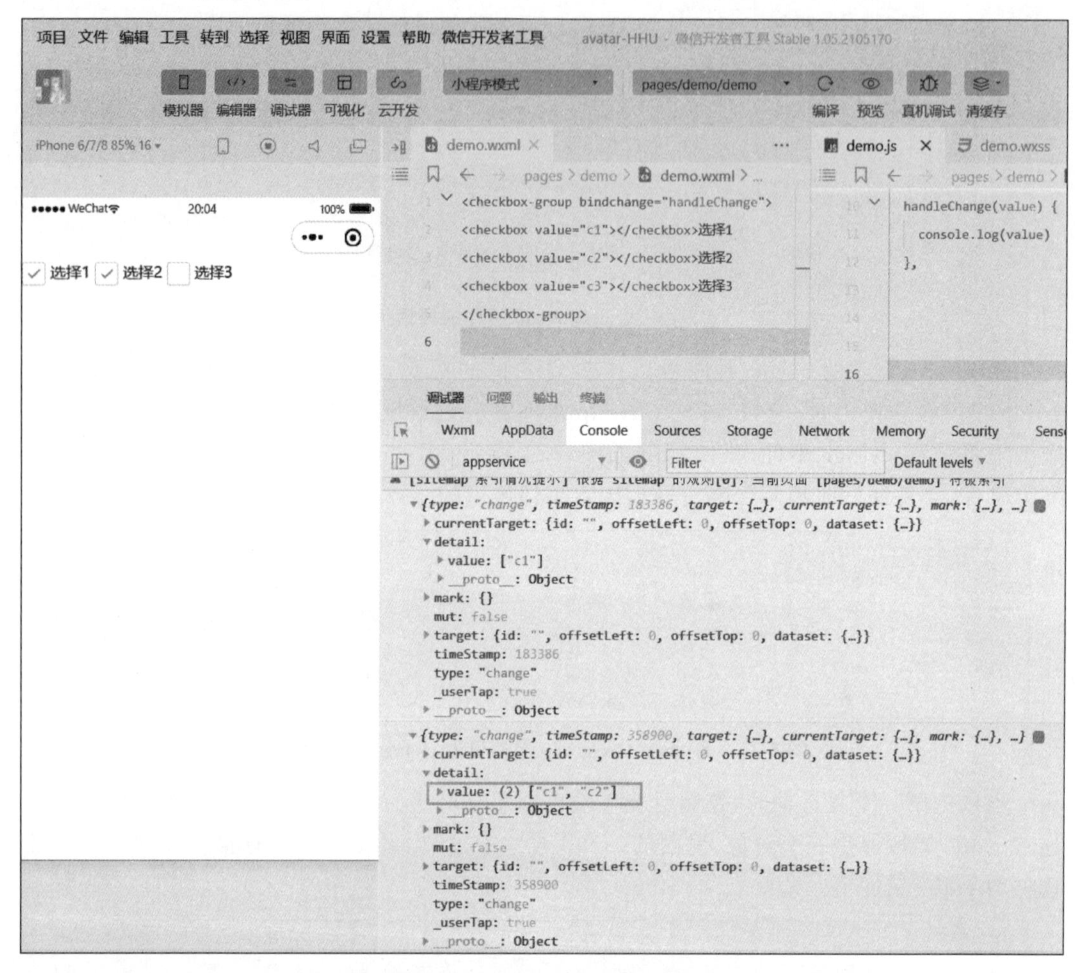

图 5-33　再次选中第二个复选框

checkbox 组件的 checked 属性表示当前复选框是否选中,将其设置为默认选中,例如,给第一个和第三个复选框加上 checked 属性,可以看到复选框初始即为选中状态,如图 5-34 所示。

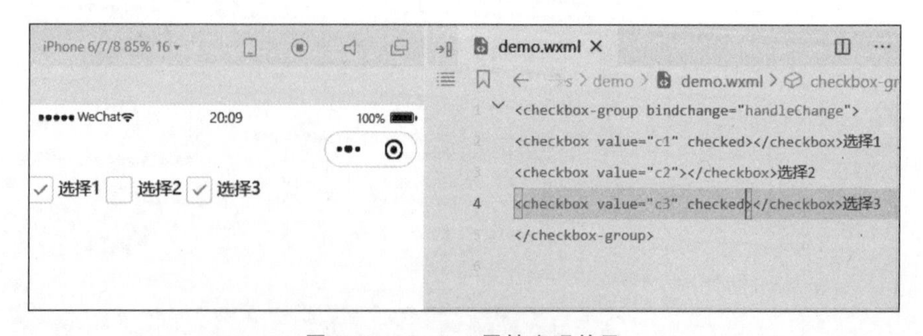

图 5-34　checked 属性实现效果

如下代码实现了一组选择水果的复选框。

```
1. //WXML
2. <view>
3.     <checkbox-group bindchange="handleItemChange">
4.         <checkbox value="{{item.value}}" wx:for="{{list}}" wx:key="id">
5.             {{ item.name }}
6.         </checkbox>
7.     </checkbox-group>
8. </view>
9. <view>
10.     //{{checkedList}}这个写法相当于把数组元素遍历出来
11.     选中的水果:{{checkedList}}
12. </view>
13. //JS
14. page({
15.     data: {
16.         list: [
17.             {
18.                 id: 0,
19.                 name: "apple",
20.                 value: "apple"
21.             },
22.             {
23.                 id: 1,
24.                 name: "grape",
25.                 value: "grape"
26.             },
27.             {
28.                 id: 2,
29.                 name: "bananer",
30.                 value: "bananer"
31.             },
32.         ],
33.         checkedList: []
34.     },
35.     //复选框的选中事件
36.     handleItemChange(e){
37.         // 1 获取被选中的复选框的值
38.         const checkedList = e . detail. value;
39.         // 2 进行赋值
40.         this.setData({
41.             checkedList
42.         })
43.     }
44. })
```

5.3.6 picker 组件和 picker-view 组件

picker 组件可以创建一个从页面底部弹起的滚动选择器,属性如图 5-35 所示。

picker 组件的 mode 属性的合法值有 selector(普通选择器)、multiSelector(多列选择器)、time(时间选择器)、date(日期选择器)、region(地区选择器),如图 5-36～图 5-40 所示。除了上述通用的属性,不同的 mode 属性值可使 picker 拥有不同的属性,如图 5-41～图 5-45 所示。

属性	类型	默认值	必填	说明	最低版本
header-text	string		否	选择器的标题，仅安卓可用	2.11.0
mode	string	selector	否	选择器类型	1.0.0
disabled	boolean	false	否	是否禁用	1.0.0
bindcancel	eventhandle		否	取消选择时触发	1.9.90

图 5-35　picker 组件属性

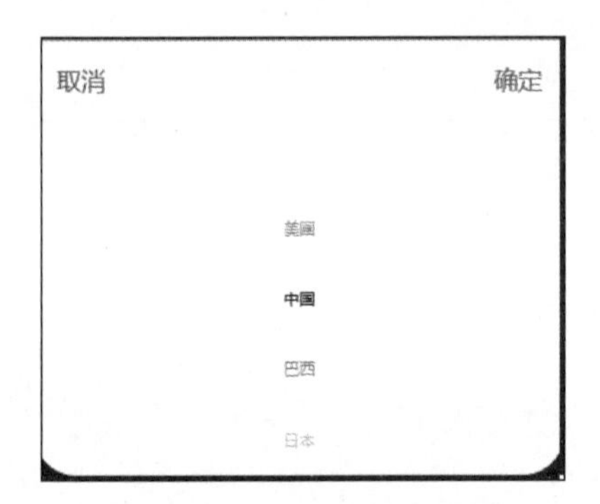

图 5-36　selector 普通选择器

图 5-37　multiSelector 多列选择器

图 5-38　time 时间选择器

图 5-39　date 日期选择器

图 5-40　region 地区选择器

普通选择器：mode = selector

属性名	类型	默认值	说明	最低版本
range	array/object array	[]	mode 为 selector 或 multiSelector 时，range 有效	
range-key	string		当 range 是一个 Object Array 时，通过 range-key 来指定 Object 中 key 的值作为选择器显示内容	
value	number	0	表示选择了 range 中的第几个（下标从 0 开始）	
bindchange	eventhandle		value 改变时触发 change 事件，event.detail = {value}	

图 5-41　普通选择器属性

多列选择器：mode = multiSelector

属性名	类型	默认值	说明	最低版本
range	array/object array	[]	mode 为 selector 或 multiSelector 时，range 有效	
range-key	string		当 range 是一个 Object Array 时，通过 range-key 来指定 Object 中 key 的值作为选择器显示内容	
value	array	[]	表示选择了 range 中的第几个（下标从 0 开始）	
bindchange	eventhandle		value 改变时触发 change 事件，event.detail = {value}	
bindcolumnchange	eventhandle		列改变时触发	

图 5-42　多列选择器属性

时间选择器：mode = time

属性名	类型	默认值	说明	最低版本
value	string		表示选中的时间，格式为"hh:mm"	
start	string		表示有效时间范围的开始，字符串格式为"hh:mm"	
end	string		表示有效时间范围的结束，字符串格式为"hh:mm"	
bindchange	eventhandle		value 改变时触发 change 事件，event.detail = {value}	

图 5-43　时间选择器属性

日期选择器：mode = date

属性名	类型	默认值	说明	最低版本
value	string	当天	表示选中的日期，格式为"YYYY-MM-DD"	
start	string		表示有效日期范围的开始，字符串格式为"YYYY-MM-DD"	
end	string		表示有效日期范围的结束，字符串格式为"YYYY-MM-DD"	
fields	string	day	有效值 year、month、day，表示选择器的粒度	
bindchange	eventhandle		value 改变时触发 change 事件，event.detail = {value}	

图 5-44　日期选择器属性

省市区选择器：mode = region 1.4.0

属性名	类型	默认值	说明	最低版本
value	array	[]	表示选中的省市区，默认选中每一列的第一个值	
custom-item	string		可为每一列的顶部添加一个自定义的项	1.5.0
bindchange	eventhandle		value 改变时触发 change 事件，event.detail = {value, code, postcode}，其中字段 code 是统计用区划代码，postcode 是邮政编码	

图 5-45　省市区选择器属性

5.3.7　radio 组件和 radio-group 组件

radio 组件可以创建单选框，效果如图 5-46 所示。

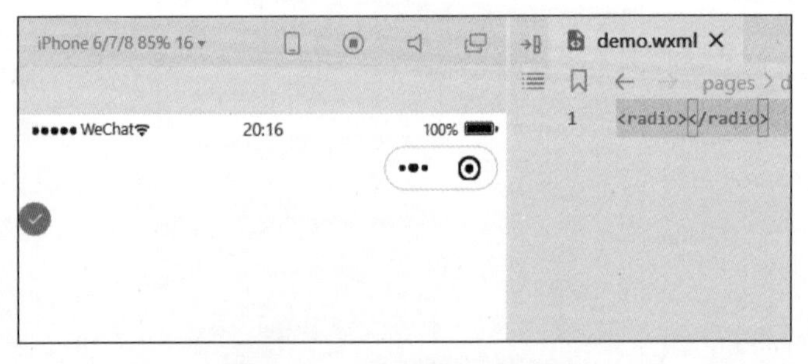

图 5-46　radio 组件实现效果

radio 组件的属性如图 5-47 所示。

代码实例如下，这段代码可令用户选择性别并输出当前选择的性别。

属性	类型	默认值	必填	说明	最低版本
value	string		否	radio 标识。当该radio 选中时，radio-group 的 change 事件会携带radio的value	1.0.0
checked	boolean	false	否	当前是否选中	1.0.0
disabled	boolean	false	否	是否禁用	1.0.0
color	string	#09BB07	否	radio的颜色，同css的color属性	1.0.0

图 5-47　radio 组件的属性

```
1.  //radio 标签必须要和父元素 radio - group 一起使用
2.  //属性 value 为选中单选框的值
3.  //需要给 radio - group 绑定 change 事件
4.  //如何在页面中显示选中的值?
5.  //WXML
6.  < radio - group bindchange = "handleChange">
7.      < radio value = "男">男</radio >
8.      < radio value = "女">女</radio >
9.  </radio - group >
10. < view >{{gender}}</view >
11.
12. //JS
13. Page({
14.     date: {
15.         gender: ""
16.     },
17.     handelChange(e) {
18.         this.setDate({
19.             gender: e.detail.value
20.         })
21.     }
22. })
```

5.3.8　slider 组件

slider 组件可以创建一个滑动选择器，即滑动条，具体效果如图 5-48 所示。

图 5-48　滑动条样式

slider 组件的属性如图 5-49 所示。

slider 组件的 min 属性和 max 属性可以定义选择器的最小和最大值，step 可以定义步长，可以将之理解为每次滑动的间距，例如，如图 5-50 所示代码定义了一个最小为 1，最大为 10，滑动步长为 2，每次滑动两格的滑动选择器。

属性	类型	默认值	必填	说明
min	number	0	否	最小值
max	number	100	否	最大值
step	number	1	否	步长，取值必须大于 0，并且可被(max - min)整除
disabled	boolean	false	否	是否禁用
value	number	0	否	当前取值
color	color	#e9e9e9	否	背景条的颜色（请使用 backgroundColor）
selected-color	color	#1aad19	否	已选择的颜色（请使用 activeColor）
activeColor	color	#1aad19	否	已选择的颜色

图 5-49　slider 组件的属性

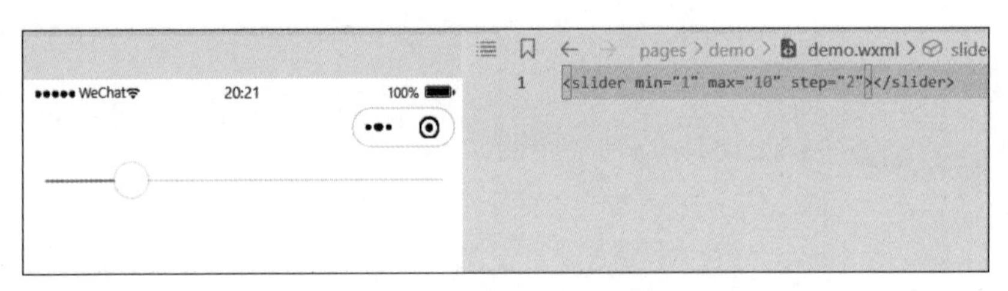

图 5-50　min、max 和 step 等属性的实现效果

5.3.9　switch 组件

switch 组件可以创建一个开关选择器，具体样式如图 5-51 和图 5-52 所示。

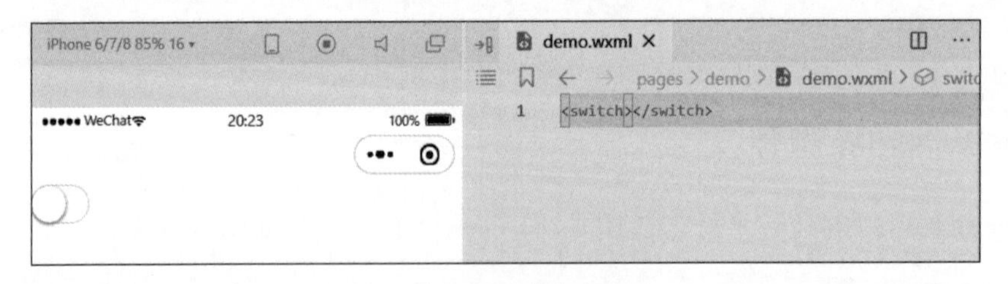

图 5-51　开关样式(关闭)

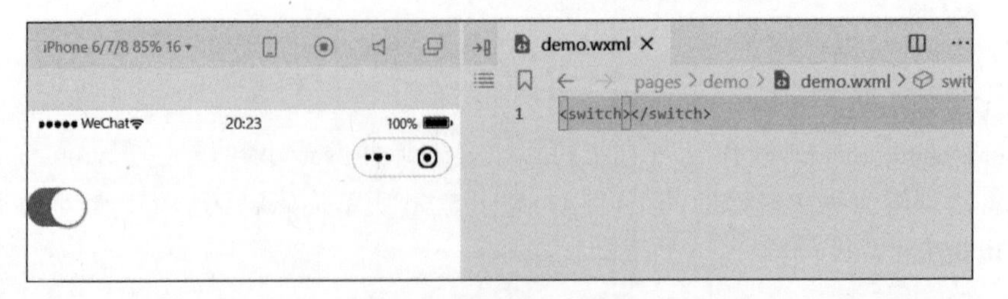

图 5-52　开关样式(打开)

switch 组件的属性如图 5-53 所示。

属性	类型	默认值	必填	说明
checked	boolean	false	否	是否选中
disabled	boolean	false	否	是否禁用
type	string	switch	否	样式，有效值包括 switch, checkbox 等
color	string	#04BE02	否	switch 的颜色，同 CSS 的 color 属性
bindchange	eventhandle		否	checked 改变时触发的 change 事件，event.detail={ value}

图 5-53　switch 组件的属性

switch 组件的 checked 属性可以设置初始默认状态是否选中，如图 5-54 所示。

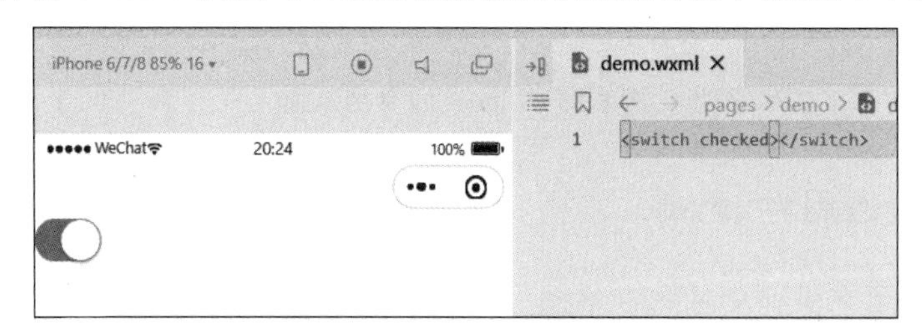

图 5-54　checked 属性的实现效果

5.4　媒体组件

5.4.1　拍照组件 camera

camera 组件用于启动系统相机。若需要使用扫二维码的功能，用户需升级微信客户端至 6.7.3 版本。该组件需要用户授权 scope. camera。

camera 组件的属性如图 5-55 所示。

该组件的 mode 属性的合法值有 normal（相机模式）、scanCode（扫码模式）等；resolution 属性的合法值有 low、medium、high 等；device-position 属性的合法值有 front（前置摄像头）、back（后置摄像头）等；flash 属性的合法值有 auto（自动）、on（打开）、off（关闭）、torch（常量）等；frame-size 属性的合法值有 small（小尺寸帧数据）、medium（中尺寸帧数据）、large（大尺寸帧数据）等。

注意：①同一页面只能插入一个 camera 组件。②onCameraFrame 接口将根据 frame-size 属性值返回不同尺寸的原始帧数据，与 Camera 组件展示的图像不同，其实际像素值由系统决定。

代码实例如下。

```
1.  <camera device-position="back" flash="off" binderror="error" style="width: 100%;
    height: 300px;"></camera>
```

属性	类型	默认值	必填	说明
mode	string	normal	否	应用模式，只在初始化时有效，不能动态变更
resolution	string	medium	否	分辨率，不支持动态修改
device-position	string	back	否	启用的是前摄还是后摄
flash	string	auto	否	闪光灯，值为auto、on、off
frame-size	string	medium	否	指定期望的相机帧数据尺寸
bindstop	eventhandle		否	摄像头在非正常终止时触发，如退出后台等情况
binderror	eventhandle		否	用户不允许使用摄像头时触发
bindinitdone	eventhandle		否	相机初始化完成时触发，e.detail = {maxZoom}
bindscancode	eventhandle		否	在扫码识别成功时触发，仅在mode="scanCode" 时生效

图 5-55　camera 组件的属性

5.4.2　图像组件 image

图像组件用于在页面中插入一幅图像，该组件插入的图像默认宽度为 320px，高度为 240px，支持 JPG、PNG、SVG、WEBP、GIF 等格式。image 组件中二维码/小程序码图像不支持长按识别。腾讯公司规定小程序大小不能超过 2MB，所以开发者应从外部网络引用图像资源。

image 组件的属性如图 5-56 所示。

属性	类型	默认值	必填	说明
src	string		否	图像资源地址
mode	string	scaleToFill	否	图像裁剪、缩放的模式
webp	boolean	false	否	默认不解析 WebP 格式，只支持网络资源
lazy-load	boolean	false	否	图像延迟加载，在即将进入一定范围（上下三屏）时才开始加载该图像
show-menu-by-longpress	boolean	false	否	长按图像显示发送给朋友、收藏、保存图像、搜一搜、打开名片/前往群聊/打开小程序（若图像中包含对应二维码或小程序码）的菜单
binderror	eventhandle		否	当错误发生时触发，event.detail = {errMsg}
bindload	eventhandle		否	当图像载入完毕时触发，event.detail = {height, width}

图 5-56　image 组件的属性

图像组件的 src 属性定义图像地址。

mode 属性定义图像裁剪、缩放的模式，默认为 scaleToFill（不保持纵横比缩放图像）使图像的宽高拉伸至开发者定义的宽高；aspectFit（保持纵横比），确保图像的长边显示出来，比较常用；aspectFill（保持纵横比），只保证图像的短边完全显示出来；widthFix（保障宽度），样式中定义的宽度不变，高度会随着原图的比例缩放，常用。

lazy-load 属性可以实现延迟加载，当页内的图像和内容太多，则微信会自己判断，当图像出现在屏幕上下三屏的高度之内时，会自动开始加载图像。

5.4.3　视频组件 video

video 组件可以创建视频播放窗口，其默认宽度为 300px、默认高度为 225px，开发者可通过 WXSS 设置自定义宽高。

video 组件的属性如图 5-57 所示。

属性	类型	默认值	必填	说明
src	string		是	视频的资源地址，支持网络路径、本地临时路径、云文件ID（2.3.0）
duration	number		否	指定视频时长
controls	boolean	true	否	是否显示默认播放控件（播放/暂停按钮、播放进度、时间）
danmu-list	Array.<object>		否	弹幕列表
danmu-btn	boolean	false	否	是否显示弹幕按钮，只在初始化时有效，不能动态变更
enable-danmu	boolean	false	否	是否展示弹幕，只在初始化时有效，不能动态变更
autoplay	boolean	false	否	是否自动播放
loop	boolean	false	否	是否循环播放
muted	boolean	false	否	是否静音播放
initial-time	number	0	否	指定视频初始播放位置
direction	number		否	设置全屏时视频的方向，不指定则根据宽高比自动判断
show-progress	boolean	true	否	若不设置，宽度大于240px时才会显示
show-fullscreen-btn	boolean	true	否	是否显示全屏按钮
show-play-btn	boolean	true	否	是否显示视频底部控制栏的播放按钮
show-center-play-btn	boolean	true	否	是否显示视频中间的播放按钮

图 5-57　video 组件的属性

5.5 地图组件 map

map 组件可以创建地图元素,个性化地图样式是腾讯位置服务开放的一项高级功能,开发者可以根据自身产品的使用场景、UI 风格,选取或创建风格匹配的地图。小程序内地图组件应使用同一 subkey,开发者可通过 layer-style(位置服务官网设置的样式 style 编号)属性配置地图样式,map 组件支持动态切换样式。

map 组件的部分属性如图 5-58 所示。

属性	类型	默认值	必填	说明
longitude	number		是	中心经度
latitude	number		是	中心纬度
scale	number	16	否	缩放级别,取值范围为3~20
min-scale	number	3	否	最小缩放级别
max-scale	number	20	否	最大缩放级别
markers	Array.<marker>		否	标记点
polyline	Array.<polyline>		否	路线
circles	Array.<circle>		否	圆
include-points	Array.<point>		否	缩放视野以包含所有给定的坐标点
show-location	boolean	false	否	显示带有方向的当前定位点
polygons	Array.<polygon>		否	多边形

图 5-58 map 组件的部分属性

5.6 导航栏

5.6.1 navigator 组件

navigator 组件可以创建一个导航标签,类似 HTML 的 a 标签(超链接),但该组件是块级元素。如图 5-59 代码所示,点击将跳转到 index 页面,如图 5-60 所示。

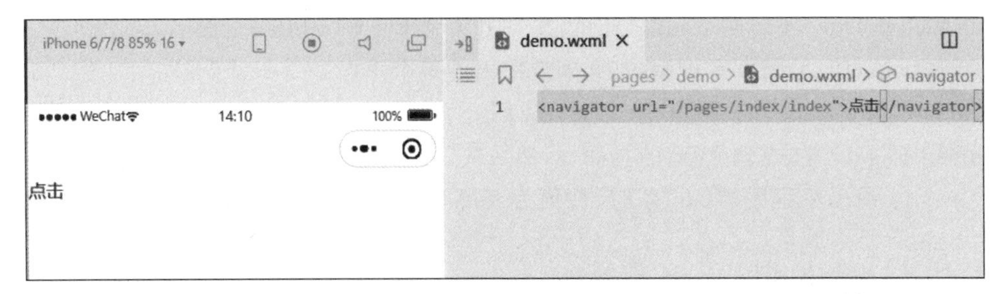

图 5-59　navigator 组件的实现效果

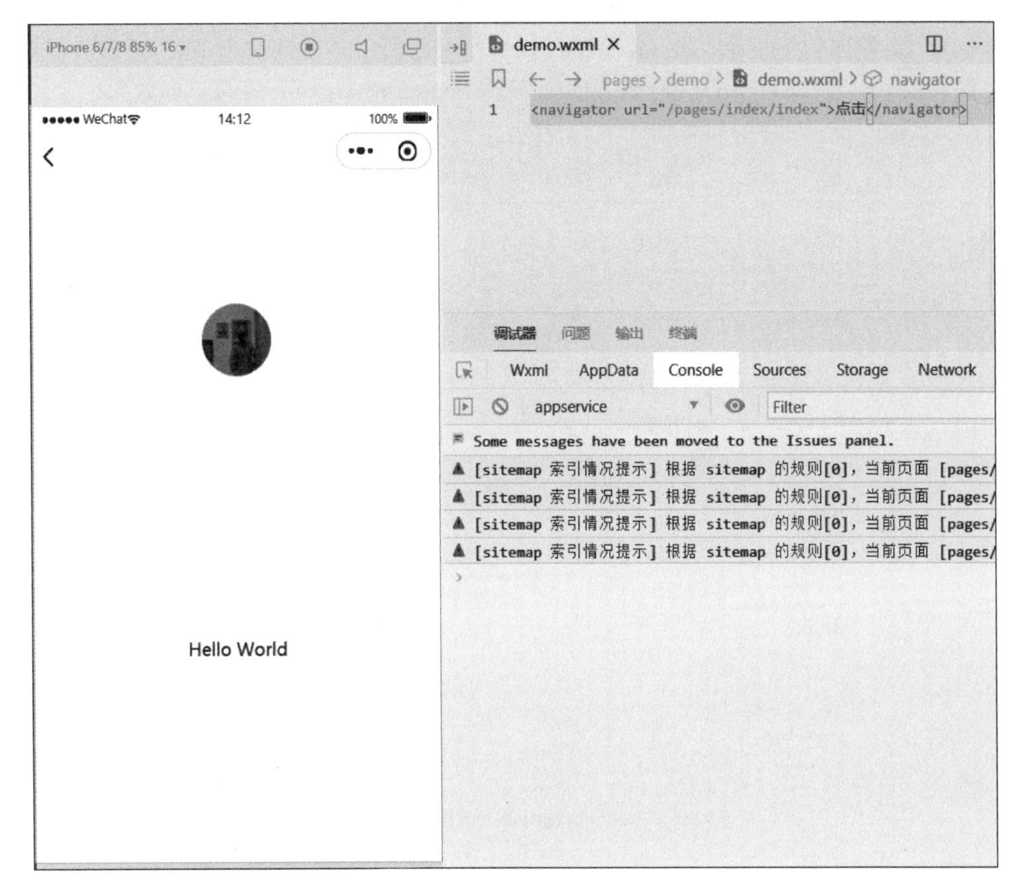

图 5-60　点击后跳转到 index 页面

navigator 组件的属性如下所示。

url：当前小程序内要跳转的页面路径。

target：要跳转的是当前小程序的页面还是其他小程序的页面，默认值 self 跳转的是当前小程序的页面，miniProgram 跳转的是其他小程序的页面。

open-type：跳转方式，其值包括 6 种，如下所示。

① navigate：默认值，保留当前页面（即可以返回原先页面），跳转到应用内的某个页面，但不能跳转到 tabBar 页面（即与底部导航栏直接关联的页面）。

② redirect：关闭当前页面（即不可以返回原先页面），跳转到应用内的某个页面，但不能跳转到 tabBar 页面。

③ switchTab：跳转到 tabBar 页面,并关闭其他所有非 tabBar 页面。

④ reLaunch：关闭所有页面,打开到应用内的某个页面。

⑤ navigateBack：关闭当前页面,返回上一页面或多级页面。开发者可通过 getCurrentPage()方法获取当前的页面栈,然后决定需要返回几层。

⑥ exit：退出小程序,当 target 属性值为 miniProgram(即其他小程序)时生效。

5.6.2 navigation-bar 组件

navigation-bar 组件为页面导航条的配置结点,用于指定导航栏的一些属性。只能是 page-meta 组件内的第一个结点,需要配合该组件一同使用。通过这个结点,开发者可以获得类似调用 wx. setNavigationBarTitle、wx. setNavigationBarColor 等接口的效果。

navigation-bar 组件的属性如图 5-61 所示。

属性	类型	默认值	必填	说明
title	string		否	导航条标题
loading	boolean	false	否	是否在导航条中显示 loading(加载)提示
front-color	string		否	导航条前景颜色值，包括按钮、标题、状态栏的颜色，仅支持 #ffffff(白色)和 #000000(黑色)
background-color	string		否	导航条背景颜色值，有效值为十六进制颜色
color-animation-duration	number	0	否	改变导航栏颜色时的动画时长，默认为 0 (即没有动画效果)
color-animation-timing-func	string	"linear"	否	改变导航栏颜色时的动画方式，支持 linear、easeIn、easeOut 和 easeInOut 四种方式

图 5-61 navigation-bar 组件的属性

示例代码如下所示。

```
1.  <page - meta >
2.   < navigation - bar
3.     title = "{{nbTitle}}"
4.     loading = "{{nbLoading}}"
5.     front - color = "{{nbFrontColor}}"
6.     background - color = "{{nbBackgroundColor}}"
7.     color - animation - duration = "2000"
8.     color - animation - timing - func = "easeIn"
9.   />
10.  </page - meta >
11.
```

```
12.  Page({
13.    data: {
14.      nbFrontColor: '#000000',
15.      nbBackgroundColor: '#ffffff',
16.    },
17.    onLoad() {
18.      this.setData({
19.       nbTitle: '新标题',
20.       nbLoading: true,
21.       nbFrontColor: '#ffffff',
22.       nbBackgroundColor: '#000000',
23.      })
24.    }
25. })
```

5.7　画布组件 canvas

canvas 组件用于在页面中创建矢量图的画布，供程序绘制图形，该组件的默认宽度为 300px、默认高度为 150px，同一页面中的 canvas-id 属性值不可重复，如果使用一个已经出现过的 canvas-id，则该 canvas 组件对应的画布将被隐藏并不能正常工作。Canvas 2D(新接口)需要显式设置画布的宽和高，最大尺寸为 1365px×1365px。若设置了过大的宽高，则在安卓系统下会有 crash 的问题。

canvas 组件的属性如图 5-62 所示。

属性	类型	默认值	必填	说明
type	string		否	指定 canvas 类型，支持 2D (2.9.0) 和 webgl (2.7.0)
canvas-id	string		否	canvas 组件的唯一标识符，若指定了 type 则无需再指定该属性
disable-scroll	boolean	false	否	当在 canvas 中移动时且有绑定手势事件时，禁止屏幕滚动以及下拉刷新
bindtouchstart	eventhandle		否	手指触摸动作开始时触发
bindtouchmove	eventhandle		否	手指触摸后移动时触发
bindtouchend	eventhandle		否	手指触摸动作结束时触发
bindtouchcancel	eventhandle		否	手指触摸动作被打断，如来电提醒，弹窗时触发
bindlongtap	eventhandle		否	手指长按 500ms 之后触发，触发了长按事件后再移动时不会触发屏幕的滚动
binderror	eventhandle		否	当发生错误时触发 error 事件，detail = {errMsg}

图 5-62　canvas 组件的属性

示例代码如下所示。

```
1.  // 定义 canvas 组件
2.  <canvas id = "myCanvas" class = "mycanvas" type = "2d" style = "width: 300rpx; height:
    300rpx; "></canvas>
3.
4.  // JS 中获取 canvas 组件结点
5.  wx.createSelectorQuery()
6.            .select('#myCanvas')
7.            .fields({
8.              node: true,
9.              size: true,
10.           })
11.           .exec((res) => {
12.           }
```

5.8　广告组件 ad 和自定义广告组件 ad-custom

ad 组件可以创建广告栏。

ad 组件的属性如图 5-63 所示。

属性	类型	默认值	必填	说明
unit-id	string		是	广告单元id，可在小程序管理后台的流量主模块新建
ad-intervals	number		否	广告自动刷新的间隔时间，单位为秒，参数值必须大于等于30（该参数未传入时 Banner 广告不会自动刷新）
ad-type	string	banner	否	广告类型，默认为展示Banner，可将该属性设置为 video 以展示视频广告，grid 为网格广告
ad-theme	string	white	否	广告主题(颜色模式)
bindload	eventhandle		否	广告加载成功的回调函数
binderror	eventhandle		否	广告加载失败的回调函数，event.detail = {errCode: 1002}
bindclose	eventhandle		否	广告关闭的回调函数

图 5-63　ad 组件的属性

ad-custom 组件可创建自定义广告(第三方广告)。

ad-custom 组件的属性如图 5-64 所示。

注意：①在无广告展示时，ad 标签不会占用高度；②ad 组件不支持触发 bindtap 等相关触摸事件；③目前可以给 ad 标签设置 WXSS 样式调整广告宽度，以使广告与页面更融洽，但需要遵循小程序流量主应用规范；④监听到 error 回调函数后，开发者可以针对性地

属性	类型	默认值	必填	说明
unit-id	string		是	广告单元id
ad-intervals	number		否	广告自动刷新的间隔时间，单位为秒，参数值必须大于等于30（该参数未传入时模板广告不会自动刷新）
bindload	eventhandle		否	广告加载成功的回调函数
binderror	eventhandle		否	广告加载失败的回调函数，event.detail = {errCode: 1002}

图 5-64 ad-custom 组件的属性

处理，例如，隐藏广告组件的父容器以保证用户体验，但不要移除广告组件，否则将无法收到 bindload 的回调函数。

5.9 其他组件

5.9.1 公众号组件 official-account

当用户扫小程序码打开小程序时，开发者可在小程序内配置公众号组件，方便用户快捷关注公众号。该组件可嵌套在原生组件内。

小程序场景值命中以下值时，可展示公众号组件。

1011：扫描二维码。

1017：前往小程序体验版的入口页。

1025：扫描一维码。

1047：扫描小程序码。

1124：扫“一物一码”打开小程序。

小程序热启动场景值命中以下值时，冷启动场景值在 1011、1017、1025、1047、1124 中，也可展示公众号组件。

1001：发现栏小程序主入口，“最近使用”列表。

1038：从另一个小程序返回。

1041：从插件小程序返回小程序。

1089：微信聊天主界面下拉，“最近使用”栏。

1090：长按小程序右上角菜单唤出最近使用历史。

1104：微信聊天主界面下拉，“我的小程序”栏。

1131：浮窗。

1187：新版浮窗，微信 8.0 版本起新增。

official-account 组件的属性如图 5-65 所示。

detail 对象的属性如图 5-66 所示。

属性名	类型	说明
bindload	EventHandle	组件加载成功时触发
binderror	EventHandle	组件加载失败时触发

图 5-65 official-account 组件的属性

detail 对象

属性名	类型	说明
status	Number	状态码
errMsg	String	错误信息

图 5-66 detail 对象的属性

注意:

(1) 使用组件前,需前往小程序后台,在"设置"→"关注公众号"中设置要展示的公众号。注:设置的公众号需与小程序主体一致。

(2) 在一个小程序的生命周期内,用户只有从以下场景进入时,小程序才具有展示引导关注公众号组件的功能。

① 当小程序从扫小程序码场景(场景值 1047,场景值 1124)打开时。

② 当小程序从聊天顶部场景(场景值 1089)中的"最近使用"内打开时,若小程序之前未被销毁,则该组件将保持上一次打开小程序时的状态。

③ 当从其他小程序返回小程序(场景值 1038)时,若小程序之前未被销毁,则该组件将保持上一次打开小程序时的状态。

(3) 为方便开发者调试,基础库 2.7.3 版本起开发版小程序增加以下场景展示公众号组件:开发版小程序从扫二维码(场景值 1011)→体验版小程序打开。

(4) 组件限定最小宽度为 300px,高度为定值 84px。

(5) 每个页面只能配置一个公众号组件。

5.9.2 微信开放数据组件 open-data

该组件用于展示微信的开放数据,在小程序插件中不能使用。

open-data 组件的属性如图 5-67 所示。

在图 5-67 的属性中,type 属性的合法值如图 5-68 所示。

lang 属性的合法值如图 5-69 所示。

5.9.3 图标组件 icon

icon 组件可以创建一个封装好的图标,其属性包括 type、size、color 等,如下所示。

属性	类型	默认值	必填	说明	最低版本
type	string		否	开放数据类型	1.4.0
open-gid	string		否	当 type="groupName" 时生效, 群id	1.4.0
lang	string	en	否	当 type="user*" 时生效，以哪种语言展示 userInfo	1.4.0
default-text	string		否	数据为空时的默认文案	2.8.1
default-avatar	string		否	用户头像为空时的默认图像，支持相对路径和网络图像路径	2.8.1
binderror	eventhandle		否	群名称或用户信息为空时触发	2.8.1

图 5-67 open-data 组件的属性

type 的合法值

值	说明	最低版本
groupName	拉取群名称	1.4.0
userNickName	用户昵称	1.9.90
userAvatarUrl	用户头像	1.9.90
userGender	用户性别	1.9.90
userCity	用户所在城市	1.9.90
userProvince	用户所在省份	1.9.90
userCountry	用户所在国家	1.9.90
userLanguage	用户的语言	1.9.90

图 5-68 open-data 组件 type 属性合法值

lang 的合法值

值	说明	最低版本
en	英文	
zh_CN	简体中文	
zh_TW	繁体中文	

图 5-69 open-data 组件 lang 属性合法值

type 属性可选的属性值有 success、success_no_circle、info、warn、waiting、cancel、download、search、clear 等。

size 属性可以设置图标的尺寸。

color 属性可以设置图标的颜色。

icon 组件的样式如图 5-70 所示。

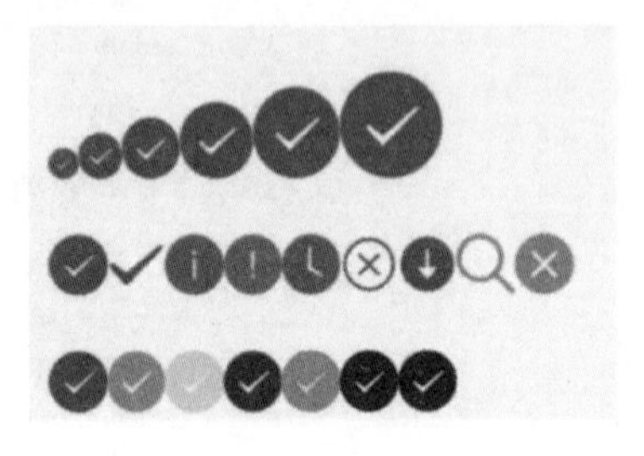

图 5-70　icon 组件的样式

5.10　自定义组件

某些样式在小程序的不同地方经常会被使用到,这时抽离出这些样式形成自定义组件会提高开发效率。

创建自定义组件可以在微信开发者工具中与 pages 同级的目录创建 components 文件夹,右击文件夹选择新建 Component 选项即可,如图 5-71 所示。

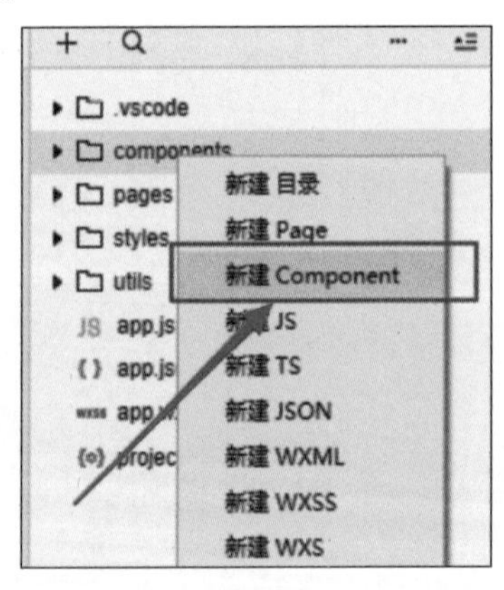

图 5-71　创建自定义组件

使用自定义组件的方法如下。

```
1.  {
2.    //先在页面的 JSON 文件中引用声明
3.    "usingComponents": {
4.    //要使用的组件的名称:组件的路径
5.    "as"..components/Tabs/Tabs"
6.    }
7.  }
8.
9.  //再在页面中使用自定义组件
```

```
10. <view>
11.     <!-- 以下是对一个自定义组件的引用 -->
12.     <Tabs>
13.         <view></view>
14.     </Tabs>
15. </view>
```

在使用自定义组件时应注意：①页面对应的事件回调函数应存放在 data 目录同层级的同名 JS 文件中；②组件对应的事件回调函数应存放在 methods 目录下的同名 JS 文件中。

父组件向子组件传递数据的流程如图 5-72 所示。

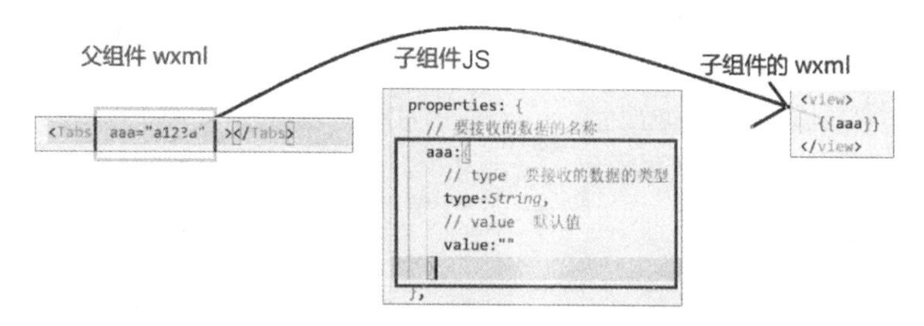

图 5-72　父组件向子组件传递数据的流程

子组件向父组件传递数据时，使用自定义组件页面的 WXML 代码如图 5-73 所示。

```
<!--
  1 父组件(页面) 向子组件 传递数据 通过 标签属性的方式来传递
    1 在子组件上进行接收
    2 把这个数据当成是data中的数据直接用即可
  2 子向父传递数据 通过事件的方式传递
    1 在子组件的标签上加入一个 自定义事件

-->
<Tabs tabs="{{tabs}}" binditemChange="handleItemChange" ></Tabs>
```

图 5-73　使用自定义组件页面的 WXML 代码

而自定义组件中的 JS 代码如图 5-74 所示。

```
  5 点击事件触发的时候
    触发父组件中的自定义事件 同时传递数据给  父组件
    this.triggerEvent("父组件自定义事件的名称",要传递的参数)
  */

// 2 获取索引
const {index}=e.currentTarget.dataset;
// 5 触发父组件中的自定义事件 同时传递数据给
this.triggerEvent("itemChange",{index});
```

图 5-74　自定义组件中的 JS 代码

使用自定义组件页面的 JS 代码如图 5-75 所示。

```
// 自定义事件 用来接收子组件传递的数据的
handleItemChange(e) {
  // 接收传递过来的参数
  const { index } = e.detail;
  let { tabs } = this.data;
  tabs.forEach((v, i) => i === index ? v.isActive = true : v.isActive = false);
  this.setData({
    tabs
  })
}
```

图 5-75　使用自定义组件页面的 JS 代码

5.11 小结

本章小结如图 5-76 所示。

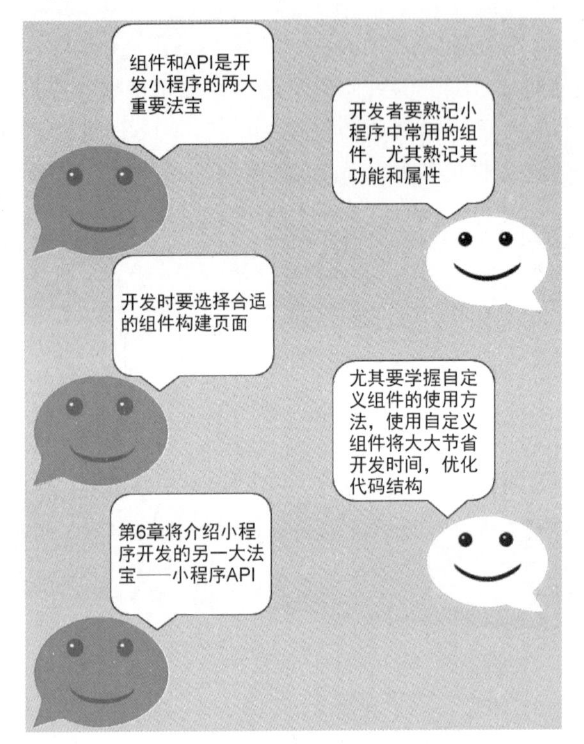

图 5-76 小结

5.12 上机案例

请利用本章所学组件实现如图 5-77 所示的小程序页面。

图 5-77 上机案例

5.13　习题

1. 在微信小程序 view 组件中,(　　)用于在鼠标按下时显示 class 关联的样式。

　A. hover-id　　B. hover　　C. hover-class　　D. hover-view

2. 在微信小程序开发过程中,通常通过(　　)来为组件绑定事件处理函数。

　A. bindTouch　　B. bindTap　　C. tap　　D. bindMove

3. 在<radio>和<checkbox>标记中,(　　)表示该选项对应的值。

　A. checked 属性　　B. value 属性

　C. name 属性　　D. type 属性

4. 在使用 wx:for 实现页面列表渲染时,当 wx:key 的值为(　　)时表示将每一项元素本身作为唯一标识。

　A. *this　　B. value　　C. key　　D. this

5. 在微信小程序的页面组件中,(　　)表示将其包裹的所有<checkbox>标记当作一个复选框组。

　A. <radio-group>　　B. <checkbox-group>

　C. <slect-group>　　D. <option-group>

6. 在微信小程序的页面组件中,视图组件用(　　)表示。

　A. <block>　　B. <text>

　C. <view>　　D. <icon>

7. 在微信小程序的页面组件中,图像组件用(　　)表示。

　A. <block>　　B. <img>

　C. <image>　　D. <canvas>

8. 在小程序的页面组件中,(　　)定义单选框。

　A. <checkbox>　　B. <input>

　C. <button>　　D. <radio>

9. 下面选项中,属于微信小程序页面组件的有(　　)。

　A. <div>　　B. <form>　　C. <input>　　D. <view>

10. 下面关于表单组件的描述中,说法正确的是(　　)。

　A. <label>标记可以通过 display:block 样式代码变为块元素

　B. bindsubmit 绑定表单提交事件

　C. <button>中 form-type 值为 submit 表示该按钮是提交按钮

　D. checkbox 表示单选框

11. 简单地介绍开发微信小程序时常用的页面组件。

第6章

小程序常用API

CHAPTER 6

微课视频

在线练习

微信小程序开发框架提供了丰富的微信原生API，可以方便地调用微信提供的功能，如获取用户信息、本地存储、支付等。微信小程序API主要可分为事件监听API、同步API、异步API、异步API返回Promise以及云开发API。

本章主要介绍API的概念、组件与API的区别以及小程序常用的API，开发者对这些API要有足够的认识并会使用。

6.1　API 简介

应用程序接口(application programming interface,API)是一些预先定义的接口(如函数、HTTP 接口),或指软件系统不同组成部分衔接的约定,其用来提供应用程序与开发人员基于某软件或硬件得以访问的一组例程,从而使开发者不需要访问源码,或理解内部工作机制的细节。

组件和 API 的区别在于组件是在 WXML 文件中使用的,而 API 是在 JS 文件中使用的。

小程序 API 有同步与异步之分,同步指的是按顺序执行代码,一行执行完再执行下一行,其优点是代码易读,但其缺点是方法执行很慢的时候整个 UI 会卡住,同步的方法运行不下去,后面的方法就执行不了,所以代码的耗时就会非常长。异步指的是不按顺序执行代码,其优点是代码会立刻执行完,然后获取到缓存以后,由框架再去调用 success 结果,整个流程会很快地执行完,不会让 UI 有停滞的效果,但其缺点是会让代码变得难以阅读,可能会引起许多未知的错误。

小程序 API 中凡是后缀带 Sync 的都为同步,其他则为异步。同步 API 的执行结果可以通过函数返回值直接获取,如果执行出错会抛出异常。大多数 API 都是异步 API,如 wx.request、wx.login 等,这类 API 接口通常都接收一个 Object 类型的参数,这个参数都支持按需指定字段来接收接口调用结果。所以以下讲解的 API 若是异步 API,则参数都可包含 success/fail/complete 回调函数,如图 6-1 所示。

参数名	类型	必填	说明
success	function	否	接口调用成功的回调函数
fail	function	否	接口调用失败的回调函数
complete	function	否	接口调用结束的回调函数(调用成功、失败都会执行)
其他	Any	—	接口定义的其他参数

图 6-1　异步 API 拥有的回调函数

从微信小程序基础库 2.10.2 版本起,异步 API 均支持 callback & promise 两种调用方式。callback 即回调函数,就是一个被作为参数传递的函数。当接口参数 Object 对象中不包含 success/fail/complete 时,将默认返回 promise,此时若函数调用失败进入 fail 逻辑,则会报错提示 Uncaught (in promise),开发者可通过 catch 来进行捕获。否则程序仍按回调方式执行,无返回值。

两种调用方式示例如下所示。

```
1.  // callback 形式调用
2.  wx.chooseImage({
3.    success(res) {
4.      console.log('res:', res)
5.    }
6.  })
```

```
7.
8.  // promise 形式调用
9.  wx.chooseImage().then(res => console.log('res: ', res))
```

6.2 基础 API

(1) wx.env：用于输出环境变量，如图 6-2 所示。

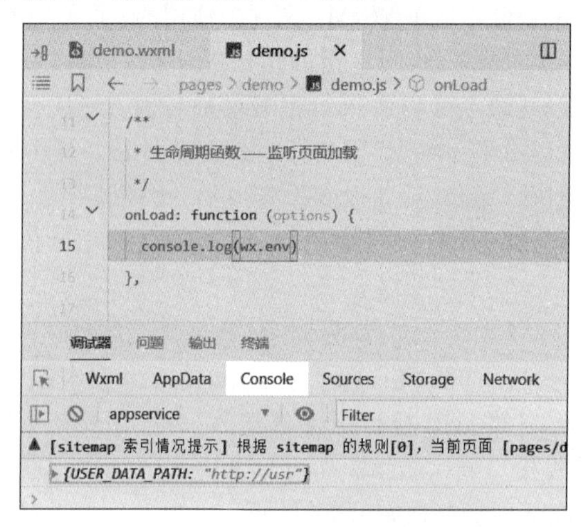

图 6-2 wx.env 输出结果

(2) wx.canIUse(string schema)：用于判断小程序的 API、回调、参数、组件等是否在当前版本可用，如图 6-3 所示。

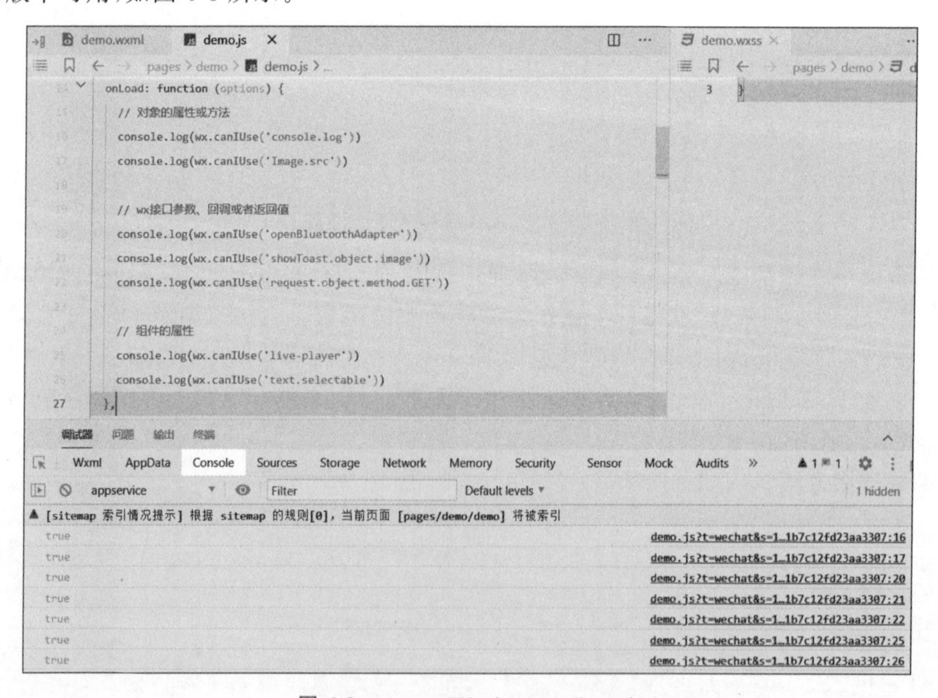

图 6-3 wx.canIUse(string schema)

（3）wx. base64ToArrayBuffer（string base64）：用于将 Base64 字符串转成 ArrayBuffer 对象，参数 base64 为要转化成 ArrayBuffer 对象的 Base64 字符串，如图 6-4 所示。

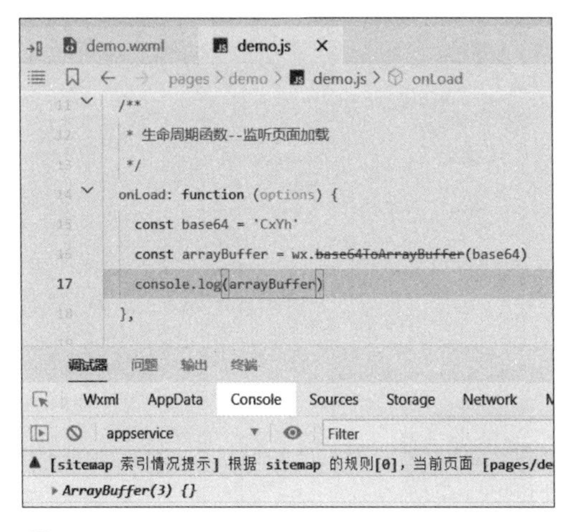

图 6-4　wx. base64ToArrayBuffer（string base64）

（4）wx. arrayBufferToBase64（ArrayBuffer arrayBuffer）：用于将 ArrayBuffer 对象转换成 Base64 字符串，参数 arrayBuffer 为要转换成 Base64 字符串的 ArrayBuffer 对象。

（5）wx. openSystemBluetoothSetting：跳转至系统蓝牙设置页。

（6）wx. openAppAuthorizeSetting：跳转至系统微信授权管理页。

6.3　界面 API

6.3.1　交互

（1）wx. showToast（Object object）：可以弹出一个消息提示框，该方法的参数是一个对象，这个对象的属性决定了消息框的特性，如图 6-5 所示。

属性	类型	默认值	必填	说明	最低版本
title	string		是	提示的内容	
icon	string	success	否	图标	
image	string		否	自定义图标的本地路径，image 的优先级高于 icon	1.1.0
duration	number	1500	否	提示的延迟时间	
mask	boolean	false	否	是否显示透明蒙层，防止触摸穿透	
success	function		否	接口调用成功的回调函数	
fail	function		否	接口调用失败的回调函数	
complete	function		否	接口调用结束的回调函数（调用成功、失败都会执行）	

图 6-5　showToast 方法的参数对象属性

该方法的参数对象的 title 属性可以指定提示的内容；icon 属性可以指定提示的图标，其可选值有 success(显示成功图标)、error(显示失败图标)、loading(显示加载图标)、none(不显示图标)等，如图 6-6 所示为显示成功图标；属性 duration 可以指定弹窗维持的时间。

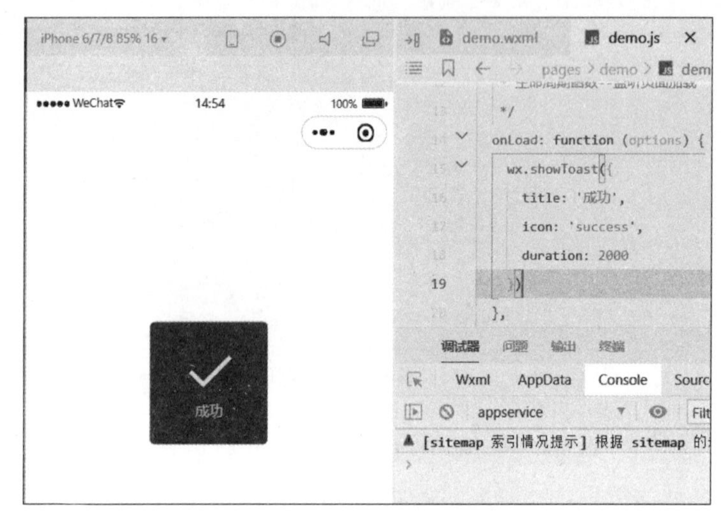

图 6-6　显示成功图标

(2) wx. hideToast(Object object)：隐藏消息提示框。

(3) wx. showModal(Object object)：显示模态对话框，其参数也是一个对象，对象的属性就是模态对话框的特性，如图 6-7 所示。

属性	类型	默认值	必填	说明	最低版本
title	string		否	提示的标题	
content	string		否	提示的内容	
showCancel	boolean	true	否	是否显示取消按钮	
cancelText	string	取消	否	取消按钮的文字，最多 4 个字符	
cancelColor	string	#000000	否	取消按钮的文字颜色，必须是十六进制格式的颜色字符串	
confirmText	string	确定	否	确认按钮的文字，最多 4 个字符	
confirmColor	string	#576B95	否	确认按钮的文字颜色，必须是十六进制格式的颜色字符串	
editable	boolean	false	否	是否显示输入框	2.17.1
placeholderText	string		否	显示输入框时的提示文本	2.17.1
success	function		否	接口调用成功的回调函数	
fail	function		否	接口调用失败的回调函数	
complete	function		否	接口调用结束的回调函数（调用成功、失败都会执行）	

图 6-7　showModal 方法参数对象的属性

showModal 方法的参数对象的 title 属性可以指定模态框的标题；content 属性可以指定模态框的内容。success 是接口调用成功的回调函数，用户单击模态框中的“取消”或“确定”按钮都会触发这一回调函数，当用户单击“确定”按钮时，控制台将输出“用户点击确定”，当用户单击“取消”按钮时，控制台将输出“用户点击取消”，如图 6-8 所示。

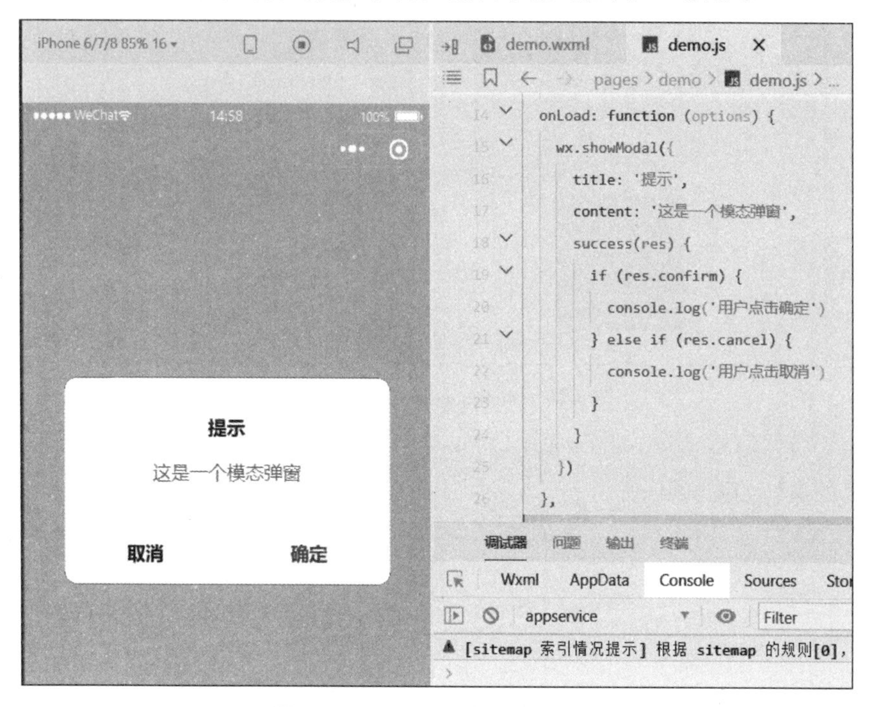

图 6-8　showModal 方法调用效果

（4）wx.showLoading(Object object)：显示加载提示框，showLoading 方法的参数也是一个对象，该对象的属性如图 6-9 所示。

属性	类型	默认值	必填	说明
title	string		是	提示的内容
mask	boolean	false	否	是否显示透明蒙层，防止触摸穿透
success	function		否	接口调用成功的回调函数
fail	function		否	接口调用失败的回调函数
complete	function		否	接口调用结束的回调函数（调用成功、失败都会执行）

图 6-9　showLoading 方法参数对象的属性

showLoading 方法的参数对象的 title 属性可以指定加载时的提示信息，调用 showLoading 方法后，开发者需要主动调用 hideLoading 方法才能关闭该提示框，否则页面将一直显示“加载中”的状态，如图 6-10 所示。

（5）wx.hideLoading(Object object)：隐藏加载提示框。

图 6-10　showLoading 方法调用效果

(6) wx. showActionSheet(Object object)：显示操作菜单，该方法的参数也是一个对象，该对象的属性如图 6-11 所示。

属性	类型	默认值	必填	说明	最低版本
alertText	string		否	警示文案	2.14.0
itemList	Array.<string>		是	按钮的文字数组，数组长度最大为 6	
itemColor	string	#000000	否	按钮的文字颜色	
success	function		否	接口调用成功的回调函数	
fail	function		否	接口调用失败的回调函数	
complete	function		否	接口调用结束的回调函数（调用成功、失败都会执行）	

图 6-11　showActionSheet 方法参数对象的属性

showActionSheet 方法参数对象的 itemList 属性可以指定操作菜单可选的列表项，此处需要指定一个数组，具体效果如图 6-12 所示。

6.3.2　导航栏

(1) wx. showNavigationBarLoading(Object object)：在当前页面显示导航条加载动画，效果如图 6-13 所示。

(2) wx. hideNavigationBarLoading(Object object)：在当前页面隐藏导航条加载动画。

(3) wx. setNavigationBarTitle(Object object)：动态设置当前页面的标题，setNavigationBarTitle 方法的参数是一个对象，该对象的属性如图 6-14 所示。

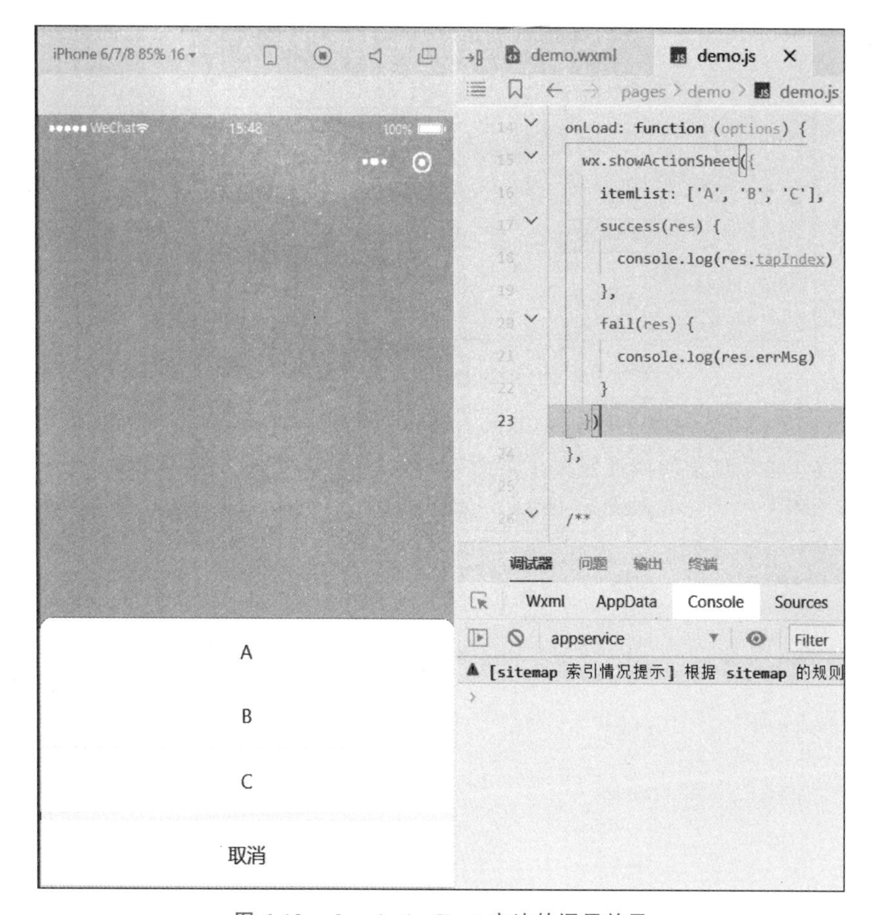

图 6-12　showActionSheet 方法的调用效果

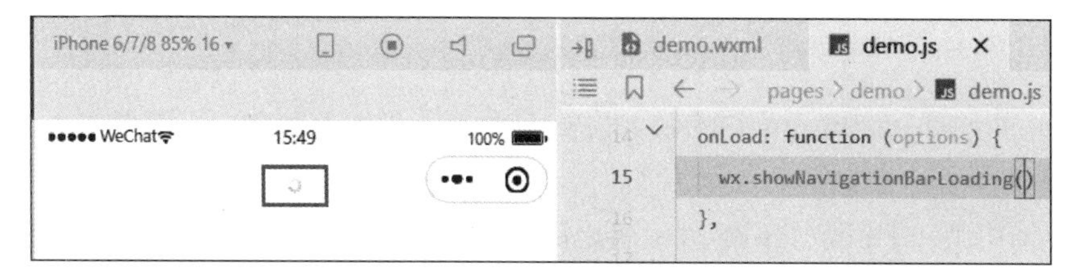

图 6-13　showNavigationBarLoading 方法调用效果

属性	类型	默认值	必填	说明
title	string		是	页面标题
success	function		否	接口调用成功的回调函数
fail	function		否	接口调用失败的回调函数
complete	function		否	接口调用结束的回调函数（调用成功、失败都会执行）

图 6-14　setNavigationBarTitle 方法参数对象的属性

setNavigationBarTitle 方法的参数对象的 title 属性可以指定当前页面的标题,如图 6-15 所示。

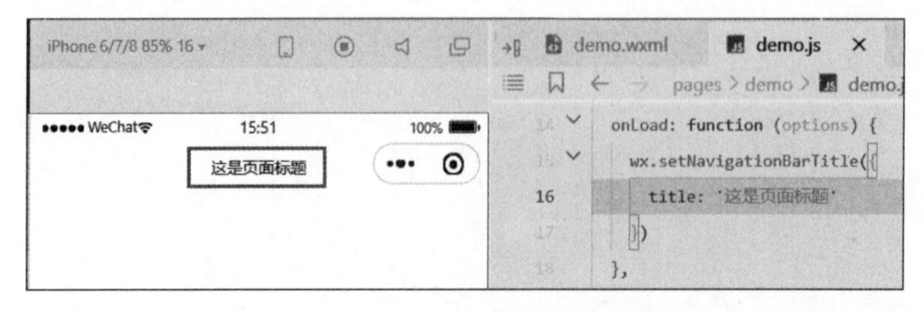

图 6-15 setNavigationBarTitle 方法调用效果

(4) wx. setNavigationBarColor(Object object):设置页面导航条颜色,该方法的参数也是一个对象,这个对象的属性定义了页面导航条的特性,如图 6-16 所示。

属性	类型	默认值	必填	说明
frontColor	string		是	前景颜色值,包括按钮、标题、状态栏的颜色,仅支持 #ffffff 和 #000000
backgroundColor	string		是	背景颜色值,有效值为十六进制颜色
animation	Object		否	动画效果
success	function		否	接口调用成功的回调函数
fail	function		否	接口调用失败的回调函数
complete	function		否	接口调用结束的回调函数(调用成功、失败都会执行)

图 6-16 setNavigationBarColor 方法参数对象的属性

(5) wx. hideHomeButton(Object object):隐藏返回首页按钮。从微信 7.0.7 版本起,当用户打开的小程序最底层页面非首页时,将默认展示"返回首页"按钮,开发者可在页面 onShow 中调用 hideHomeButton 方法将之隐藏。

6.3.3 背景

(1) wx. setBackgroundTextStyle(Object object):动态设置下拉背景字体、加载图标的样式。setBackgroundTextStyle 方法的参数也是一个对象,其属性如图 6-17 所示。

属性	类型	默认值	必填	说明
textStyle	string		是	下拉背景字体、加载图标的样式
success	function		否	接口调用成功的回调函数
fail	function		否	接口调用失败的回调函数
complete	function		否	接口调用结束的回调函数(调用成功、失败都会执行)

图 6-17 setBackgroundTextStyle 方法参数对象的属性

(2) wx. setBackgroundColor(Object object)：动态设置下拉后的背景窗口的背景色。setBackgroundColor 方法的参数也是一个对象，其属性如图 6-18 所示。

属性	类型	默认值	必填	说明
backgroundColor	string		否	窗口的背景色，必须为十六进制颜色值
backgroundColorTop	string		否	顶部窗口的背景色，必须为十六进制颜色值，仅 iOS 支持
backgroundColorBottom	string		否	底部窗口的背景色，必须为十六进制颜色值，仅 iOS 支持
success	function		否	接口调用成功的回调函数
fail	function		否	接口调用失败的回调函数
complete	function		否	接口调用结束的回调函数（调用成功、失败都会执行）

图 6-18 setBackgroundColor 方法参数对象的属性

6.3.4 TabBar

(1) wx. showTabBar(Object object)：显示 tabBar。

(2) wx. hideTabBar(Object object)：隐藏 tabBar。

(3) wx. showTabBarRedDot(Object object)：显示 tabBar 某一项右上角的红点。showTabBarRedDot 方法的参数也是一个对象，其属性如图 6-19 所示。

属性	类型	默认值	必填	说明
index	number		是	tabBar 的哪一项，从左边算起
success	function		否	接口调用成功的回调函数
fail	function		否	接口调用失败的回调函数
complete	function		否	接口调用结束的回调函数（调用成功、失败都会执行）

图 6-19 showTabBarRedDot 方法参数对象的属性

(4) wx. hideTabBarRedDot(Object object)：隐藏 tabBar 某一项右上角的红点。

(5) wx. setTabBarStyle(Object object)：动态设置 tabBar 的整体样式。setTabBarStyle 方法的参数为一个对象，该对象的属性如图 6-20 所示。

(6) wx. setTabBarItem(Object object)：动态设置 tabBar 某一项的内容。setTabBarItem 方法的参数也是一个对象，其属性如图 6-21 所示。

(7) wx. setTabBarBadge(Object object)：为 tabBar 某一项的右上角添加文本。setTabBarBadge 方法的参数是一个对象，其属性如图 6-22 所示。

(8) wx. removeTabBarBadge(Object object)：移除 tabBar 某一项右上角的文本。removeTabBarBadge 方法的参数也是一个对象，其属性如图 6-23 所示。

属性	类型	默认值	必填	说明
color	string		否	tab 上的文字默认颜色，HexColor
selectedColor	string		否	tab 上的文字选中时的颜色，HexColor
backgroundColor	string		否	tab 的背景色，HexColor
borderStyle	string		否	tabBar上边框的颜色，仅支持 black和white
success	function		否	接口调用成功的回调函数
fail	function		否	接口调用失败的回调函数
complete	function		否	接口调用结束的回调函数（调用成功、失败都会执行）

图 6-20　setTabBarStyle 方法参数对象的属性

属性	类型	默认值	必填	说明
index	number		是	tabBar 的哪一项，从左边算起
text	string		否	tab 上的按钮文字
iconPath	string		否	图片路径，icon 大小限制为 40KB，建议尺寸为 81px×81px，当 postion 为 top 时，此参数无效
selectedIconPath	string		否	选中时的图片路径，icon 大小限制为 40KB，建议尺寸为 81px×81px，当 postion 为 top 时，此参数无效
success	function		否	接口调用成功的回调函数
fail	function		否	接口调用失败的回调函数
complete	function		否	接口调用结束的回调函数（调用成功、失败都会执行）

图 6-21　setTabBarItem 方法参数对象的属性

属性	类型	默认值	必填	说明
index	number		是	tabBar 的哪一项，从左边算起
text	string		是	显示的文本，超过 4 个字符则超出部分将被显示成“...”
success	function		否	接口调用成功的回调函数
fail	function		否	接口调用失败的回调函数
complete	function		否	接口调用结束的回调函数（调用成功、失败都会执行）

图 6-22　setTabBarBadge 方法参数对象的属性

属性	类型	默认值	必填	说明
index	number		是	tabBar 的哪一项，从左边算起
success	function		否	接口调用成功的回调函数
fail	function		否	接口调用失败的回调函数
complete	function		否	接口调用结束的回调函数（调用成功、失败都会执行）

图 6-23 removeTabBarBadge 方法参数对象的属性

6.3.5 字体

wx.loadFontFace(Object object)：动态加载网络字体。

注意：

(1) 字体文件返回的 content-type 应参考 font，格式不正确时解析会失败。

(2) 字体链接必须基于 HTTPs 协议(iOS 不支持 HTTP 协议)。

(3) 字体链接必须是同源的，或者开启了 cors 支持，小程序的域名是 servicewechat.com。

(4) 工具中若提示 Faild to load font 可以忽略。

loadFontFace 方法的参数是一个对象，其属性如图 6-24 所示。

属性	类型	默认值	必填	说明	最低版本
global	boolean	false	否	是否全局生效	2.10.0
family	string		是	定义的字体名称	
source	string		是	字体资源的地址。建议格式为 TTF 和 WOFF，WOFF2 在低版本的iOS上会不兼容	
desc	Object		否	可选的字体描述符	
scopes	Array		否	字体作用范围，可选值为 webview / native，默认 webview，设置 native 可在 Canvas 2D 下使用	
success	function		否	接口调用成功的回调函数	
fail	function		否	接口调用失败的回调函数	
complete	function		否	接口调用结束的回调函数（调用成功、失败都会执行）	

图 6-24 loadFontFace 方法参数对象的属性

loadFontFace 方法的示例如下所示。

```
1.  wx.loadFontFace({
2.    family: 'Bitstream Vera Serif Bold',
3.    source: 'url("https://sungd.github.io/Pacifico.ttf")',
4.    success: console.log
5.  })
```

6.3.6 下拉刷新

(1) wx.startPullDownRefresh(Object object):开始下拉刷新。调用后将触发下拉刷新动画,效果与用户手动下拉刷新一致。

(2) wx.stopPullDownRefresh(Object object):停止当前页面下拉刷新。

6.3.7 滚动

wx.pageScrollTo(Object object):将页面滚动到目标位置,支持通过选择器或滚动距离两种方式定位。

pageScrollTo 方法的参数为一个对象,其属性如图 6-25 所示。

属性	类型	默认值	必填	说明	最低版本
scrollTop	number		否	滚动到页面的目标位置,单位为px	
duration	number	300	否	滚动动画的时长,单位为毫秒	
selector	string		否	选择器	2.7.3
success	function		否	接口调用成功的回调函数	
fail	function		否	接口调用失败的回调函数	
complete	function		否	接口调用结束的回调函数(调用成功、失败都会执行)	

图 6-25 pageScrollTo 方法参数对象的属性

pageScrollTo 方法的参数对象的 selector 属性类似 CSS 的选择器,但仅支持下列几种语法。

① ID 选择器,如"#the-id"。

② class 选择器(可以连续指定多个),如".a-class.another-class"。

③ 子元素选择器,如".the-parent > .the-child"。

④ 后代选择器,如".the-ancestor .the-descendant"。

⑤ 跨自定义组件的后代选择器,如".the-ancestor >>> .the-descendant"。

⑥ 多选择器的并集,如"#a-node, .some-other-nodes"。

具体代码示例如下所示。

```
1.  wx.pageScrollTo({
2.    scrollTop: 0,
3.    duration: 300
4.  })
```

6.3.8　动画

微信小程序的动画 API 需要调用 wx.createAnimation(Object object)方法,该方法可以创建一个动画实例 animation。开发者可调用实例来描述动画,最后通过动画实例的 export 方法导出动画数据,将之传递给组件的 animation 属性。

createAnimation 方法的参数是一个对象,其属性如图 6-26 所示。

属性	类型	默认值	必填	说明
duration	number	400	否	动画持续时间,单位为毫秒
timingFunction	string	'linear'	否	动画的效果
delay	number	0	否	动画延迟时间,单位为毫秒
transformOrigin	string	'50% 50% 0'	否	设置动画的基点

图 6-26　createAnimation 方法参数对象的属性

6.3.9　置顶

wx.setTopBarText(Object object)方法可以动态地设置置顶栏文字内容。该方法只有当前小程序被设置在聊天顶部时生效,在当前小程序没有被置顶时该方法也能被调用成功,但是不会立即生效,只有在用户将这个小程序置顶后才会被换上设置的文字内容。

setTopBarText 方法的参数是一个对象,其属性如图 6-27 所示。

属性	类型	默认值	必填	说明
text	string		是	置顶栏文字
success	function		否	接口调用成功的回调函数
fail	function		否	接口调用失败的回调函数
complete	function		否	接口调用结束的回调函数(调用成功、失败都会执行)

图 6-27　setTopBarText 方法参数对象的属性

具体代码示例如下所示。

```
1.  wx.setTopBarText({
2.    text: 'hello, world!'
3.  })
```

6.4　媒体 API

6.4.1　地图

wx.createMapContext(string mapId, Object this)方法可以创建 map 上下文的 MapContext 对象,其返回值为 MapContext 对象。

6.4.2 图像

(1) wx. saveImageToPhotosAlbum(Object object):将图像保存到系统相册,其参数是一个对象,该对象的属性如图 6-28 所示。

属性	类型	默认值	必填	说明
filePath	string		是	图像文件路径,可以是临时文件路径或永久文件路径(本地路径),不支持网络路径
success	function		否	接口调用成功的回调函数
fail	function		否	接口调用失败的回调函数
complete	function		否	接口调用结束的回调函数(调用成功、失败都会执行)

图 6-28 saveImageToPhotosAlbum 方法参数对象的属性

(2) wx. previewMedia(Object object):预览图像和视频,其参数也是一个对象,该对象的属性如图 6-29 所示。

属性	类型	默认值	必填	说明
sources	Array.<Object>		是	需要预览的资源列表
current	number	0	否	当前显示的资源序号
showmenu	boolean	true	否	是否显示长按菜单
referrerPolicy	string	no-referrer	否	origin:发送完整的referrer; no-referrer:不发送。格式固定为 https://servicewechat.com/{appid}/{version}/page-frame.html 其中 {appid} 为小程序的 appid, {version} 为小程序的版本号,版本号为 0 表示为开发版、体验版及审核版本,版本号为 devtools 表示为开发者工具,其余为正式版本
success	function		否	接口调用成功的回调函数
fail	function		否	接口调用失败的回调函数
complete	function		否	接口调用结束的回调函数(调用成功、失败都会执行)

图 6-29 previewMedia 方法参数对象的属性

previewMedia 方法参数对象的 source 属性结构如图 6-30 所示。

source 属性的 type 子属性的合法值为 image(图像)或 video(视频)。

(3) wx. previewImage(Object object):在新页面中创建全屏预览图像。预览的过程中用户可以保存图像也可以进行发送给朋友等操作。

wx. previewImage 方法的参数也是一个对象,其属性如图 6-31 所示。

属性	类型	默认值	必填	说明
url	String		是	图像或视频的地址
type	String	image	否	资源的类型，默认为图像
poster	string		否	视频的封面图像

图6-30　previewMedia方法参数对象的source属性结构

属性	类型	默认值	必填	说明
urls	Array.<string>		是	需要预览的图像链接列表。2.2.3版本起支持云文件ID
showmenu	boolean	true	否	是否显示长按菜单
current	string	urls的第一张	否	当前显示图像的链接
referrerPolicy	string	no-referrer	否	origin：发送完整的referrer；no-referrer：不发送。格式固定为 https://servicewechat.com/{appid}/{version}/page-frame.html 其中{appid}为小程序的appid，{version}为小程序的版本号，版本号为0表示为开发版、体验版及审核版本，版本号为devtools表示为开发者工具，其余为正式版本
success	function		否	接口调用成功的回调函数
fail	function		否	接口调用失败的回调函数
complete	function		否	接口调用结束的回调函数（调用成功、失败都会执行）

图6-31　previewImage方法参数对象的属性

(4) wx.getImageInfo(Object object)：获取图像信息。网络图像需先配置download域名才能生效。

getImageInfo方法的参数也是一个对象，其属性如图6-32所示。

属性	类型	默认值	必填	说明
src	string		是	图片的路径，支持网络路径、本地路径、代码包路径
success	function		否	接口调用成功的回调函数
fail	function		否	接口调用失败的回调函数
complete	function		否	接口调用结束的回调函数（调用成功、失败都会执行）

图6-32　getImageInfo方法参数对象的属性

getImageInfo 方法参数对象的 success 回调函数参数如图 6-33 所示。

属性	类型	说明	最低版本
width	number	图像原始宽度，单位px。不考虑旋转	
height	number	图像原始高度，单位px。不考虑旋转	
path	string	图像的本地路径	
orientation	string	拍照时设备方向	1.9.90
type	string	图像格式	1.9.90

图 6-33　getImageInfo 方法参数对象的 success 回调函数参数

实例代码如下所示。

```
1.  wx.getImageInfo({
2.    src: 'images/a.jpg',
3.    success (res) {
4.      console.log(res.width)
5.      console.log(res.height)
6.    }
7. })
```

(5) wx.compressImage(Object object)：压缩图像接口，可选压缩质量。compressImage 方法的参数也是一个对象，其属性如图 6-34 所示。

属性	类型	默认值	必填	说明
src	string		是	图像路径，图像的路径，支持本地路径、代码包路径
quality	number	80	否	压缩质量，范围0～100，数值越小质量越低，压缩率越高(仅对JPG格式图像有效)
success	function		否	接口调用成功的回调函数
fail	function		否	接口调用失败的回调函数
complete	function		否	接口调用结束的回调函数（调用成功、失败都会执行）

图 6-34　compressImage 方法参数对象的属性

compressImage 方法参数对象的 success 回调函数参数如图 6-35 所示。

属性	类型	说明
tempFilePath	string	压缩后图像的临时文件路径 (本地路径)

图 6-35　compressImage 方法参数对象的 success 回调函数参数

示例代码如下所示。

```
1.  wx.compressImage({
2.    src: '', // 图像路径
3.    quality: 80 // 压缩质量
4.    success (res) {
5.      console.log(res.tempFilePath)
6.    }
7. })
```

(6) wx.chooseMessageFile(Object object)：从客户端会话选择文件。

chooseMessageFile 方法的参数也是一个对象，其属性如图 6-36 所示。

属性	类型	默认值	必填	说明	最低版本
count	number		是	最多可以选择的文件个数，范围 0～100	
type	string	'all'	否	所选的文件的类型	
extension	Array.<string>		否	根据文件拓展名过滤，仅 type==file 时有效。其每一项元素值都不能是空字符串。默认不过滤	2.6.0
success	function		否	接口调用成功的回调函数	
fail	function		否	接口调用失败的回调函数	
complete	function		否	接口调用结束的回调函数（调用成功、失败都会执行）	

图 6-36　chooseMessageFile 方法参数对象的属性

(7) wx.chooseImage(Object object)：从本地相册选择图像或使用相机拍照。

chooseImage 方法的参数也是一个对象，其属性如图 6-37 所示。

属性	类型	默认值	必填	说明
count	number	9	否	最多可以选择的图像数
sizeType	Array.<string>	['original', 'compressed']	否	所选的图像的尺寸
sourceType	Array.<string>	['album', 'camera']	否	选择图像的来源
success	function		否	接口调用成功的回调函数
fail	function		否	接口调用失败的回调函数
complete	function		否	接口调用结束的回调函数（调用成功、失败都会执行）

图 6-37　chooseImage 方法参数对象的属性

该方法的参数对象的 sizeType 属性的合法值可以是 original（原图）或 compressed（压缩图）；sourceType 属性的合法值可以是 album（从相册选图）或 camera（使用相机）等。

6.4.3 视频

（1）wx.saveVideoToPhotosAlbum（Object object）：保存视频到系统相册。该方法支持 MP4 视频格式。

saveVideoToPhotosAlbum 方法的参数是一个对象，其属性如图 6-38 所示。

属性	类型	默认值	必填	说明
filePath	string		是	视频文件路径，可以是临时文件路径也可以是永久文件路径(本地路径)
success	function		否	接口调用成功的回调函数
fail	function		否	接口调用失败的回调函数
complete	function		否	接口调用结束的回调函数（调用成功、失败都会执行）

图 6-38 saveVideoToPhotosAlbum 方法参数对象的属性

（2）wx.openVideoEditor（Object object）：打开微信自带的视频编辑器。

openVideoEditor 方法的参数也是一个对象，其属性如图 6-39 所示。

属性	类型	默认值	必填	说明
filePath	string		是	视频源的路径，只支持本地路径
success	function		否	接口调用成功的回调函数
fail	function		否	接口调用失败的回调函数
complete	function		否	接口调用结束的回调函数（调用成功、失败都会执行）

图 6-39 openVideoEditor 方法参数对象的属性

openVideoEditor 方法参数对象的 success 回调函数属性如图 6-40 所示。

属性	类型	说明
duration	number	剪辑后生成的视频文件的时长，单位为毫秒
size	number	剪辑后生成的视频文件大小，单位为字节
tempFilePath	string	编辑后生成的视频文件的临时路径
tempThumbPath	string	编辑后生成的缩略图文件的临时路径

图 6-40 openVideoEditor 方法参数对象的 success 回调函数属性

（3）wx.getVideoInfo(Object object)：获取视频详细信息。

getVideoInfo 方法的参数也是一个对象，其属性如图 6-41 所示。

属性	类型	默认值	必填	说明
src	string		是	视频文件路径，可以是临时文件路径也可以是永久文件路径
success	function		否	接口调用成功的回调函数
fail	function		否	接口调用失败的回调函数
complete	function		否	接口调用结束的回调函数（调用成功、失败都会执行）

图 6-41　getVideoInfo 方法参数对象的属性

getVideoInfo 方法参数对象的 success 回调函数属性如图 6-42 所示。

属性	类型	说明
orientation	string	画面方向
type	string	视频格式
duration	number	视频长度
size	number	视频大小，单位为KB
height	number	视频的长，单位为px
width	number	视频的宽，单位为px
fps	number	视频帧率
bitrate	number	视频码率，单位为kbps

图 6-42　getVideoInfo 方法参数对象的 success 回调函数属性

（4）wx.createVideoContext(string id, Object this)：创建 video 上下文 VideoContext 对象，返回值为 VideoContext 对象。

（5）wx.compressVideo(Object object)：压缩视频接口。开发者可指定压缩质量进行压缩。当需要更精细的控制时，可指定 bitrate、fps 和 resolution 等对象属性，当 quality 属性传入时，这三个参数将被忽略。

compressVideo 方法的具体参数对象属性如图 6-43 所示。

该方法参数对象的 quality 属性的合法值有 low(低)、medium(中)、high(高)等。

（6）wx.chooseVideo(Object object)：拍摄视频或从手机相册中选取视频。

chooseVideo 方法的参数也是一个对象，其属性如图 6-44 所示。

属性	类型	默认值	必填	说明
src	string		是	视频文件路径，可以是临时文件路径也可以是永久文件路径
quality	string		是	压缩质量
bitrate	number		是	码率，单位为kbps
fps	number		是	帧率
resolution	number		是	相对于原视频的分辨率比例，取值范围为(0, 1]
success	function		否	接口调用成功的回调函数
fail	function		否	接口调用失败的回调函数
complete	function		否	接口调用结束的回调函数（调用成功、失败都会执行）

图 6-43　compressVideo 方法参数对象的具体属性

属性	类型	默认值	必填	说明
sourceType	Array.<string>	['album', 'camera']	否	视频选择的来源
compressed	boolean	true	否	是否压缩所选择的视频文件
maxDuration	number	60	否	拍摄视频最长拍摄时间，单位为秒
camera	string	'back'	否	默认拉起的是前置或后置摄像头。部分 Android 手机下由于系统 ROM 不支持无法生效
success	function		否	接口调用成功的回调函数
fail	function		否	接口调用失败的回调函数
complete	function		否	接口调用结束的回调函数（调用成功、失败都会执行）

图 6-44　chooseVideo 方法参数对象的属性

该方法参数对象的 sourceType 属性的合法值有 album(从相册选择视频)、camera(使用相机拍摄视频)等。

(7) wx.chooseMedia(Object object)：拍摄或从手机相册中选择图像或视频。

chooseMedia 方法的参数也是一个对象，其属性如图 6-45 所示。

该方法的参数对象的 mediaType 属性的合法值有 image(只能拍摄图像或从相册选择图像)、video(只能拍摄视频或从相册选择视频)等。

属性	类型	默认值	必填	说明
count	number	9	否	最多可以选择的文件个数
mediaType	Array.<string>	['image', 'video']	否	文件类型
sourceType	Array.<string>	['album', 'camera']	否	图像和视频选择的来源
maxDuration	number	10	否	拍摄视频最长拍摄时间，单位为秒。时间范围为3～60。不限制相册
sizeType	Array.<string>	['original', 'compressed']	否	仅对mediaType属性值为image时有效，是否压缩所选文件
camera	string	'back'	否	仅在sourceType属性值为camera时生效，使用前置或后置摄像头
success	function		否	接口调用成功的回调函数
fail	function		否	接口调用失败的回调函数

图6-45 chooseMedia方法参数属性

6.4.4 音频

(1) wx.playVoice(Object object)：开始播放语音。微信在同一时间只允许一个语音文件播放，如果前一个语音文件还没播放完，则微信将中断前一个语音播放。

playVoice方法的参数是一个对象，其属性如图6-46所示。

属性	类型	默认值	必填	说明	最低版本
filePath	string		是	需要播放的语音文件的文件路径(本地路径)	
duration	number	60	否	指定播放时长，到达指定的播放时长后会自动停止播放，单位为秒	1.6.0
success	function		否	接口调用成功的回调函数	
fail	function		否	接口调用失败的回调函数	
complete	function		否	接口调用结束的回调函数(调用成功、失败都会执行)	

图6-46 playVoice方法参数对象的属性

(2) wx.pauseVoice(Object object)：暂停正在播放的语音。再次调用wx.playVoice方法播放同一个文件时，其会从暂停处开始播放。如果想从头开始播放，需要先调用wx.stopVoice方法。

(3) wx. stopVoice(Object object):结束播放语音。

(4) wx. setInnerAudioOption(Object object):设置微信音频的播放选项。设置之后对当前小程序全局生效。

setInnerAudioOption 方法的参数也是一个对象,其属性如图 6-47 所示。

属性	类型	默认值	必填	说明
mixWithOther	boolean	true	否	是否与其他音频混播,设置为 true 之后,不会终止其他应用或微信内的音乐
obeyMuteSwitch	boolean	true	否	(仅在 iOS 生效)是否遵循静音开关,设置为 false 之后,即使是在静音模式下,也能播放声音
speakerOn	boolean	true	否	true 代表用扬声器播放,false 代表听筒播放,默认值为 true
success	function		否	接口调用成功的回调函数
fail	function		否	接口调用失败的回调函数
complete	function		否	接口调用结束的回调函数(调用成功、失败都会执行)

图 6-47 setInnerAudioOption 方法参数对象的属性

(5) wx. getAvailableAudioSources(Object object):获取当前微信支持的音频输入源。

(6) wx. createWebAudioContext():创建 WebAudio 上下文,其返回值为 WebAudio 对象。

(7) wx. createMediaAudioPlayer():创建媒体音频播放器对象 MediaAudioPlayer,其可用于播放视频解码器 VideoDecoder 输出的音频,返回值为 MediaAudio 对象。

(8) wx. createAudioContext(string id, Object this):创建音频上下文 AudioContext 对象。

(9) wx. createInnerAudioContext(Object object):创建内部音频上下文 InnerAudioContext 对象。

6.4.5 录音

(1) wx. startRecord(Object object):开始录音。当开发者主动调用 wx. stopRecord 或录音超过 1min 时微信将自动结束录音。当用户离开小程序时,此接口将无法被调用。

(2) wx. stopRecord(Object object):停止录音。

(3) wx. getRecorderManager():获取全局唯一的录音管理器 RecorderManager,需要由 RecorderManager 接收。

6.4.6 相机

wx. createCameraContext():创建 camera 上下文 CameraContext 对象。

6.4.7　富文本

EditorContext 实例可通过 wx. createSelectorQuery 方法获取。

6.5　文件 API

（1）wx. saveFileToDisk(Object object)：保存文件系统的文件到用户磁盘，仅受到 PC 端支持。

saveFileToDisk 方法的参数是一个对象，其属性如图 6-48 所示。

属性	类型	默认值	[illegible]
filePath	string	[illegible]	[illegible]
success	function	[illegible]	[illegible]
fail	function	[illegible]	[illegible]
complete	function	[illegible]	[illegible]失败都会执行)

图 6-4[illegible]

具体代码示例如下所示。

```
1.  wx.saveFileToDisk({
2.    filePath:`${wx.env
3.    success(res) {
4.      console.log(res)
5.    },
6.    fail(res) {
7.      console.error(re
8.    }
9.  })
```

（2）wx. saveFile(Obj[illegible]

saveFile 方法的参数[illegible]

属性	类型	[illegible]	[illegible]
tempFilePath	str[illegible]	[illegible]	[illegible]径 (本地路径)
success	f[illegible]	[illegible]	[illegible]
fail	[illegible]	[illegible]	[illegible]数
complete	function	否	[illegible]函数 (调用成功、失败都会执行)

图 6-49　saveFile 方法参数对象的属性

具体代码示例如下所示。

```
1.  wx.chooseImage({
2.    success: function(res) {
3.      const tempFilePaths = res.tempFilePaths
4.      wx.saveFile({
5.        tempFilePath: tempFilePaths[0],
6.        success (res) {
7.          const savedFilePath = res.savedFilePath
8.        }
9.      })
10.   }
11. })
```

(3) wx.removeSavedFile(Object object)：删除本地缓存文件。

removeSavedFile 方法的参数也是一个对象，其属性如图 6-50 所示。

属性	类型	默认值	必填	说明
filePath	string		是	需要删除的文件路径（本地路径）
success	function		否	接口调用成功的回调函数
fail	function		否	接口调用失败的回调函数
complete	function		否	接口调用结束的回调函数（调用成功、失败都会执行）

图 6-50　removeSavedFile 方法参数对象的属性

具体代码示例如下所示。

```
1.  wx.getSavedFileList({
2.  success (res) {
3.    if (res.fileList.length > 0){
4.      wx.removeSavedFile({
5.        filePath: res.fileList[0].filePath,
6.        complete (res) {
7.          console.log(res)
8.        }
9.      })
10.   }
11. }
12. })
```

(4) wx.openDocument(Object object)：新开页面打开文档。

openDocument 方法的参数也是一个对象，其属性如图 6-51 所示。

```
1.  wx.downloadFile({
2.    // 示例 url,并非真实存在
3.    url: 'http://example.com/somefile.pdf',
4.    success: function (res) {
5.      const filePath = res.tempFilePath
```

```
6.       wx.openDocument({
7.         filePath: filePath,
8.         success: function (res) {
9.           console.log('打开文档成功')
10.        }
11.      })
12.    }
13. })
```

属性	类型	默认值	必填	说明	最低版本
filePath	string		是	文件路径 (本地路径)，可通过 downloadFile 方法获得	
showMenu	boolean	false	否	是否显示右上角菜单	2.11.0
fileType	string		否	文件类型，指定文件类型打开文件	1.4.0
success	function		否	接口调用成功的回调函数	
fail	function		否	接口调用失败的回调函数	
complete	function		否	接口调用结束的回调函数（调用成功、失败都会执行）	

图 6-51　openDocument 方法参数对象的属性

（5）wx.getSavedFileList(Object object)：获取该小程序下已保存的本地缓存文件列表。示例代码如下。

```
1. wx.getSavedFileList({
2.   success (res) {
3.     console.log(res.fileList)
4.   }
5. })
```

（6）wx.getSavedFileInfo：获取本地文件的文件信息。此接口只能用于获取已保存到本地的文件，若需要获取临时文件信息，则需要使用 wx.getFileInfo()接口。

（7）wx.getFileInfo：获取文件信息。示例代码如下。

```
1.  wx.getFileInfo({
2.    success (res) {
3.      console.log(res.size)
4.      console.log(res.digest)
5.    }
6.  })
```

（8）wx.getFileSystemManager：可返回 FileSystemManager 对象，用于获取全局唯一的文件管理器。

6.6 数据 API

(1) wx. setStorage(Object object):将数据存储在本地缓存中指定的 key 中,该方法会覆盖原来该 key 对应的内容。除非用户主动删除或因存储空间原因被系统清理,否则数据一直都可用。单个 key 允许存储的最大数据长度为 1MB,所有数据存储上限为 10MB。

setStorage 方法的参数是一个对象,其属性如图 6-52 所示。

属性	类型	默认值	必填	说明	最低版本
key	string		是	本地缓存中指定的 key	
data	any		是	需要存储的内容。只支持原生类型、Date及能够通过 JSON.stringify 序列化的对象	
encrypt	Boolean	false	否	是否开启加密存储。只有异步的 setStorage 接口支持开启加密存储。开启后,将会对 data 使用 AES128 加密,接口回调耗时将会增加。若开启加密存储,setStorage 和 getStorage 需要同时声明 encrypt 的值为 true。此外,由于加密后的数据会比原始数据膨胀1.4倍,因此开启 encrypt 的情况下,单个 key 允许存储的最大数据长度为 0.7MB,所有数据存储上限为 7.1MB	2.21.3
success	function		否	接口调用成功的回调函数	
fail	function		否	接口调用失败的回调函数	
complete	function		否	接口调用结束的回调函数(调用成功、失败都会执行)	

图 6-52 setStorage 方法参数对象的属性

初始化本地存储对象代码如下。

```
1.  wx.setStorage({
2.    key:"key",
3.    data:"value"
4.  })
```

开启加密存储代码如下。

```
1.  // 开启加密存储
2.  wx.setStorage({
3.    key: "key",
4.    data: "value",
5.    encrypt: true, // 若开启加密存储,则 setStorage 和 getStorage 需要同时声明 encrypt 的值
    // 为 true
6.    success() {
7.      wx.getStorage({
8.        key: "key",
9.        encrypt: true, // 若开启加密存储,则 setStorage 和 getStorage 需要同时声明 encrypt
    // 的值为 true
```

```
10.         success(res) {
11.           console.log(res.data)
12.         }
13.       })
14.     }
15. })
```

（2）wx.getStorage(Object object)：从本地缓存中异步获取指定 key 的内容。getStorage 方法的参数也是一个对象，其属性如图 6-53 所示。

属性	类型	默认值	必填	说明
key	string		是	本地缓存中指定的 key
success	function		否	接口调用成功的回调函数
fail	function		否	接口调用失败的回调函数
complete	function		否	接口调用结束的回调函数（调用成功、失败都会执行）

图 6-53　getStorage 方法参数对象的属性

具体代码示例如下所示。

```
1.  wx.getStorage({
2.    key: 'key',
3.    success (res) {
4.      console.log(res.data)
5.    }
6.  })
```

（3）wx.removeStorage(Object object)：从本地缓存中移除指定 key。removeStorage 方法的参数也是一个对象，其属性如图 6-54 所示。

属性	类型	默认值	必填	说明
key	string		是	本地缓存中指定的 key
success	function		否	接口调用成功的回调函数
fail	function		否	接口调用失败的回调函数
complete	function		否	接口调用结束的回调函数（调用成功、失败都会执行）

图 6-54　removeStorage 方法参数对象的属性

具体代码示例如下所示。

```
1.  wx.removeStorage({
2.    key: 'key',
3.    success (res) {
```

```
4.        console.log(res)
5.      }
6.  })
```

(4) wx.clearStorage：清理本地数据缓存，即全部的缓存数据，具体代码示例如下所示。

```
1. wx.clearStorage()
```

(5) wx.getStorageInfo：异步获取当前 storage 的相关信息，具体代码示例如下所示。

```
1.  wx.getStorageInfo({
2.    success (res) {
3.      console.log(res.keys)
4.      console.log(res.currentSize)
5.      console.log(res.limitSize)
6.    }
7.  })
```

6.7　网络 API

6.7.1　发起请求

wx.request(Object object)：发起 HTTPs 网络请求，可返回 RequestTask 对象。

request 方法的参数是一个对象，其属性如图 6-55 所示。

该方法参数对象的属性中，method 属性的合法值有 OPTIONS、GET、HEAD、POST、PUT、DELETE、TRACE、CONNECT 等；dataType 属性的值一般为 json；responseType 属性的合法值为 text(响应的数据为文本)、arraybuffer(响应的数据为 ArrayBuffer)。

request 方法参数对象的 success 回调函数属性如图 6-56 所示。

success 回调函数属性 data 参数说明如图 6-57 所示。

示例代码如下所示。

```
1.      wx.request({
2.      url: 'example .php',                    //仅为示例,并非真实的接口地址
3.      data: {
4.        x:'',
5.        y:''
6.      }
7.      header: {
8.        'content - type': 'application/json'       //默认值
9.      },
10.   success (res) {
11.     console.log(res. data)
12.   }
13. })
```

属性	类型	默认值	必填	说明	最低版本
url	string		是	开发者服务器接口地址	
data	string/object/ArrayBuffer		否	请求的参数	
header	Object		否	设置请求的Header，Header中不能设置Referer。content-type 默认为 application/json	
timeout	number		否	超时时间，单位为毫秒	2.10.0
method	string	GET	否	HTTP 请求方法	
dataType	string	json	否	返回的数据格式	
responseType	string	text	否	响应的数据类型	1.7.0
enableHttp2	boolean	false	否	开启 Http2	2.10.4
enableQuic	boolean	false	否	开启 quic	2.10.4
enableCache	boolean	false	否	开启 cache	2.10.4
enableHttpDNS	boolean	false	否	是否开启HttpDNS 服务。如开启，需要同时填入httpDNSServiceId。HttpDNS 用法详见 移动解析HttpDNS	2.19.1
httpDNSServiceId	boolean		否	HttpDNS 服务商Id。HttpDNS 用法详见 移动解析HttpDNS	2.19.1
enableChunked	boolean	false	否	开启 transfer-encoding chunked	2.20.2
success	function		否	接口调用成功的回调函数	
fail	function		否	接口调用失败的回调函数	
complete	function		否	接口调用结束的回调函数（调用成功、失败都会执行）	

图 6-55　request 方法参数对象的属性

属性	类型	说明	最低版本
data	string/Object/Arraybuffer	开发者服务器返回的数据	
statusCode	number	开发者服务器返回的 HTTP 状态码	
header	Object	开发者服务器返回的 HTTP Response Header	1.2.0
cookies	Array.<string>	开发者服务器返回的Cookies，格式为字符串数组	2.10.0
profile	Object	网络请求过程中一些调试信息，查看详细说明	2.10.4

图 6-56　request 方法参数对象的 success 回调函数属性

data 参数说明

最终发送给服务器的数据是 String 类型，如果传入的 data 不是 String 类型，会被转换成 String 。转换规则如下:

- 对于 `GET` 方法的数据，会将数据转换成 query string（`encodeURIComponent(k)=encodeURIComponent(v)&encodeURIComponent(k)=encodeURIComponent(v)...`）
- 对于 `POST` 方法且 `header['content-type']` 为 `application/json` 的数据，会对数据进行 JSON 序列化
- 对于 `POST` 方法且 `header['content-type']` 为 `application/x-www-form-urlencoded` 的数据，会将数据转换成 query string（`encodeURIComponent(k)=encodeURIComponent(v)&encodeURIComponent(k)=encodeURIComponent(v)...`）

图 6-57　success 回调函数属性 data 参数说明

6.7.2　下载

wx.downloadFile(Object object)：下载文件资源到本地。客户端将直接发起一个 HTTPs GET 请求，返回文件的本地临时路径（本地路径），单次下载允许的最大文件为 200MB。需要在服务端响应的 Header 中指定合理的 Content-Type 字段，以保证客户端能正确处理文件类型。该方法可返回 DownloadTask 对象，此对象可以监听下载进度变化事件和取消下载。

downloadFile 方法的参数是一个对象，其属性如图 6-58 所示。

downloadFile 方法参数对象的 success 回调函数属性如图 6-59 所示。

示例代码如下所示。

```
1.  wx.downloadFile({
2.      url: 'ttps://example .com/audio/123', //仅为示例,并非真实的资源
3.    success (res) {
4.        //只要服务器有响应数据,就会把响应内容写入文件并进入 success 回调,业务需要自行
          //判断是否下载到了想要的内容
5.       if (res statusCode === 200) {
6.         wx.playVoice({
7.          filePath: res.tempFilePath
8.         })
9.       }
10.   }
11. })
```

属性	类型	默认值	必填	说明	最低版本
url	string		是	下载资源的 URL	
header	Object		否	HTTP 请求的 Header，Header 中不能设置 Referer	
timeout	number		否	超时时间，单位为毫秒	2.10.0
filePath	string		否	指定文件下载后存储的路径 (本地路径)	1.8.0
success	function		否	接口调用成功的回调函数	
fail	function		否	接口调用失败的回调函数	
complete	function		否	接口调用结束的回调函数 (调用成功、失败都会执行)	

图 6-58　downloadFile 方法参数对象的属性

属性	类型	说明	最低版本
tempFilePath	string	临时文件路径 (本地路径)。没传入 filePath 指定文件存储路径时会返回，下载后的文件会存储到一个临时文件	
filePath	string	用户文件路径 (本地路径)。传入 filePath 时会返回，跟传入的 filePath 一致	
statusCode	number	开发者服务器返回的 HTTP 状态码	
profile	Object	网络请求过程中一些调试信息，查看详细说明	2.10.4

图 6-59　downloadFile 方法参数对象的 success 回调函数属性

6.7.3　上传

wx.uploadFile(Object object)：将本地资源上传到服务器。客户端将发起一个 HTTPs POST 请求，其中 content-type 为 multipart/form-data。该方法可返回一个 UploadTask 对象，此对象可以监听上传进度变化的事件或取消上传的对象。

uploadFile 方法的参数是一个对象，其属性如图 6-60 所示。

uploadFile 方法参数对象的 success 回调函数属性如图 6-61 所示。

属性	类型	默认值	必填	说明	最低版本
url	string		是	开发者服务器地址	
filePath	string		是	要上传文件资源的路径(本地路径)	
name	string		是	文件对应的key，开发者在服务端可以通过这个key获取文件的二进制内容	
header	Object		否	HTTP 请求 Header，Header 中不能设置 Referer	
formData	Object		否	HTTP 请求中其他额外的 form data	
timeout	number		否	超时时间，单位为毫秒	2.10.0
success	function		否	接口调用成功的回调函数	
fail	function		否	接口调用失败的回调函数	
complete	function		否	接口调用结束的回调函数(调用成功、失败都会执行)	

图 6-60　uploadFile 方法参数对象的属性

属性	类型	说明
data	string	开发者服务器返回的数据
statusCode	number	开发者服务器返回的 HTTP 状态码

图 6-61　uploadFile 方法参数对象的 success 回调函数属性

6.7.4 WebSocket

(1) wx.connectSocket(Object object)：创建一个 WebSocket 连接，该连接可返回一个 SocketTask 对象。推荐使用 SocketTask 的方式去管理 WebSocket 连接，使每条链路的生命周期都更加可控。在同时存在多个 WebSocket 的连接的情况下使用 wx 前缀的方法可能会带来一些和预期不一致的情况。

connectSocket 方法的参数是一个对象，其属性如图 6-62 所示。

示例代码如下所示。

```
1.  wx.connectSocket({
2.    url: 'wss://example.qq.com',
3.    header:{
4.      'content-type': 'application/json'
5.    },
6.    protocols: ['protocol1']
7.  })
```

属性	类型	默认值	必填	说明	最低版本
url	string		是	开发者服务器 WSS 接口地址	
header	Object		否	HTTP Header，Header 中不能设置 Referer	
protocols	Array.<string>		否	子协议数组	1.4.0
tcpNoDelay	boolean	false	否	建立 TCP 连接的时候的 TCP_NODELAY 设置	2.4.0
perMessageDeflate	boolean	false	否	是否开启压缩扩展	2.8.0
timeout	number		否	超时时间，单位为毫秒	2.10.0
success	function		否	接口调用成功的回调函数	
fail	function		否	接口调用失败的回调函数	
complete	function		否	接口调用结束的回调函数（调用成功、失败都会执行）	

图 6-62 connectSocket 方法参数对象的属性

（2）wx. closeSocket(Object object)：关闭 WebSocket 连接。

closeSocket 方法的参数对象的属性如图 6-63 所示。

属性	类型	默认值	必填	说明
code	number	1000（表示正常关闭连接）	否	一个数字值表示关闭连接的状态号，表示连接被关闭的原因
reason	string		否	一个可读的字符串，表示连接被关闭的原因。这个字符串必须是不长于 123B 的 UTF-8 文本（不是字符）
success	function		否	接口调用成功的回调函数
fail	function		否	接口调用失败的回调函数
complete	function		否	接口调用结束的回调函数（调用成功、失败都会执行）

图 6-63 closeSocket 方法参数对象的属性

（3）wx. sendSocketMessage(Object object)：通过 WebSocket 连接发送数据。需要先使用 wx. connectSocket 方法，并在 wx. onSocketOpen 方法回调之后才能发送。

sendSocketMessage 方法的参数也是一个对象，其属性如图 6-64 所示。

（4）wx. onSocketOpen(function callback)：监听 WebSocket 连接被打开的事件，参数 callback 为 WebSocket 连接被打开事件的回调函数。

（5）wx. onSocketClose(function callback)：监听 WebSocket 连接被关闭的事件。

（6）wx. onSocketMessage(function callback)：监听 WebSocket 连接接收到服务器的消息事件。

属性	类型	默认值	必填	说明
data	string/ArrayBuffer		是	需要发送的内容
success	function		否	接口调用成功的回调函数
fail	function		否	接口调用失败的回调函数
complete	function		否	接口调用结束的回调函数(调用成功、失败都会执行)

图 6-64 sendSocketMessage 方法参数对象的属性

(7) wx.onSocketError(function callback):监听 WebSocket 连接错误事件。

6.8 支付 API

wx.requestPayment(Object object):发起微信支付。调用此方法前需在小程序"微信公众平台"→"功能"→"微信支付入口"申请接入微信支付。

requestPayment 方法的参数是一个对象,其属性如图 6-65 所示。

属性	类型	默认值	必填	说明
timeStamp	string		是	时间戳,从 1970 年 1 月 1 日 00:00:00 至今的秒数,即当前时间的一种表达形式
nonceStr	string		是	随机字符串,长度为32个字符以下
package	string		是	统一下单接口返回的 prepay_id 参数值,提交格式如 prepay_id=***
signType	string	MD5	否	签名算法,应与后台下单时的值一致
paySign	string		是	签名,具体见微信支付文档
success	function		否	接口调用成功的回调函数
fail	function		否	接口调用失败的回调函数
complete	function		否	接口调用结束的回调函数(调用成功、失败都会执行)

图 6-65 requestPayment 方法参数对象的属性

示例代码如下所示。

```
1.  wx.requestPayment({
2.    timeStamp: '',
3.    nonceStr: '',
4.    package: '',
5.    signType: 'MD5',
6.    paySign: '',
7.    success (res) { },
8.    fail (res) { }
9.  })
```

6.9　小结

本章小结如图 6-66 所示。

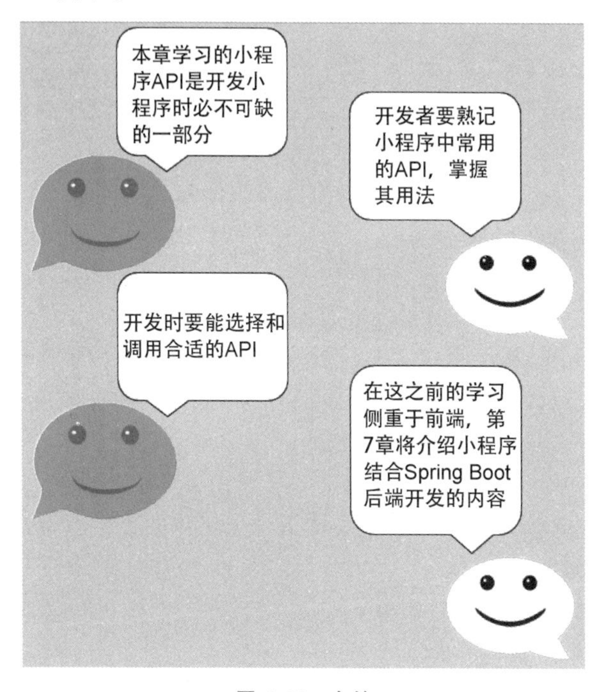

图 6-66　小结

6.10　上机案例

请利用本章所学 API，首先设置微信小程序页面的导航栏标题为"API 上机案例"，再依次实现按钮的点击效果，如图 6-67 所示。

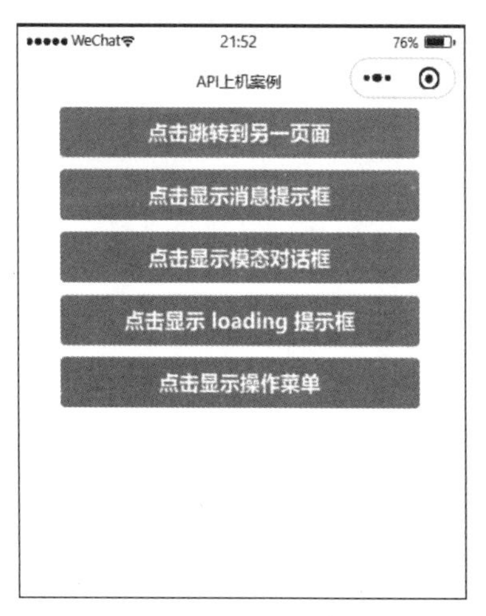

图 6-67　上机案例

6.11 习题

1. 下列选项中开发者可以调用微信小程序的(　　)API 实现页面与页面之间的跳转。
   A. wx. navigateTo　　B. wx. navigate
   C. wx. navigatorTo　　D. wx. navigator
2. 在 InnerAudioContext 实例对象中,通过(　　)方法可以控制音乐开始播放。
   A. distroy()　　B. pause()　　C. play()　　D. stop()
3. 以下选项中(　　)可以动态设置当前页面的标题。
   A. wx. setNavigationBarTitle　　B. wx. setNavigationBarColor
   C. wx. getSystemInfo　　D. wx. hideNavigationBarLoading
4. 下列选项中关于 tabBar 的说法错误的是(　　)。
   A. wx. setTabBarItem 可以动态设置 tabBar 某一项的内容
   B. wx. showTabBarRedDot 可以显示 tabBar 某一项的左上角的红点
   C. wx. showTabBar 可以显示 tabBar
   D. wx. hideTabBar 可以隐藏 tabBar
5. 下列关于 wx. getUserInfo()接口返回值说法错误的是(　　)。
   A. errMsg 表示错误信息
   B. rawData 用于计算签名
   C. iv 可以加密算法的初始向量
   D. userInfo 是用户信息对象,其包含 openid 等信息
6. 下列关于 wx. request 属性描述正确的是(　　)。
   A. 只能发起 HTTPs 请求
   B. URL 可以带端口号
   C. 返回的 complete 方法只有在调用成功之后才会执行
   D. Header 中可以设置 Referer
7. 下列关于路由 API 说法错误的是(　　)。
   A. wx. navigateBack()可以关闭当前页面,返回上一页面或多级页面
   B. wx. redirectTo()可以跳转到应用内某个页面,关闭当前页面
   C. wx. switchTab()可以跳转到 tabBar 页面,并关闭其他所有非 tabBar 页面
   D. wx. switchTab()的 URL 路径后可以带参数
8. 下列关于 wx. request()参数的说法错误的是(　　)。
   A. URL 为开发者服务器接口地址
   B. responseType 默认值 text 是返回的数据格式
   C. Header 是请求头
   D. Method 是请求方法
9. 下列关于数据缓存的说法错误的是(　　)。
   A. wx. getStorage()可以从本地缓存中同步获取指定 key 的内容
   B. wx. removeStorageSync()可以同步的方式是从本地缓存中移除指定 key

C. wx.setStorage()可以将数异步存储在本地缓存指定的 key

D. wx.getStorageSync()可以从本地缓存中异步获取指定 key 内容

10. 下列关于 wx.reLaunch()的说法正确的是(　　)。

A. 其能够关闭所有页面,打开到应用内的某个页面

B. 其是需要跳转的应用内页面路径,路径后可以带参数

C. 其参数与路径之间使用 & 分隔

D. 其跳转的页面路径如果是 tabBar 页面则不能带参数

11. 简述 wx.navigateTo()和 wx.redirectTo()跳转方式的区别。

第7章

微信小程序云开发

CHAPTER 7

微课视频

在线练习

微信云开发是微信团队联合腾讯云推出的专业小程序开发服务。开发者可以使用云开发快速地开发小程序、小游戏、公众号网页等，并且原生支持微信开放平台。开发者不需要搭建服务器，可免鉴权直接使用微信云开发平台提供的 API 进行业务开发。

7.1　快速开始云开发

第 1 步：创建项目，打开并登录微信开发者工具，新建小程序项目，填入 AppID，后端服务选择“微信云开发”并在下一步勾选同意“云开发服务条款”，如图 7-1 所示。

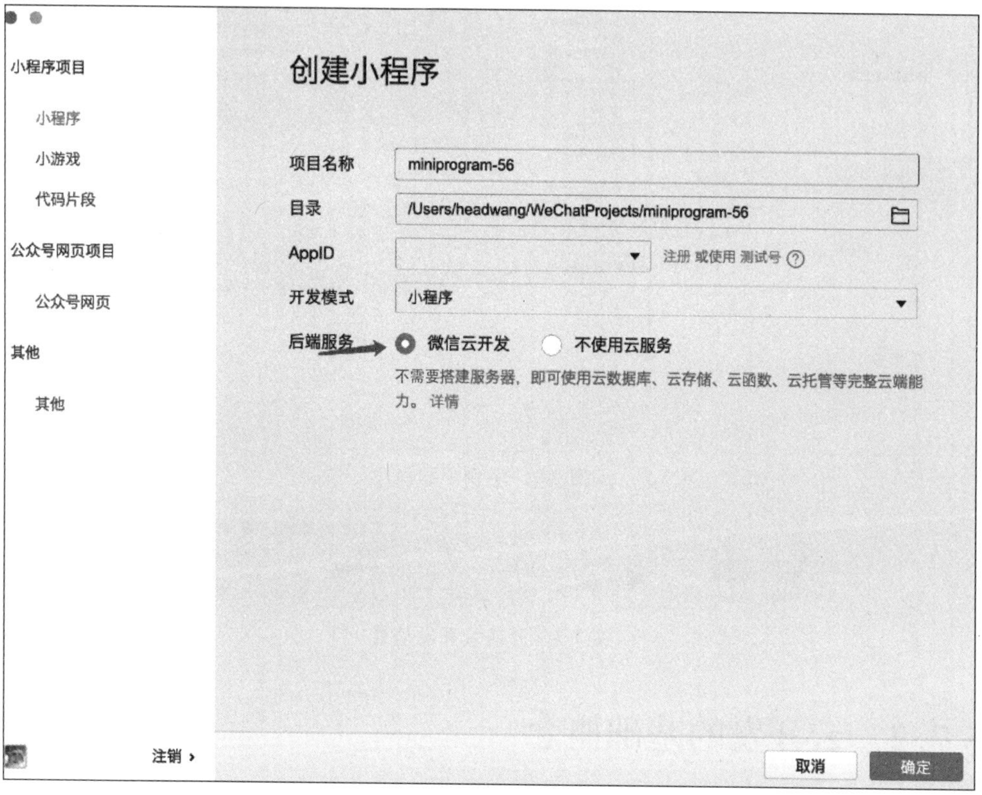

图 7-1　创建小程序

单击创建项目后，即可得到一个展示云开发基础功能的示例小程序，如图 7-2 所示。

第 2 步：开通云开发创建环境。在使用云开发功能之前，需要先开通云开发功能。在开发者工具的工具栏左侧单击“云开发”按钮即可打开云控制台，根据提示开通云开发功能，然后创建一个新的云开发环境，如图 7-3 所示。

(1) 每个云开发环境相互是隔离的，都拥有唯一的**环境 ID**，且都包含独立的数据库实例、存储空间、云函数配置等资源。

(2) 初始创建的云开发环境将自动成为**默认环境**。

(3) 默认配额下开发者可以创建两个云开发环境。

(4) 腾讯云控制台创建的云开发环境也可在微信云开发中使用。登录微信云开发控制台在“设置”→“环境设置”中单击“环境名称”，选择“管理我的环境”，单击“使用已有腾讯云环境”按钮，选择所需腾讯云环境后即可在微信云开发控制台中使用该环境。

第 3 步：开始开发。创建环境后，开发者即可以开始在模拟器上操作小程序，体验云开发提供的部分基础功能。

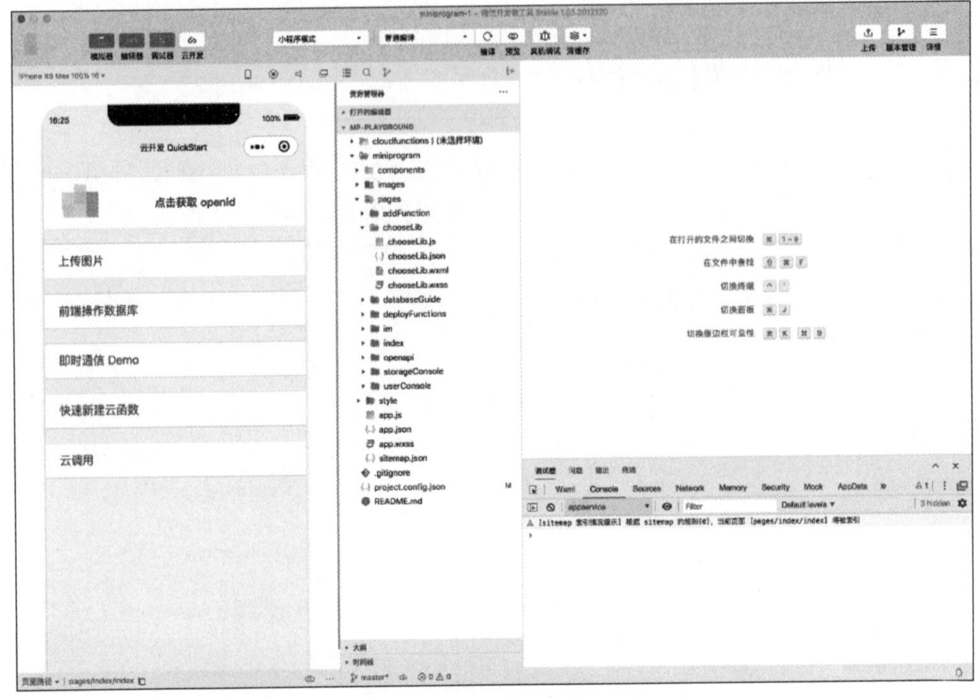

图 7-2　示例小程序

图 7-3　开通云开发功能

7.2　云开发的基础概念

7.2.1　数据库

微信云开发提供了一个 JSON 数据库,顾名思义,该数据库中的每条记录都是一个 JSON 格式的对象。一个数据库可以有多个集合(相当于关系型数据库中的表),集合可被看作一个 JSON 数组,数组中的每个对象就是一条记录,记录的格式是 JSON 对象。

关系数据库和 JSON 数据库的概念对应关系如图 7-4 所示。

关系型	文档型
数据库 database	数据库 database
表 table	集合 collection
行 row	记录 record / doc
列 column	字段 field

图 7-4　关系数据库和 JSON 数据库的概念对应关系

以下是一个示例集合数据，假设有一个 books 集合存放了图书记录，其中有两本书如下。

```
1.  [
2.    {
3.      "_id": "Wzh76lk5_O_dt0v0",
4.      "title": "The Catcher in the Rye",
5.      "author": "J. D. Salinger",
6.      "characters": [
7.        "Holden Caulfield",
8.        "Stradlater",
9.        "Mr. Antolini"
10.     ],
11.     "publishInfo": {
12.       "year": 1951,
13.       "country": "United States"
14.     }
15.   },
16.   {
17.     "_id": "Wzia0lk5_O_dt0vR",
18.     "_openid": "ohl4L0Rnhq7vmmbT_DaNQa4ePaz0",
19.     "title": "The Lady of the Camellias",
20.     "author": "Alexandre Dumas fils",
21.     "characters": [
22.       "Marguerite Gautier",
23.       "Armand Duval",
24.       "Prudence",
25.       "Count de Varville"
26.     ],
27.     "publishInfo": {
28.       "year": 1848,
29.       "country": "France"
30.     }
31.   }
32. ]
```

在图书信息中，开发者可以用 title、author 来记录图书标题和作者，用 characters 数组来记录书中的主要人物，用 publishInfo 来记录图书的出版信息。这些字段既可以是字符串或数字，还可以是对象或数组，就是一个 JSON 对象。

云开发的数据库每条记录都有一个_id 字段用以唯一地标志一条记录、一个_openid 字段用以标志记录的创建者，即小程序的用户。_openid 是在文档创建时由系统根据小程序用户默认创建的，开发者可使用其来标识和定位文档。需要特别注意的是，在管理端(控制台和云函数)中创建的记录不会有_openid 字段，因为这是属于管理员创建的记录。开发者可以自定义_id，但不可自定义和修改_openid。

云开发的数据库 API 分为小程序端和服务端两部分，小程序端 API 受到严格的调用权限控制，开发者只可在小程序内直接调用 API 进行非敏感数据的操作。在操作有更高安全要求的数据时，则可在云端内通过服务端 API 进行操作。云端的环境是与客户端完全隔离的，在云端开发者可以私密且安全地操作数据库。

云开发的数据库 API 包含增删改查的功能，使用该 API 操作数据库只需三步：获取数据库引用、构造查询/更新条件、发出请求。以下是一个在小程序中查询数据库图书记录的例子。

```
1.  // 1. 获取数据库引用
2.  const db = wx.cloud.database()
3.  // 2. 构造查询语句
4.  // collection 方法获取一个集合的引用
5.  // where 方法传入一个对象,数据库返回集合中字段等于指定值的 JSON 文档。API 也支持高
    // 级的查询条件(如大于、小于、in 等),具体见文档查看支持列表
6.  // get 方法会触发网络请求,往数据库取数据
7.  db.collection('books').where({
8.    publishInfo: {
9.      country: 'United States'
10.   }
11. }).get({
12.   success: function(res) {
13.   // 输出 [{ "title": "The Catcher in the Rye", ... }]
14.   console.log(res)
15. }
16. })
```

7.2.2 存储

云开发为开发者提供了一块存储空间,并提供了上传文件到云端、带权限管理的云端下载等功能,开发者可以在小程序端和云端通过 API 使用云存储功能。

在小程序端开发者可以分别调用 wx. cloud. uploadFile 和 wx. cloud. downloadFile 完成上传和下载云文件的操作。下面简单的几行代码即可实现在小程序内让用户选择一幅图像,然后上传到云端的管理功能。

```
1.  // 让用户选择一幅图像
2.  wx.chooseImage({
3.    success: chooseResult => {
4.      // 将图像上传至云存储空间
5.      wx.cloud.uploadFile({
6.        // 指定上传到的云路径
7.        cloudPath: 'my-photo.png',
8.        // 指定要上传的文件的小程序临时文件路径
9.        filePath: chooseResult.tempFilePaths[0],
10.       // 成功回调
11.       success: res => {
12.         console.log('上传成功', res)
13.       },
14.     })
15.   },
16. })
```

7.2.3 云函数

云函数是运行在云端的代码,使用云函数,开发者不需要管理服务器,只需要在开发工具内编写、一键上传部署即可运行后端代码。

小程序为开发者提供了专门调用云函数的 API。开发者可以在云函数内使用

wx-server-sdk 提供的 getWXContext 方法获取每次调用的上下文(appId、openId 等),不需要维护复杂的鉴权机制即可获取天然可信任的用户登录态(openId)。

例如,定义如下一个云函数,将之命名为 add,功能是将传入的两个参数 a 和 b 相加,代码如下。

```
1.  // index.js 是入口文件,云函数被调用时会执行该文件导出的 main 方法
2.  // event 包含了调用端(小程序端)调用该函数时传过来的参数,同时还包含了可以通过
    // getWXContext 方法获取的用户登录态 'openId' 和小程序 'appId' 信息
3.  const cloud = require('wx - server - sdk')
4.  exports.main = async (event, context) => {
5.    let { userInfo, a, b} = event
6.    let { OPENID, APPID } = cloud.getWXContext() // 这里获取到的 openId 和 appId 是可信的
7.    let sum = a + b
8.
9.    return {
10.     OPENID,
11.     APPID,
12.     sum
13.   }
14. }
```

在开发者工具中上传部署云函数后,即可在小程序中调用,代码如下。

```
1. wx.cloud.callFunction({
2.   // 需调用的云函数名
3.   name: 'add',
4.   // 传给云函数的参数
5.   data: {
6.     a: 12,
7.     b: 19,
8.   },
9.   // 成功回调
10.  complete: console.log
11. })
12. // 当然,promise 方式也是支持的
13. wx.cloud.callFunction({
14.   name: 'add',
15.   data: {
16.     a: 12,
17.     b: 19
18.   }
19. }).then(console.log)
```

7.2.4 初始化

在小程序端使用云函数前,需先调用 wx.cloud.init 方法完成云函数初始化(注意,需先开通云服务,开通的方法是单击工具栏左上角的“控制台”按钮)。因此,如果要使用云函数,通常在小程序初始化时即要调用这个方法。

1. 小程序端初始化

用 wx.cloud.init(Object object)方法接收一个可选的参数,该方法没有返回值,且只能被调用一次,多次调用时只有第一次调用有效。

该方法的对象参数定义了云开发的默认配置,该配置会作为之后调用其他所有云 API 的默认配置,其提供的可选属性如图 7-5 所示。

属性	数据类型	必填	默认值	说明
env	string | object	是		后续 API 调用的默认环境配置,传入字符串形式的环境 ID 可以指定所有服务的默认环境,传入对象可以分别指定各个服务的默认环境,见下方详细定义
traceUser	boolean	否	false	是否将用户访问记录到用户管理中,使之在控制台中可见

图 7-5 对象参数提供的可选属性

当 env 传入参数为对象时,开发者可以指定各个服务的默认环境,该对象的可选属性如图 7-6 所示。

属性	数据类型	必填	默认值	说明
database	string	否	空	数据库 API 默认环境配置
storage	string	否	空	存储 API 默认环境配置
functions	string	否	空	云函数 API 默认环境配置

图 7-6 env 对象提供的可选属性

注意:env 设置只会决定小程序端 API 调用的云环境,并不会决定云函数中的 API 调用的环境,在云函数中需要通过 wx-server-sdk 的 init 方法重新设置环境。

示例代码如下所示。

```
1.  wx.cloud.init({
2.    env: 'test - x1dzi'
3.  })
```

2. 云函数端初始化

用 cloud.init(Object object)方法接收一个可选的参数,该方法没有返回值,且只能调用一次,多次调用时只有第一次调用生效。

这种对象参数定义了云开发的默认配置,该配置会作为之后调用其他所有云 API 的默认配置,其提供的可选属性如图 7-7 所示。

属性	数据类型	必填	默认值	说明
env	string | object	是		后续 API 调用的默认环境配置,传入字符串形式的环境 ID 或传入 cloud.DYNAMIC_CURRENT_ENV 可以指定所有服务的默认环境,传入对象可以分别指定各个服务的默认环境,见下方详细定义

图 7-7 对象参数提供的可选属性

当 env 传入参数也为对象时，开发者可以指定各个服务的默认环境，该对象的可选属性如图 7-8 所示。

属性	数据类型	必填	默认值	说明
database	string	否	default	数据库 API 默认环境配置
storage	string	否	default	存储 API 默认环境配置
functions	string	否	default	云函数 API 默认环境配置
default	string	否	空	缺省时 API 默认环境配置

图 7-8　env 对象提供的可选属性

建议：在设置 env 时可以指定 cloud.DYNAMIC_CURRENT_ENV 常量(需 SDK v1.1.0 或以上)，这样云函数内发起数据库请求、存储请求或调用其他云函数时，默认请求的云环境就是云函数当前所在的环境。

示例代码如下所示。

```
1.  const cloud = require('wx-server-sdk')
2.  cloud.init({
3.    env: cloud.DYNAMIC_CURRENT_ENV
4.  })
5.
6.  exports.main = async (event) => {
7.    const { ENV, OPENID, APPID } = cloud.getWXContext()
8.
9.    // 如果云函数所在环境为 abc,则下面的调用就会请求到 abc 环境的数据库
10.   const dbResult = await cloud.database().collection('test').get()
11.
12.   return {
13.     dbResult,
14.     ENV,
15.     OPENID,
16.     APPID,
17.   }
18. }
```

云开发的 API 风格与框架组件的 API 风格一致，但其同时支持回调风格和 promise 风格。在传入 API 的对象类型参数中，如果传入了 success、fail、complete 等字段，则通常可以认为其是采用回调风格，API 方法调用不返回 promise。如果传入 API 的对象类型参数中 success、fail、complete 这三个字段都不存在，则通常可以认为其采用的是 promise 风格，API 方法调用将返回一个 promise，promise resolve 的结果会与传入 success 回调的参数相同，reject 的结果也会与传入 fail 的参数相同。

7.3　数据库

7.3.1　尝试创建一个集合并添加记录

本节将介绍在控制台中创建第一个数据库集合、往集合上插入数据，以及在控制台中查

看刚刚插入的数据的过程。

打开控制台，选择“数据库”标签页，通过“添加集合”入口创建一个集合。假设要创建一个处理待办事项的小程序，则可以创建一个名为 todos 的集合。创建成功后，可以看到 todos 集合管理页面，页面中用户可以添加记录、查找记录、管理索引和管理权限，如图 7-9 所示。

图 7-9　todos 集合管理页面

创建第一条记录：控制台提供了可视化添加数据的交互界面，单击“添加记录”即可添加第一条待办事项，代码如下。

```
1.  {
2.    // 描述,String 类型
3.    "description": "learn mini-program cloud service",
4.    // 截止时间,Date 类型
5.    "due": Date("2018-09-01"),
6.    // 标签,Array 类型
7.    "tags": [
8.      "tech",
9.      "mini-program",
10.     "cloud"
11.   ],
12.   // 个性化样式,Object 类型
13.   "style": {
14.     "color": "red"
15.   },
16.   // 是否已完成,Boolean 类型
17.   "done": false
18. }
```

添加完成后可在控制台中查看刚添加的数据。

7.3.2 数据类型

云开发数据库提供以下几种数据类型。

(1) String：字符串。

(2) Number：数字。

(3) Object：对象。

(4) Array：数组。

(5) Bool：布尔值。

(6) Date：时间。

(7) Geo：多种地理位置类型。

(8) Null。

其中Date类型用于表示时间，精确到毫秒，其可在小程序端可用JS内置Date对象创建。需要特别注意的是，在小程序端创建的时间是客户端时间，不是服务端时间，这意味着小程序端的时间与服务端不一定吻合，如果需要使用服务端时间，应该用API中提供的serverDate对象来创建一个服务端当前时间的标记，当使用了serverDate对象的请求抵达服务端处理时，该字段会被转换成服务端当前的时间，更棒的是，开发者在构造serverDate对象时还可通过传入一个有offset字段的对象来标记一个与当前服务端时间偏移若干毫秒的时间，这样就可以指定一个字段为服务端时间延迟一个小时。

那么当开发者需要使用客户端时间时，存放Date对象和存放毫秒数是否是一样的效果呢？不是的，微信云数据库针对日期类型做了优化，腾讯建议开发者使用时都用Date或serverDate构造时间对象。

null相当于一个占位符，表示一个字段存在但是值为空。

7.3.3 增、删、改、查

1. 初始化

在使用数据库API进行增、删、改、查操作之前，开发者需要先获取数据库的引用。以下调用可以获取默认环境的数据库的引用。

```
1.  const db = wx.cloud.database()
```

如需获取其他环境的数据库引用，则可以在调用时传入一个对象参数，在其中通过env字段指定要使用的环境。此时该方法会返回一个对测试环境数据库的引用。

示例：假设有一个名为test的环境可用作测试环境，那么可以用如下代码获取测试环境数据库。

```
1.  const testDB = wx.cloud.database({
2.    env: 'test'
3.  })
```

获取集合的引用并不会发起读取数据的网络请求,开发者可以通过此引用在该集合上进行增删查改的操作,除此之外,还可以通过集合上的 doc 方法来获取集合中一个指定 id 的记录的引用。同理,记录的引用可以用于对特定记录进行更新和删除操作。

假设有一个待办事项的 id 为 todo-identifiant-aleatoire,那么开发者可以通过 doc 方法获取它的引用,代码如下。

```
1.  const todo = db.collection('todos').doc('todo-identifiant-aleatoire')
```

2. 插入数据

开发者可以在集合对象上调用 add 方法往集合中插入一条记录。还是用待办事项清单的例子,例如,想新增一个待办事项,代码如下。

```
1.  db.collection('todos').add({
2.    // data 字段表示需新增的 JSON 数据
3.    data: {
4.      // _id: 'todo-identifiant-aleatoire', // 可选自定义 _id,在此处场景下用数据库自动
    // 分配的就可以了
5.      description: "learn cloud database",
6.      due: new Date("2018-09-01"),
7.      tags: [
8.        "cloud",
9.        "database"
10.     ],
11.     // 为待办事项添加一个地理位置(113°E,23°N)
12.     location: new db.Geo.Point(113, 23),
13.     done: false
14.   },
15.   success: function(res) {
16.     // res 是一个对象,其中有 _id 字段标记刚创建的记录的 id
17.     console.log(res)
18.   }
19. })
```

当然,promise 风格也是受到支持的,只要传入对象中没有 success、fail 或 complete,那么 add 方法就会返回一个 promise,代码如下。

```
1.  db.collection('todos').add({
2.    // data 字段表示需新增的 JSON 数据
3.    data: {
4.      description: "learn cloud database",
5.      due: new Date("2018-09-01"),
6.      tags: [
7.        "cloud",
8.        "database"
9.      ],
10.     location: new db.Geo.Point(113, 23),
11.     done: false
12.   }
13. })
```

```
14. .then(res => {
15.   console.log(res)
16. })
```

3. 查询数据

在记录和集合上，API 都提供了 get 方法用于获取单个记录或集合中多个记录的数据。假设已有一个集合 todos，其中包含以下格式记录。

```
1.  [
2.    {
3.      _id: 'todo-identifiant-aleatoire',
4.      _openid: 'user-open-id', // 假设用户的 openid 为 user-open-id
5.      description: "learn cloud database",
6.      due: Date("2018-09-01"),
7.      progress: 20,
8.      tags: [
9.        "cloud",
10.       "database"
11.     ],
12.     style: {
13.       color: 'white',
14.       size: 'large'
15.     },
16.     location: Point(113.33, 23.33), // 113.33°E,23.33°N
17.     done: false
18.   },
19.   {
20.     _id: 'todo-identifiant-aleatoire-2',
21.     _openid: 'user-open-id', // 假设用户的 openid 为 user-open-id
22.     description: "write a novel",
23.     due: Date("2018-12-25"),
24.     progress: 50,
25.     tags: [
26.       "writing"
27.     ],
28.     style: {
29.       color: 'yellow',
30.       size: 'normal'
31.     },
32.     location: Point(113.22, 23.22), // 113.22°E,23.22°N
33.     done: false
34.   }
35.   // more...
36. ]
```

先来看如何获取一个记录的数据，假设已有一个位于 todos 集合上的、id 为 todo-identifiant-aleatoire 的记录，那么可以在该记录的引用调用 get 方法获取这个待办事项的数据，代码如下。

```
1.  db.collection('todos').doc('todo-identifiant-aleatoire').get({
2.    success: function(res) {
```

```
3.        // res.data 包含该记录的数据
4.        console.log(res.data)
5.    }
6.  })
```

开发者也可以一次性获取多条记录。通过调用集合上的 where 方法可以指定查询条件,再调用 get 方法即可筛选满足指定查询条件的记录,例如,获取用户的所有未完成的待办事项,代码如下。

```
1.  db.collection('todos').where({
2.    _openid: 'user-open-id',
3.    done: false
4.  })
5.  .get({
6.    success: function(res) {
7.      // res.data 是包含以上定义的两条记录的数组
8.      console.log(res.data)
9.    }
10. })
```

where 方法可以接收一个对象参数,该对象中每个字段和它的值将共同构成一个需满足的匹配条件,各个字段间的关系是“逻辑与”的关系,即需同时满足这些匹配条件。在这个例子中,就是查询出 todos 集合中_openid 等于 user-open-id 且 done 等于 false 的记录。在查询条件中开发者也可以指定其匹配一个嵌套字段的值,例如,找出被标为黄色的待办事项,代码如下。

```
1.  db.collection('todos').where({
2.    _openid: 'user-open-id',
3.    style: {
4.      color: 'yellow'
5.    }
6.  })
7.  .get({
8.    success: function(res) {
9.      console.log(res.data)
10.   }
11. })
```

另外,也可以用“点表示法”表示嵌套字段,代码如下。

```
1.  db.collection('todos').where({
2.    _openid: 'user-open-id',
3.    'style.color': 'yellow'
4.  })
5.  .get({
6.    success: function(res) {
7.      console.log(res.data)
8.    }
9.  })
```

如果要获取一个集合的数据,例如,获取 todos 集合上的所有记录,那么可以在集合上调用 get 方法，但通常不建议这么使用，在小程序中开发者需要尽量避免一次性获取过量的数据，只应获取必要的数据。这是为了防止误操作及提升小程序用户的操作体验，在获取集合数据时服务器一次默认并且最多返回 20 条记录，云端这个数字则是 100。开发者可以通过 limit 方法指定需要获取的记录数量，但小程序端不能超过 20 条，云端不能超过 100 条。具体示例代码如下。

```
1.  db.collection('todos').get({
2.    success: function(res) {
3.      // res.data 是一个包含集合中有权限访问的所有记录的数据,不超过 20 条
4.      console.log(res.data)
5.    }
6.  })
```

4. 查询指令

假设需要查询进度大于 30%的待办事项，那么上述介绍的传入对象表示全等匹配的方式就无法满足需求了，这时就需要用到查询指令。数据库 API 提供了大于、小于等多种查询指令，这些指令都暴露在 db.command 对象上。例如，查询进度大于 30%的待办事项，代码如下。

```
1. const _ = db.command
2.  db.collection('todos').where({
3.    // gt 方法用于指定一个 "大于" 条件,此处 _.gt(30) 是一个 "大于 30" 的条件
4.    progress: _.gt(30)
5.  })
6.  .get({
7.    success: function(res) {
8.      console.log(res.data)
9.    }
10. })
```

API 提供了如图 7-10 所示的查询指令。

除了指定一个字段满足一个条件之外，开发者还可以指定一个字段需同时满足的多个条件，例如，用 and 逻辑指令查询进度在 30%～70%的待办事项，代码如下。

```
1. const _ = db.command
2.  db.collection('todos').where({
3.    // and 方法用于指定一个 "与" 条件,此处表示需同时满足 _.gt(30) 和 _.lt(70) 两个条件
4.    progress: _.gt(30).and(_.lt(70))
5.  })
6.  .get({
7.    success: function(res) {
8.      console.log(res.data)
9.    }
10. })
```

既然有 and，那么当然也有 or 了，例如，查询进度为 0%或 100%的待办事项，代码如下。

查询指令	说明
eq	等于
neq	不等于
lt	小于
lte	小于或等于
gt	大于
gte	大于或等于
in	字段值在给定数组中
nin	字段值不在给定数组中

图 7-10 API 提供的查询指令

```
1. const _ = db.command
2.  db.collection('todos').where({
3.    // or 方法用于指定一个 "或" 条件,此处表示需满足 _.eq(0) 或 _.eq(100)
4.    progress: _.eq(0).or(_.eq(100))
5.  })
6.  .get({
7.    success: function(res) {
8.      console.log(res.data)
9.    }
10. })
```

如果开发者需要跨字段进行"或"操作,那么也可以通过 or 指令实现,or 指令可以用来接收多个(可以多于两个)查询条件,表示需满足多个查询条件中的任意一个,例如,查询进度小于或等于 50%或颜色为白色或黄色的待办事项,代码如下。

```
1. const _ = db.command
2.  db.collection('todos').where(_.or([
3.    {
4.      progress: _.lte(50)
5.    },
6.    {
7.      style: {
8.        color: _.in(['white', 'yellow'])
9.      }
10.   }
11. ]))
12. .get({
13.   success: function(res) {
14.     console.log(res.data)
15.   }
16. })
```

5. 更新数据

更新数据主要有两个方法,如图7-11所示。

API	说明
update	局部更新一个或多个记录
set	替换更新一个记录

图7-11 更新数据的方法

使用update方法可以更新一个局部记录或一个集合中的某些记录,局部更新意味着只有指定的字段会得到更新,其他字段不受影响。

例如,可以用以下代码将一个待办事项置为已完成,代码如下。

```
1. db.collection('todos').doc('todo-identifiant-aleatoire').update({
2.   // data 传入需要局部更新的数据
3.   data: {
4.     // 表示将 done 字段置为 true
5.     done: true
6.   },
7.   success: function(res) {
8.     console.log(res.data)
9.   }
10. })
```

除了用指定值更新字段外,数据库API还提供了一系列的更新指令用于执行更复杂的更新操作,这些更新指令可以通过db.command API取得,如图7-12所示。

更新指令	说明
set	设置字段为指定值
remove	删除字段
inc	原子自增字段值
mul	原子自乘字段值
push	如字段值为数组，则往数组尾部增加指定值
pop	如字段值为数组，则从数组尾部删除一个元素
shift	如字段值为数组，则从数组头部删除一个元素
unshift	如字段值为数组，则往数组头部增加指定值

图7-12 更新指令

例如,可以将一个待办事项的进度增加10%,代码如下。

```
1. const _ = db.command
2.  db.collection('todos').doc('todo-identifiant-aleatoire').update({
3.    data: {
4.      // 表示指示数据库将字段自增 10
5.      progress: _.inc(10)
6.    },
7.    success: function(res) {
8.      console.log(res.data)
9.    }
10. })
```

用 inc 指令在不取出值的情况下增加 10 进度再写入的好处在于这个写操作是个原子操作,不会受到并发写入的影响,例如,同时有两名用户 A 和 B 取出了同一个字段值,然后分别加上 10 和 20 再写入数据库,那么这个字段最终结果只会是增加了 20 而不是 30,而使用 inc 指令则不会有这个问题。

如果字段是个数组,那么开发者可以使用 push、pop、shift 和 unshift 等命令对数组进行原子更新操作,例如,给一条待办事项多加一个标签,代码如下。

```
1. const _ = db.command
2.  db.collection('todos').doc('todo-identifiant-aleatoire').update({
3.    data: {
4.      tags: _.push('mini-program')
5.    },
6.    success: function(res) {
7.      console.log(res.data)
8.    }
9.  })
```

可能读者已经注意到微信云 API 提供了 set 指令。这个指令的用处在于更新一个字段值为另一个对象。例如,下列语句是更新 style.color 字段为'blue'而不是把 style 字段更新为{color:'blue'}对象,代码如下。

```
1. const _ = db.command
2.  db.collection('todos').doc('todo-identifiant-aleatoire').update({
3.    data: {
4.      style: {
5.        color: 'blue'
6.      }
7.    },
8.    success: function(res) {
9.      console.log(res.data)
10.   }
11. })
```

如果需要将这个 style 字段更新为另一个对象,则可以使用 set 指令,代码如下。

```
1. const _ = db.command
2.  db.collection('todos').doc('todo-identifiant-aleatoire').update({
3.    data: {
4.      style: _.set({
```

```
5.          color: 'blue'
6.        })
7.      },
8.      success: function(res) {
9.        console.log(res.data)
10.     }
11. })
```

如果需要更新多个数据，那么需在服务器端操作（通过云函数），在 where 语句后同样地调用 update 方法即可，例如，将所有未完成的待办事项的进度增加 10%，代码如下。

```
1.  // 使用了 async await 语法
2.  const cloud = require('wx-server-sdk')
3.  const db = cloud.database()
4.  const _ = db.command
5.
6.  exports.main = async (event, context) => {
7.    try {
8.      return await db.collection('todos').where({
9.        done: false
10.     })
11.     .update({
12.       data: {
13.         progress: _.inc(10)
14.       },
15.     })
16.   } catch(e) {
17.     console.error(e)
18.   }
19. }
```

如果需要替换式地更新一条记录，则可以在记录上使用 set 方法，替换式的更新意味着要用传入的对象替换指定的记录，代码如下。

```
1.  const _ = db.command
2.  db.collection('todos').doc('todo-identifiant-aleatoire').set({
3.    data: {
4.      description: "learn cloud database",
5.      due: new Date("2018-09-01"),
6.      tags: [
7.        "cloud",
8.        "database"
9.      ],
10.     style: {
11.       color: "skyblue"
12.     },
13.     // 位置(113°E,23°N)
14.     location: new db.Geo.Point(113, 23),
15.     done: false
16.   },
17.   success: function(res) {
18.     console.log(res.data)
19.   }
20. })
```

6. 删除数据

对记录使用 remove 方法可以删除该条记录,代码如下。

```
1. db.collection('todos').doc('todo-identifiant-aleatoire').remove({
2.   success: function(res) {
3.     console.log(res.data)
4.   }
5. })
```

如果需要更新多条数据,则需在服务器端操作(通过云函数)。可通过 where 语句选取多条记录执行删除(需注意,只有有权限删除的记录才会被删除)。例如,删除所有已完成的待办事项,代码如下。

```
1. // 使用了 async await 语法
2. const cloud = require('wx-server-sdk')
3. const db = cloud.database()
4. const _ = db.command
5.
6. exports.main = async (event, context) => {
7.   try {
8.     return await db.collection('todos').where({
9.       done: true
10.    }).remove()
11.  } catch(e) {
12.    console.error(e)
13.  }
14. }
```

7. 查询、更新数组/嵌套对象

开发者可以对对象、对象中的元素、数组、数组中的元素进行匹配查询,甚至还可以对数组和对象相互嵌套的字段进行匹配查询/更新,下面从普通匹配开始讲如何进行匹配。

1)普通匹配

传入的对象的每个<key, value>都构成一个筛选条件,有多个<key, value>则表示需同时满足这些条件,是与的关系,如果需要或关系,则可使用[command.or]((Command.or))命令。

例如,找出未完成 50%进度的待办事项,代码如下。

```
1. db.collection('todos').where({
2.   done: false,
3.   progress: 50
4. }).get()
```

2)匹配记录中的嵌套字段

假设在集合中有如下一个记录。

```
1. {
2.   "style": {
3.     "color": "red"
```

```
4.    }
5.  }
```

如果想要找出集合中 style.color 为 red 的记录，那么可以传入相同结构的对象作为查询条件或使用"点表示法"查询，代码如下。

```
1.  // 方式一
2.  db.collection('todos').where({
3.    style: {
4.      color: 'red'
5.    }
6.  }).get()
7.
8.  // 方式二
9.  db.collection('todos').where({
10.   'style.color': 'red'
11. }).get()
```

3）匹配数组

假设在集合中有如下一个记录：

```
1.  {
2.    "numbers": [10, 20, 30]
3.  }
```

可以传入一个完全相同的数组来筛选出这条记录：

```
1.  db.collection('todos').where({
2.    numbers: [10, 20, 30]
3.  }).get()
```

4）匹配数组中的元素

如果想找出数组字段中值包含某个值的记录，那么可以在匹配数组字段时传入想要匹配的值。例如，针对上面的例子，可传入一个数组中存在的元素来筛选出所有 numbers 字段的值包含 20 的记录，代码如下。

```
1.  db.collection('todos').where({
2.    numbers: 20
3.  }).get()
```

5）匹配数组第 n 项元素

如果想找出数组字段中数组的第 n 个元素等于某个值的记录，那么在键值匹配中可以以"字段.下标"为键，目标为值来作匹配。例如，对上面的例子，如果想找出 number 字段第二项的值为 20 的记录，可以如下查询(注意，数组下标从 0 开始)。

```
1.  db.collection('todos').where({
2.    'numbers.1': 20
3.  }).get()
```

更新也是类似,例如,要更新_id 为 test 的记录的 numbers 字段的第二项元素至 30,代码如下。

```
1.  db.collection('todos').doc('test').update({
2.    data: {
3.      'numbers.1': 30
4.    },
5.  })
```

6) 结合查询指令进行匹配

在对数组字段进行匹配时,也可以使用如 lt、gt 等指令,以之来筛选字段数组中存在满足给定比较条件的记录。例如,针对上面的例子,可查找出所有 numbers 字段的数组值中存在包含大于 25 的值的记录,代码如下。

```
1. const _ = db.command
2.  db.collection('todos').where({
3.    numbers: _.gt(25)
4.  }).get()
```

查询指令也可以通过逻辑指令组合多个条件,例如,找出所有 numbers 数组中存在包含大于 25 的值、同时也存在小于 15 的值的记录,代码如下。

```
1. const _ = db.command
2.  db.collection('todos').where({
3.    numbers: _.gt(25).and(_.lt(15))
4.  }).get()
```

7) 匹配并更新数组中的元素

如果想要匹配并更新数组中的元素而不是替换整个数组,则除了指定数组下标外还可以作如下处理。

(1) 更新数组中第一个匹配到的元素。

更新数组字段的时候可以用“字段路径.$”的表示法来更新数组字段的第一个满足查询匹配条件的元素。注意,使用这种更新时,查询条件**必须**包含该数组字段。假如有如下记录。

```
1.  {
2.    "_id": "doc1",
3.    "scores": [10, 20, 30]
4.  }
5.  {
6.    "_id": "doc2",
7.    "scores": [20, 20, 40]
8.  }
```

让所有 scores 元素中的第一个值为 20 的元素更新为 25,代码如下。

```
1.  // 注意,批量更新需在云函数中进行
2.  const _ = db.command
3.  db.collection('todos').where({
```

```
4.     scores: 20
5.   }).update({
6.     data: {
7.       'scores.$': 25
8.     }
9.   })
```

如果记录是对象数组的话也可以做到，路径表示的方式为"字段路径.$.字段路径"。

注意：以上数据处理均不支持数组嵌套数组。用 unset 更新操作符不会从数组中去除该元素，而是将之置为 null。另外，如果数组元素不是对象且查询条件用了 neq、not 或 nin，则不能使用$。

(2) 更新数组中所有匹配的元素。

更新数组字段的时候可以用"字段路径.$[]"的表示法来更新数组字段的所有元素。假如有如下记录。

```
1.  {
2.    "_id": "doc1",
3.    "scores": {
4.      "math": [10, 20, 30]
5.    }
6.  }
```

例如，让 scores.math 数组字段所有数字加 10，代码如下。

```
1.  const _ = db.command
2.  db.collection('todos').doc('doc1').update({
3.    data: {
4.      'scores.math.$[]': _.inc(10)
5.    }
6.  })
```

更新后 scores.math 数组将从[10,20,30]变为[20,30,40]。如果数组是对象数组那么以上方法也是可用的，假如有如下记录。

```
1.  {
2.    "_id": "doc1",
3.    "scores": {
4.      "math": [
5.        { "examId": 1, "score": 10 },
6.        { "examId": 2, "score": 20 },
7.        { "examId": 3, "score": 30 }
8.      ]
9.    }
10. }
```

可以更新 scores.math 数组下各个元素的 score，使之原子自增 10，代码如下。

```
1.  const _ = db.command
2.  db.collection('todos').doc('doc1').update({
3.    data: {
```

```
4.       'scores.math.$[].score': _.inc(10)
5.     }
6.  })
```

8) 匹配多重嵌套的数组和对象

上面所讲述的所有规则都可以嵌套使用,假设在集合中有如下一个记录。

```
1.  {
2.    "root": {
3.      "objects": [
4.        {
5.          "numbers": [10, 20, 30]
6.        },
7.        {
8.          "numbers": [50, 60, 70]
9.        }
10.     ]
11.   }
12. }
```

开发者可以找出如下集合中所有的满足 root.objects 字段数组的第二项的 numbers 字段的第三项等于 70 的记录。

```
1.  db.collection('todos').where({
2.    'root.objects.1.numbers.2': 70
3.  }).get()
```

注意,指定下标不是必需的,例如,可以找出集合中所有的满足 root.objects 字段数组中任意一项的 numbers 字段包含 30 的记录,代码如下。

```
1.  db.collection('todos').where({
2.    'root.objects.numbers': 30
3.  }).get()
```

更新操作也是类似,例如,要更新_id 为 test 的 root.objects 字段数组的第二项的 numbers 字段的第三项为 80,代码如下。

```
1.  db.collection('todos').doc('test').update({
2.    data: {
3.      'root.objects.1.numbers.2': 80
4.    },
5.  })
```

7.3.4 聚合

1. 什么是聚合

聚合是一种数据批处理操作,其可以将数据分组(或者不分组,即只有一组/每个记录都是独立的一组)然后对每组数据执行多种批处理操作,最后返回结果。有了聚合功能,开发者可以方便地解决很多特殊的场景，这类场景的例子如下。

（1）分组查询：例如，按图书类别获取各类图书的平均销量，这对关系型数据库而言不过就是一个“groupBy+avg”的操作，但在现有功能下因不能分组和求统计值，因此只能全量取数据后再行统计，既增加大量网络流量和延时又对本地算力和性能有较大消耗。

（2）只取某些字段的统计值或变换值返回：例如，假设图书集合中每个图书记录中存放了一个数组字段代表每月销量，而此时开发者想要获取每个图书的月平均销量，即希望取数组字段的平均值而不希望取多余数据在本地计算，这种场景下不使用聚合是无法实现的。

（3）流水线式分阶段批处理：例如，求各图书类别的总销量最高的作者和最低的作者的操作，就涉及先分组、再排序、再分组的分阶段的批处理操作，这种场景也是需要聚合才能完成的。

（4）获取唯一值（去重）：例如，获取某个类别的图书的所有作者名，需去重。

以下是一个最简单的分组查询示例，其采用了上述分组查询引用的例子。

```
1.  const db = wx.cloud.database()
2.  const $  = db.command.aggregate
3.  db.collection('books').aggregate()
4.    .group({
5.      // 按 category 字段分组
6.      _id: '$category',
7.      // 让输出的每组记录有一个 avgSales 字段,其值是组内所有记录的 sales 字段的平均值
8.      avgSales: $.avg('$sales')
9.    })
10.   .end()
```

上述代码首先将 books 集合的数据按 category 字段分组（分组后每组成为一个记录，_id 为分组所依据的字段值，其他字段都是统计值），然后分别取组内的 sales 字段的平均值。

2. 聚合流水线

聚合是一个流水线式的批处理作业，一个流水线作业会包含多个批处理阶段，每个阶段都接收来自上一个阶段的输入记录列表（如果是第一个阶段则是集合全集）然后处理成新的记录列表后将之输出给下一个阶段，直至返回结果。

3. 聚合阶段“&”操作符

聚合阶段是一个将一批输入记录按开发者指定的规则转换为新一批输出记录的过程。一个阶段的输出记录数与其输入记录数无关，即可以保持不变，每个输入记录对应一个输出记录，也可以合并或分组输出更少的一个或多个记录，甚至输出更多的记录。聚合流水线操作的第一个阶段是流水线的开始，接收集合所有记录作为输入，最后一个阶段是流水线的结束，其结果将被作为输出返回给调用方。要定义一个阶段，首先要确定其要使用的阶段，聚合提供了包括分组阶段（group）、排序阶段（sort）、投影阶段（project）等多种可选的阶段，每个阶段又可以通过一个对象作为参数定义这个阶段操作的具体行为表现，其中参数对象的每个字段的值都必须是一个表达式或聚合操作符，一个操作符可以接收表达式作为输入（常量、字段引用等）。所有可用的操作符列表可以在微信小程序开发文档中找到。

4. 表达式

在聚合中,表达式可以是字段(路径)引用、常量、对象表达式或操作符表达式,并且可以嵌套使用。

5. 字段(路径)引用

通过字段(路径)引用可以引用一个字段的值,以“$”开头的字符串就代表了字段(路径)引用,例如,“$exam”表示引用 exam 字段,如果是嵌套字段或数组,则开发者也可以通过点表示法和数组下标表示法去引用,例如,“$exam.math”表示引用 exam 字段对象下的 math 字段,“$score[0]”表示引用数组字段 score 的第一个元素。

6. 常量

引用的数据可以是数字、字符串等常量,如果要使用一个以“$”开头的字符串常量,需要使用 literal 命名空间表示这是一个常量而不是字段引用。

7. 对象表达式

对象表达式即一个每个字段的值都是表达式的对象。

8. 优化执行效率

因为每个聚合操作都要输入整个集合的数据,因此需要遵循以下基本使用原则。

(1) 利用索引,match 和 sort 参数如果是在流水线的开头的话是可以利用索引的。geoNear 参数也可以利用地理位置索引,但要注意的是,geoNear 参数必须是流水线的第一个阶段。

(2) 尽早缩小数据集,只要需要的不是集合的全集,那就应该尽早地通过 match、limit 和 skip 参数缩小要处理的记录数量。

9. 注意事项

match 参数语法与普通查询语法相同,除了 match 阶段,在各个聚合阶段中传入的对象可使用的操作符都是聚合操作符,需要特别注意的是,match 参数进行的是查询匹配,因此语法与普通查询(where)的语法相同,用的是普通查询操作符。

10. 联表查询

通过 lookup 阶段可以完成联表查询。

11. 聚合例子

假设有一个名为 books 的图书集合,其示例数据结构如下,求各类图书的平均销量。

```
1.  {
2.    "_id": "xxxx-xxxx-xxxx",
3.    "category": "novel",
```

```
4.     "title": "title 1",
5.     "author": "author 1",
6.     "sales": 5000,
7.     "monthlySales": [1000, 1500, 2500]
8.  }
```

采用 books 图书数据集作为示例。求各类图书的平均销量的操作等价于将图书按类别(category)分组，然后对每组的销量(sales)求平均值，最后返回类别和平均销量信息，代码如下。

```
1.  const db = wx.cloud.database()
2.  const $  = db.command.aggregate
3.  const result = await db.collection('books').aggregate()
4.    .group({
5.      // 按 category 字段分组
6.      _id: '$category',
7.      // 每组有一个 avgSales 字段,其值是组内所有记录的 sales 字段的平均值
8.      avgSales: $.avg('$sales')
9.    })
10.   .end()
```

返回结果示例如下所示。

```
1.  {
2.    "list": [
3.      {
4.        _id: "novel",                        // 组名
5.        sales: 1035,                         // 组平均销量
6.      },
7.      {
8.        _id: "science",                      // 组名
9.        sales: 350,                          // 组平均销量
10.     }
11.   ]
12. }
```

7.4　云函数

云函数即在云端(服务器端)运行的函数。在物理设计上，一个云函数可由多个文件组成，占用一定量的 CPU、内存等计算资源，且各云函数完全独立；可分别被部署在不同的地区。开发者不需要购买、搭建服务器，只需编写函数代码并部署到云端即可在小程序端调用，同时云函数之间也可互相调用。

云函数的写法与在本地定义的 JavaScript 方法无异，只是其代码运行在云端 node.js 中。当云函数被小程序端调用时，定义的代码会被放在 node.js 运行环境中执行。开发者可以如在 node.js 环境中使用 JavaScript 一样在云函数中进行网络请求等操作，而且还可以通过云函数后端 SDK 搭配使用多种服务，例如，使用云函数 SDK 中提供的数据库和存储

API 进行数据库和存储的操作,这部分可参考数据库和存储后端 API 文档。

云开发的云函数的独特优势在于其与微信登录鉴权的无缝整合。当小程序端调用云函数时,云函数的传入参数中会被注入小程序端用户的 openid,故开发者不需要校验 openid 的正确性,因为微信已经完成了这部分鉴权,开发者可以直接使用该 openid。

云函数运行在云端 Linux 环境中,一个云函数在处理并发请求的时候会创建多个云函数实例,这些云函数实例之间相互隔离,没有公用的内存或硬盘空间,云函数实例的创建、管理、销毁等操作由平台自动完成。每个云函数实例都在/tmp 目录下提供了一块 512MB 的临时磁盘空间用于处理单次云函数执行过程中的临时文件读写需求,需特别注意的是,这块临时磁盘空间在函数执行完毕后可能被销毁,故在开发时不应依赖和假设这些在磁盘空间存储的临时文件会一直存在。如果需要持久化地存储数据,请使用云存储功能。

7.4.1 第一个云函数

下文将以定义一个将两个数字相加的函数作为第一个云函数的示例。

在项目根目录找到 project.config.json 文件,新增 cloudfunctionRoot 字段,指定本地已存在的目录作为云开发的本地根目录,如下所示。

```
1. {
2.     "cloudfunctionRoot": "cloudfunctions/"
3. }
```

完成之后,云开发根目录的图标会变成“云开发图标”,云函数根目录下的第一级目录(云函数目录)是与云函数名字相同的,如果对应的线上环境存在该云函数,则开发者工具会用一个特殊的“云图标”标明,如图 7-13 所示。

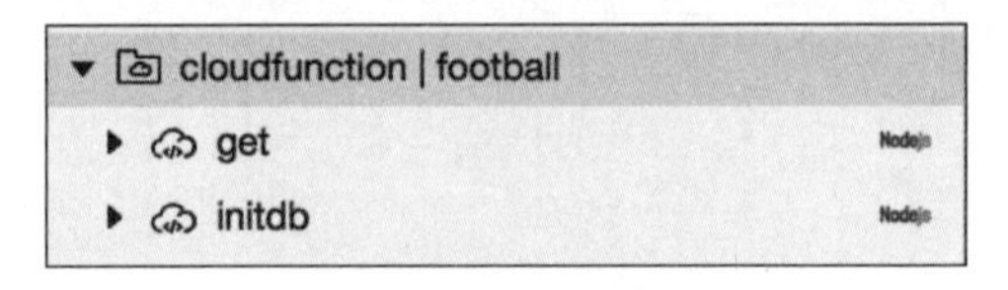

图 7-13 云开发图标

接着,在云函数根目录上右击,在快捷菜单中,开发者可以选择创建一个新的 node.js 云函数,将该云函数命名为 add。开发者工具会在本地创建出云函数目录和入口 index.js 文件,同时在线上环境中创建出对应的云函数。此时,可以看到类似如下的一个云函数模板。

```
1.  // 云函数入口文件
2.  const cloud = require('wx-server-sdk')
3.
4.  cloud.init()
5.
6.  // 云函数入口函数
7.  exports.main = async (event, context) => {
8.    const wxContext = cloud.getWXContext()
9.
10.   return {
11.     event,
12.     openid: wxContext.OPENID,
13.     appid: wxContext.APPID,
```

```
14.       unionid: wxContext.UNIONID,
15.    }
16. }
```

云函数的传入参数有两个，一个是 event 对象，一个是 context 对象。前者指的是触发云函数的事件，当小程序端调用云函数时，其就是小程序端调用云函数时传入的参数，外加后端自动注入的小程序用户的 openid 和小程序的 appid。后者包含了此处调用的调用信息和运行状态，开发者可以用它来了解服务运行的情况。在模板中也默认需要 wx-server-sdk，这是一个帮助开发者在云函数中操作数据库、存储及调用其他云函数的库，其由微信提供。

修改一下模板的返回值，代码如下。

```
1.  // ...
2.  exports.main = async (event, context) => {
3.    // ...
4.    return {
5.      sum: event.a + event.b
6.    }
7.  }
```

本段代码的意思是将传入的 a 和 b 值相加并作为 sum 字段返回给调用端。

在小程序中调用这个云函数前，开发者还需要先将该云函数部署到云端。在云函数目录上右击，在快捷菜单中，开发者可以将云函数整体打包上传并部署到线上环境中。

部署完成后，可以在小程序中调用该云函数，代码如下。

```
1.  wx.cloud.callFunction({
2.    // 云函数名称
3.    name: 'add',
4.    // 传给云函数的参数
5.    data: {
6.      a: 1,
7.      b: 2,
8.    },
9.    success: function(res) {
10.     console.log(res.result.sum) // 3
11.   },
12.   fail: console.error
```

在正式的开发中，建议开发者先在本地调试云函数通过后，再将之上传部署并进行正式测试，以保证线上发布版本程序的稳定性。使用本地调试的方法如下。

(1) 编写云函数代码。

(2) 对云函数目录右击，选择“启动云函数本地调试”。

(3) 此时应该看到本地调试窗口打开，同时该云函数的选项卡也已打开，如果没有，在左侧列表中选择该函数，双击打开选项卡。

(4) 如果右侧的控制面板中的“开启本地调试”没有勾选则勾选之，勾选后会开启对该云函数的本地调试，所有模拟器中的请求会应用到本地调试的云函数实例。

(5) 在小程序模拟器中操作,发起对该云函数的调用。

(6) 此时云函数本地实例被触发,开发者可以进行断点等调试操作。

7.4.2 小程序获取用户信息

云开发的云函数的独特优势在于其与微信登录鉴权的无缝整合。当小程序端调用云函数时,云函数的传入参数中会被注入小程序端用户的 openid,开发者不需要校验 openid 的正确性,因为微信已经完成了这部分鉴权,开发者可以直接使用该 openid。与 openid 一起同时注入云函数的还有小程序的 appid。

从小程序端调用云函数时,开发者可以在云函数内使用 wx-server-sdk 提供的 getWXContext 方法获取到每次调用的上下文(appid、openid 等),不需要维护复杂的鉴权机制即可进入天然可信任的用户登录态(openid)。可以写一个云函数进行测试,代码如下。

```
1.  // index.js
2.  const cloud = require('wx - server - sdk')
3.  exports.main = async (event, context) => {
4.    // 这里获取到的 openId、appId 和 unionId 是可信的,注意 unionId 仅在满足 unionId 获取条
      // 件时返回
5.    let { OPENID, APPID, UNIONID } = cloud.getWXContext()
6.
7.    return {
8.      OPENID,
9.      APPID,
10.     UNIONID,
11.   }
12. }
```

假设云函数被命名为 test,在本地调试/上传并部署该云函数后,可在小程序中测试调用,代码如下。

```
1.  wx.cloud.callFunction({
2.    name: 'test',
3.    complete: res => {
4.      console.log('callFunction test result: ', res)
5.    }
6.  })
```

然后,会在调试器看到输出结果为如下结构的对象。

```
1.  {
2.    "APPID": "xxx",
3.    "OPENID": "yyy",
4.    "UNIONID": "zzz", // 仅在满足 unionId 获取条件时返回
5.  }
```

7.4.3 在云函数中使用 wx-server-sdk

云函数属于管理端,在云函数中运行的代码拥有不受限的数据库读写权限和云文件读

写权限。需特别注意的是,云函数运行环境即是管理端,这与云函数中的传入的openId对应的微信用户是否是小程序的管理员/开发者无关。

云函数中使用wx-server-sdk需在对应云函数目录下安装wx-server-sdk依赖,在创建云函数时会在云函数目录下默认新建一个package.json并询问用户是否立即建立本地安装依赖。请注意云函数的运行环境是node.js,因此在本地安装依赖时务必保证已安装node.js,同时node和npm都在环境变量中。如不建立本地安装依赖,则可以用命令行在该目录下运行,如下所示。

```
1. npm install --save wx-server-sdk@latest
```

在云函数中调用其他API前,与小程序端一样,开发者也需要执行一次初始化方法,代码如下。

```
1. const cloud = require('wx-server-sdk')
2. // 给定字符串环境 ID: 接下来的 API 调用都将请求到环境 some-env-id
3. cloud.init({
4.   env: 'some-env-id'
5. })
```

1. 在云函数中调用数据库

假设在数据库中已有一个todos集合,则开发者可以如下方式取得todos集合的数据。

```
1. const cloud = require('wx-server-sdk')
2.
3. cloud.init({
4.   env: cloud.DYNAMIC_CURRENT_ENV
5. })
6.
7. const db = cloud.database()
8. exports.main = async (event, context) => {
9.   // collection 上的 get 方法会返回一个 Promise,因此云函数会在数据库异步取完数据后返
   // 回结果
10.   return db.collection('todos').get()
11. }
```

2. 在云函数中调用存储

假设要上传在云函数目录中包含的一个图像文件(文件名为demo.jpg),代码如下。

```
1. const cloud = require('wx-server-sdk')
2. const fs = require('fs')
3. const path = require('path')
4.
5. cloud.init({
6.   env: cloud.DYNAMIC_CURRENT_ENV
7. })
8.
9. exports.main = async (event, context) => {
```

```
10.   const fileStream = fs.createReadStream(path.join(__dirname, 'demo.jpg'))
11.   return await cloud.uploadFile({
12.     cloudPath: 'demo.jpg',
13.     fileContent: fileStream,
14.   })
15. }
```

3. 在云函数中调用其他云函数

假设要在云函数中调用另一个云函数 sum 并返回 sum 所返回的结果,代码如下。

```
1.  const cloud = require('wx-server-sdk')
2.
3.  cloud.init({
4.    env: cloud.DYNAMIC_CURRENT_ENV
5.  })
6.
7.  exports.main = async (event, context) => {
8.    return await cloud.callFunction({
9.      name: 'sum',
10.     data: {
11.       x: 1,
12.       y: 2,
13.     }
14.   })
15. }
```

7.4.4 云函数的本地调试功能

云开发提供了云函数本地调试功能,在本地提供了一套与线上一致的 node.js 云函数运行环境,让开发者可以在本地对云函数调试,使用本地调试可以提高开发、调试效率,其具体优势有以下几点。

(1) 单步调试/断点调试:比起通过云开发控制台中查看线上输出的日志,使用本地调试可以对云函数 node.js 实例进行单步调试/断点调试。

(2) 集成小程序测试:在模拟器中对小程序发起的单击等交互操作如果触发或开启了本地调试的云函数,则其会请求本地实例而不是云端。

(3) 优化开发流程、提高开发效率:调试阶段不需上传部署云函数,在调试云函数时,相对于不使用本地调试时的调试流程("本地修改代码"→"上传部署云函数"→"调用"),其省去了上传等待的步骤,改成只需"本地修改"→"调用"的流程,大大提高了开发调试效率。

同时,本地调试还定制化提供了特殊的调试能力,如 Network 面板支持展示 HTTP 请求和云开发请求、调用关系图展示、本地代码修改时热重载等功能,可帮助开发者更好地开发调试云函数。功能具体介绍如下。

1. 使用流程

1) 打开本地调试界面

开发者可通过右击云函数名打开本地调试界面,如图 7-14 所示。

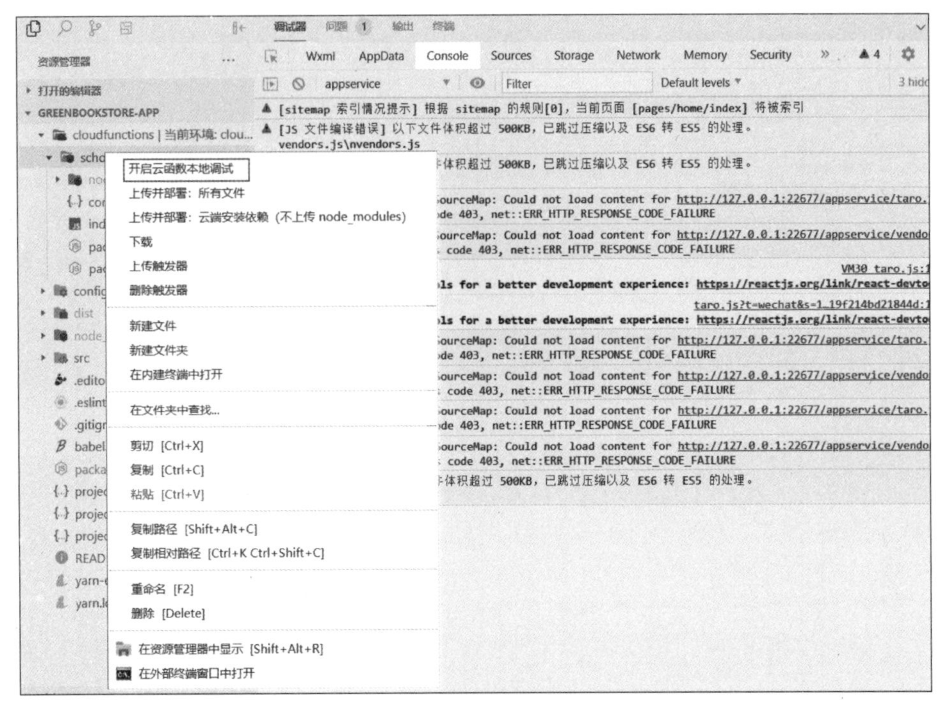

图 7-14　右击云函数名打开本地调试界面

在“本地调试”界面中单击相应云函数并勾选“开启本地调试”选项方可进行该云函数的本地调试。取消勾选“开启本地调试”选项后可关闭对该云函数的本地调试。

若云函数中使用了 npm 模块，则需在云函数本地目录安装相应依赖才可正常使用其本地调试功能。在开启本地调试的过程中，系统会检测本地是否已安装了 package.json 中所指定的依赖，如无，则会给出警告。

对于已开启本地调试的云函数，微信开发者工具模拟器中对该云函数的请求以及其他开启了本地调试的云函数对该云函数的请求都会自动请求到该云函数的本地实例。

为方便调试，在本地调试模式下，一个云函数在本地仅会有一个实例，此实例会串行处理请求，本地云函数递归调用自身将被拒绝，如图 7-15 所示。

2）调试方式

开启了本地调试后，IDE 小程序中所有对开启了本地调试的云函数的请求都会请求到本地云函数，开发者可进行断点调试等操作。除了在 IDE 小程序中触发本地云函数外，开发者还可以在本地调试界面输入请求参数并发起调用。在手动触发的模式下，系统支持两种模拟方式。

（1）从小程序端调用。在云函数内开发者可通过 cloud.getWXContext()方法获取调用的微信上下文，包括 openid 等字段。

（2）从其他云函数调用。调用时云函数内将不带有微信上下文。

2. 本地调试的其他功能

1）展示调用关系图

本地调试提供了丰富的执行过程信息。在小程序端调用本地云函数时，开发者工具会

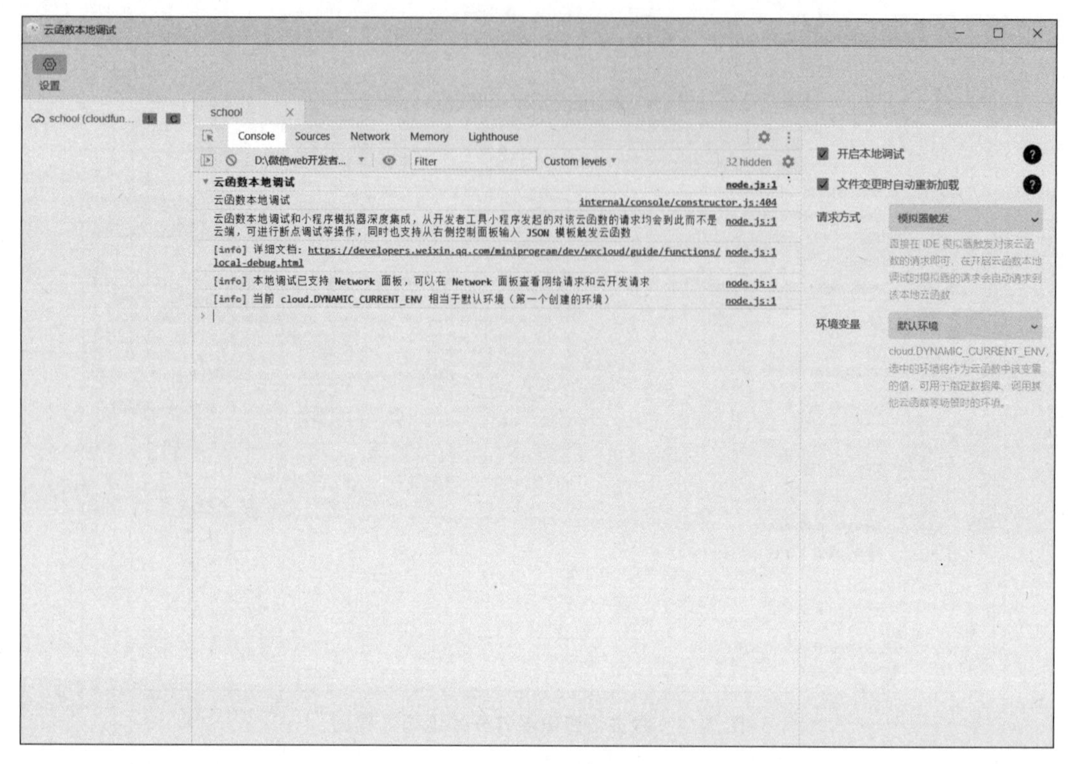

图 7-15　云函数本地调试

在小程序调试器端展示调用关系图，即小程序调用了哪个本地云函数，随后该本地云函数又调用了哪些本地或云端的云函数。同时，在本地调试面板中各个云函数实例的调试器也会展示该实例发起的对外部云函数的调用关系图，如图 7-16 所示。

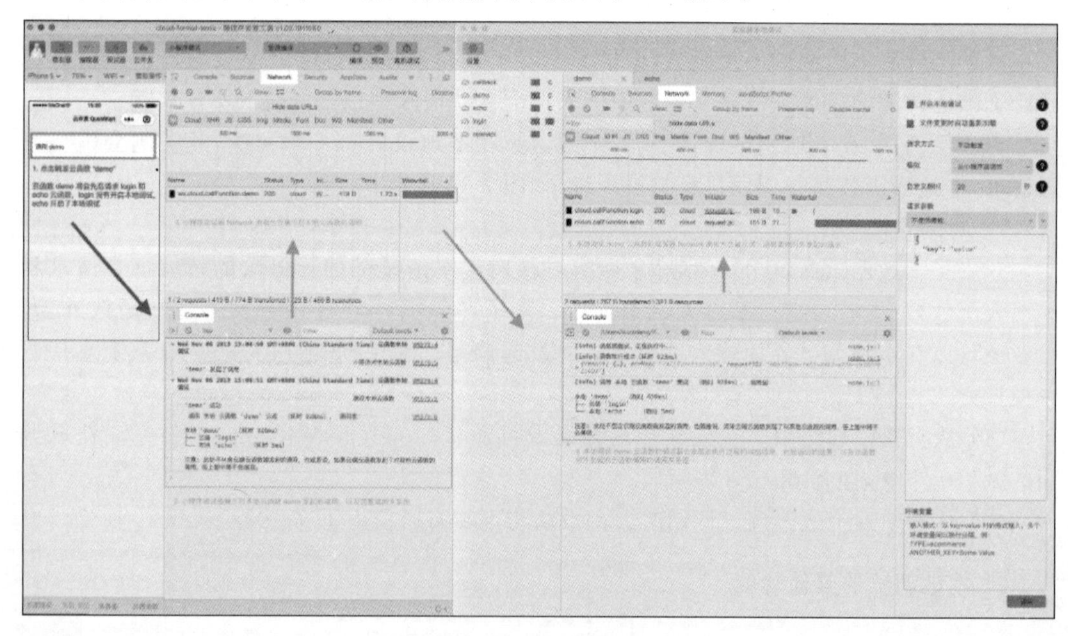

图 7-16　调用关系图

2）Network 面板

即使是在 node.js 的运行环境，开发者工具也为本地调试环境提供了 Network 面板支持，可以展示在云函数实例中发起的对外 HTTP 请求和云开发请求，如图 7-17 和图 7-18 所示。

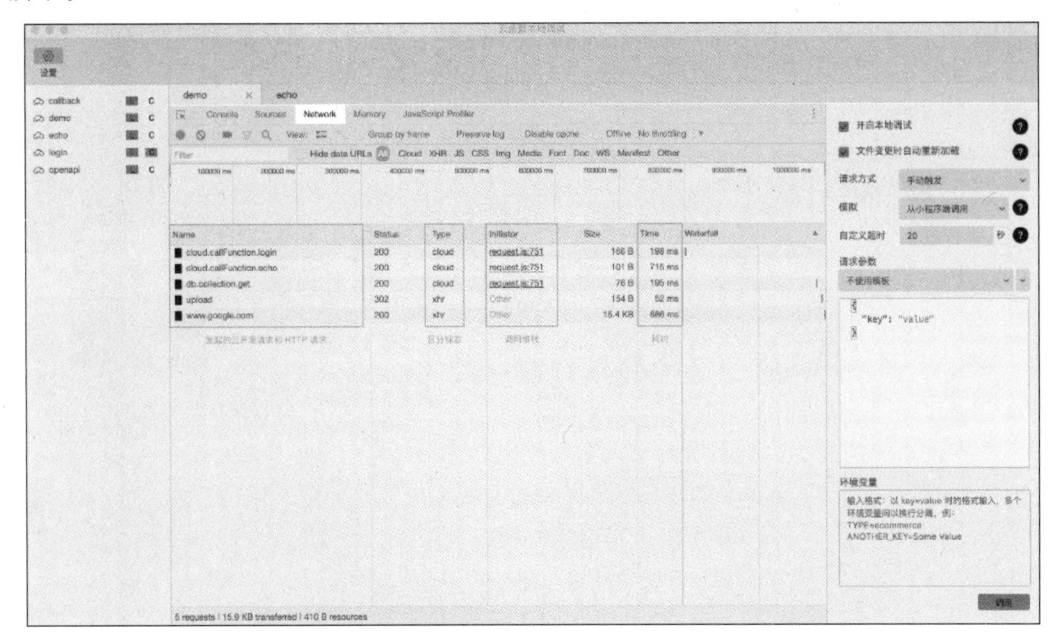

图 7-17　Network 面板 1

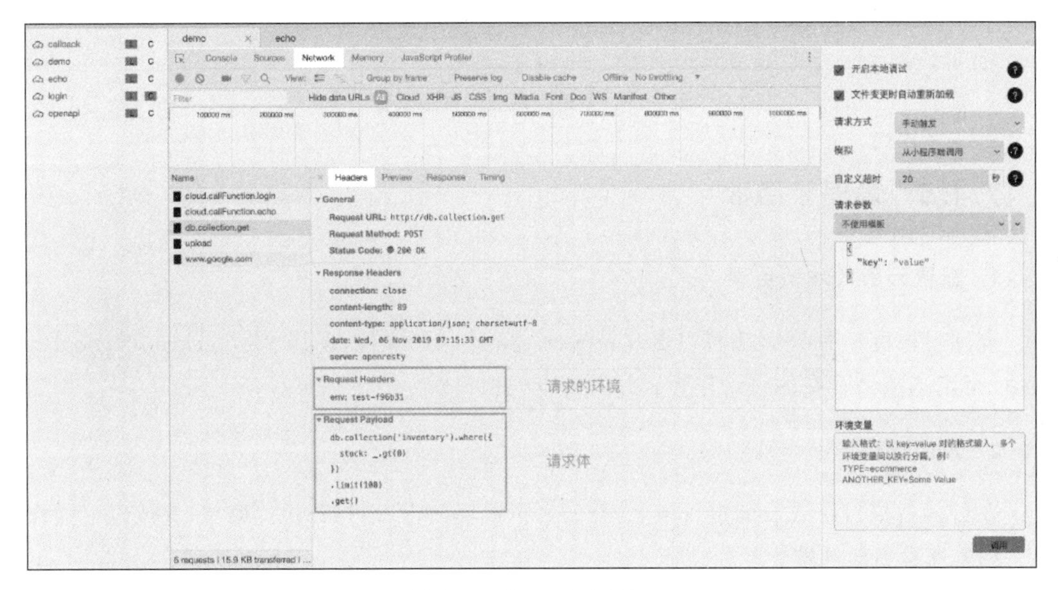

图 7-18　Network 面板 2

3）热重载

本地调试时，云函数实例右侧的面板可以开启“文件变更时自动重新加载”功能，开启后，每当函数代码发生更改，开发者工具都会自动重新加载云函数实例，这就省去了开发者关闭本地调试再重新打开的麻烦。

4）模板管理

在通过面板手动触发云函数时，开发者需手动输入请求参数。为方便开发者管理模板，系统提供了模板的保存、另存为及删除等功能。

同时，开发者在云函数本地调试界面保存模板时，系统会在小程序本地代码目录下创建 cloudfunctionTemplate 目录，并新建该云函数的模板文件。开发者也可直接修改该模板文件实现对模板的管理，如图 7-19 所示。

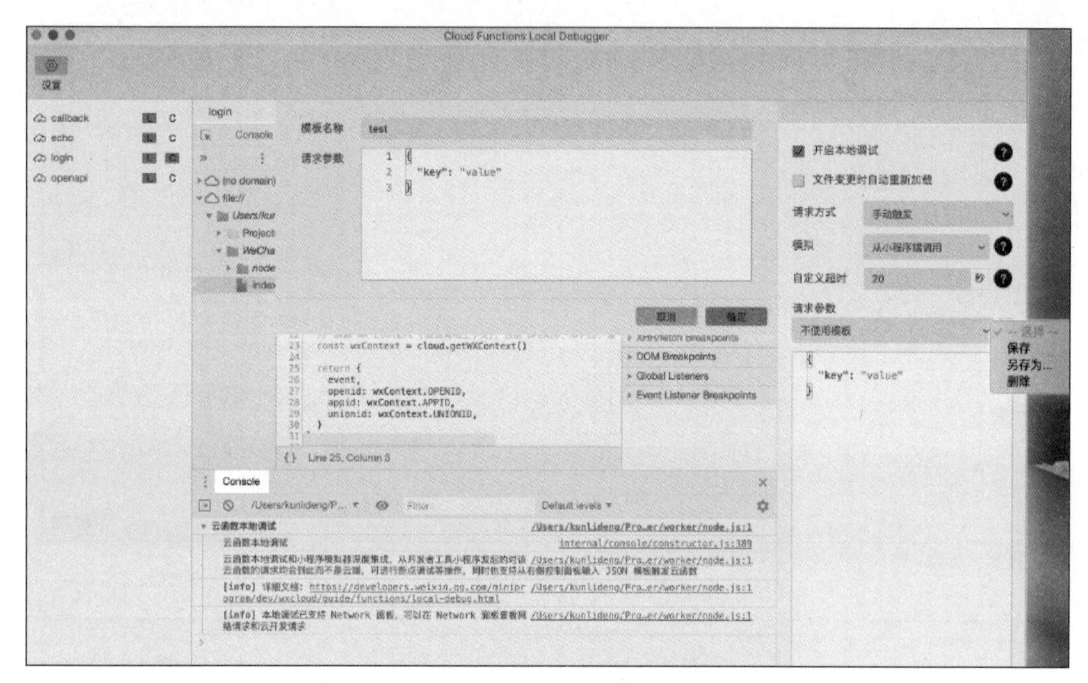

图 7-19　新建云函数的模板文件

7.4.5　管理云函数

1. 配置云函数本地目录

在项目根目录中，开发者可以更改 project. config. json 文件，在其中定义 cloudfunctionRoot 字段，指定本地已存在的目录作为云开发的本地根目录。

2. 云函数操作

在云函数根目录或云函数目录上，开发者可鼠标右击，以打开快捷菜单，完成以下操作。

（1）查看当前环境。

（2）切换环境。

在云函数根目录上右击，在快捷菜单中，开发者可以查看当前的系统环境，同时可以切换环境，之后的所有快捷菜单都是在这个环境下进行操作。

（3）新建 node. js 云函数。

在云函数根目录上右击，在快捷菜单中，开发者可以选择创建一个新的 node. js 云函数，开发者工具会在本地创建出以下目录和文件，同时在线上环境中创建对应的云函数。

① 云函数目录。以云函数名字命名的目录，存放该云函数的所有代码。

② index.js。云函数入口文件，云函数被调用时实际执行的入口函数是 index.js 中导出的 main 方法。

③ package.json。npm 包定义文件，其中默认定义了最新 wx-server-sdk 依赖。

在创建成功后，开发者工具会询问是否为该云函数立即安装本地依赖命令即(wx-server-sdk)，如是，则工具会开启终端并执行 npm install 命令。

(4) 下载线上环境的云函数列表。

在云函数根目录上右击，在快捷菜单中，开发者可以将线上环境中的云函数列表同步到本地，开发者工具会根据云函数的名字在本地创建对应的云函数目录。

(5) 下载线上环境的云函数代码并覆盖本地文件。

(6) 对比本地代码和线上环境的代码。

(7) 上传并部署云函数到线上环境。

右击云函数目录，在快捷菜单中，开发者可以将云函数整体打包上传并部署到线上环境中。

7.5 小结

本章小结如图 7-20 所示。

图 7-20　小结

7.6 上机案例

创建一个微信小程序的云函数,并将之上传到云端,在数据库中创建一个集合,模拟一些数据,分别在云函数中和小程序的 js 代码中对数据库的该集合进行增、删、改、查操作。

7.7 习题

将微信小程序开发与云开发相结合,开发一个完整的系统。

第8章

小程序与Spring Boot后端开发

CHAPTER 8

微课视频

在线练习

本章主要介绍微信小程序结合 Spring Boot 后端开发的相关内容，包括 Spring Boot 简介、后端开发工具 IntelliJ IDEA 的使用、在 IntelliJ IDEA 中新建及开发运行 Spring Boot 项目、Spring Boot 中 MVC 设计模式的使用等。

8.1　Spring Boot

Spring 是一个简单的容器,其在 Java EE 开发中得到了广泛的应用,但 Spring 的配置复杂而庞大,当它与各种第三方框架相结合时代码量非常大,为了使开发人员能够快速开发 Spring 框架并构建 Java EE 项目,故 Spring Boot 应运而生。

Spring 图标如图 8-1 所示。

Spring-Boot 是由 Pivotal 团队提供的全新框架,其设计目的是简化新 Spring 应用的初始搭建及开发过程。它默认配置了很多框架的使用方式,就像 maven 整合了所有的 jar 包一样,Spring-Boot 整合了其他多个相关联的框架。

区别于 Spring-Boot,Spring 和其他框架的整合如 Mybatis、Shiro 等都需要配置文件,整合这些框架导致项目中的配置文件越来越多,也越来越烦琐,维护愈发困难。

而 Spring-Boot 可以说就是为了解决繁杂配置而出现的解决方案,其理念可以被理解为:约定大于配置。Spring-Boot 可以快速整合第三方框架,减少甚至不需要配置文件,解决了以往 Spring 框架的弊端。

因为配置文件少了,代码变少了,第三方框架带来的烦恼变少了,对于一个开发团队来说,Spring-Boot 更加有利于开发,后期维护也更加简单,如图 8-2 所示。

图 8-1　Spring 图标

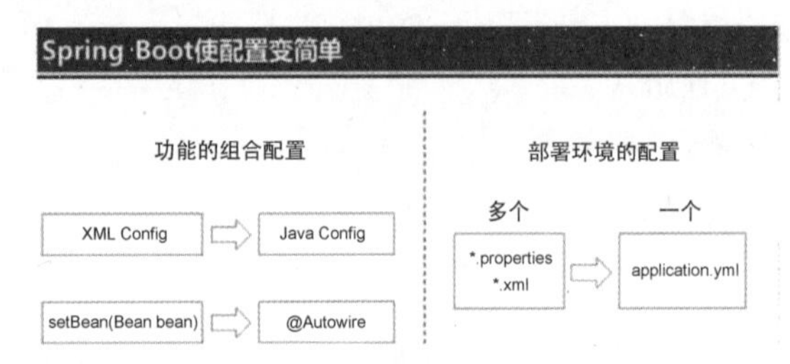

图 8-2　Spring Boot 使配置变简单

8.2　IntelliJ IDEA

IntelliJ IDEA 是由 JetBrains 公司设计开发的 Java 编程语言开发的集成环境,在业界被公认为最好的 Java 开发工具,尤其在智能代码助手、代码自动提示、重构、JavaEE 支持、各类版本工具(Git、SVN 等)、JUnit、CVS 整合、代码分析、创新的 GUI 设计等方面的功能可以说是较为优秀的。

IntelliJ IDEA 官网可以下载软件的开发版(Ultimate)和社区版(Community),社区版是免费使用的,但开放的功能相比开发版会少一点,而开发版是收费的,用户首次下载时可以试用一个月,但是凭借学生身份可以申请免费使用开发版。

IntelliJ IDEA 图标如图 8-3 所示。

图 8-3　IntelliJ IDEA 图标

8.3　用 IntelliJ IDEA 新建 Spring Boot 项目

下载安装好 IntelliJ IDEA 后打开程序，单击“New Project”按钮新建一个项目，如图 8-4 所示。

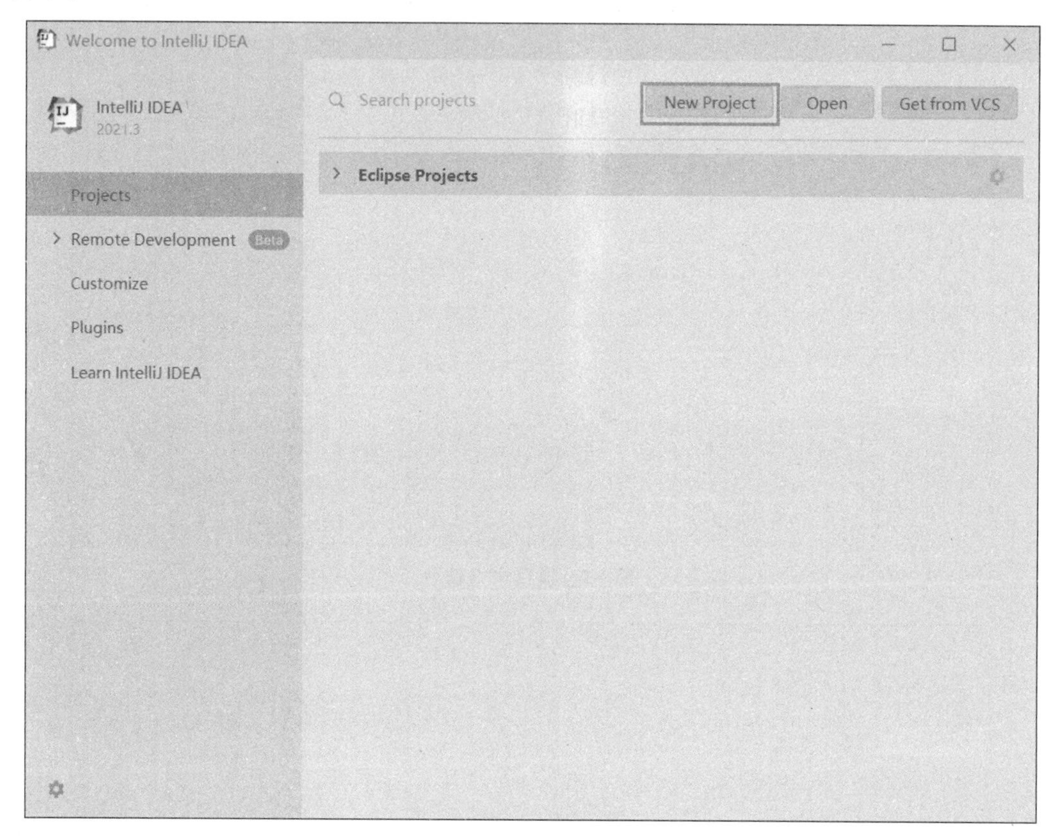

图 8-4　新建项目

在左侧列表框中选择 Spring Initializr，填写如图 8-5 所示信息，Name 为项目名称，Locations 为项目存储位置，Language 为项目开发语言，选择 Java，Type 为项目类别，选择 Maven，Group 为项目数组，Artifact 为项目标识，Package Name 为项目包名，Project SDK 为项目 SDK 版本，Packaging 为项目最终打包的类型，选择 jar：jar 是 java 普通项目打包，通常是开发时要引用的通用类，打成 jar 包便于存放管理，在使用某些功能时就需要这些 jar 包的支持，需要导入 jar 包；war 是 java web 项目打包，web 网站完成后，打成 war 包部署到服务器的目的是节省资源，提高效率。

添加依赖，左侧 Security 选项打开的界面中选择 Spring Web，后面也可以在 pom. xml 文件中添加依赖，如图 8-6 所示。

创建 Spring Boot 项目后，初始的目录结构如图 8-7 所示。

src/main/java 目录是项目 java 文件存放的位置，DemoApplication 是主程序启动入口。

src/main/resources 目录是资源目录，其中 static 目录将存放如 css、js、图像等静态资源，

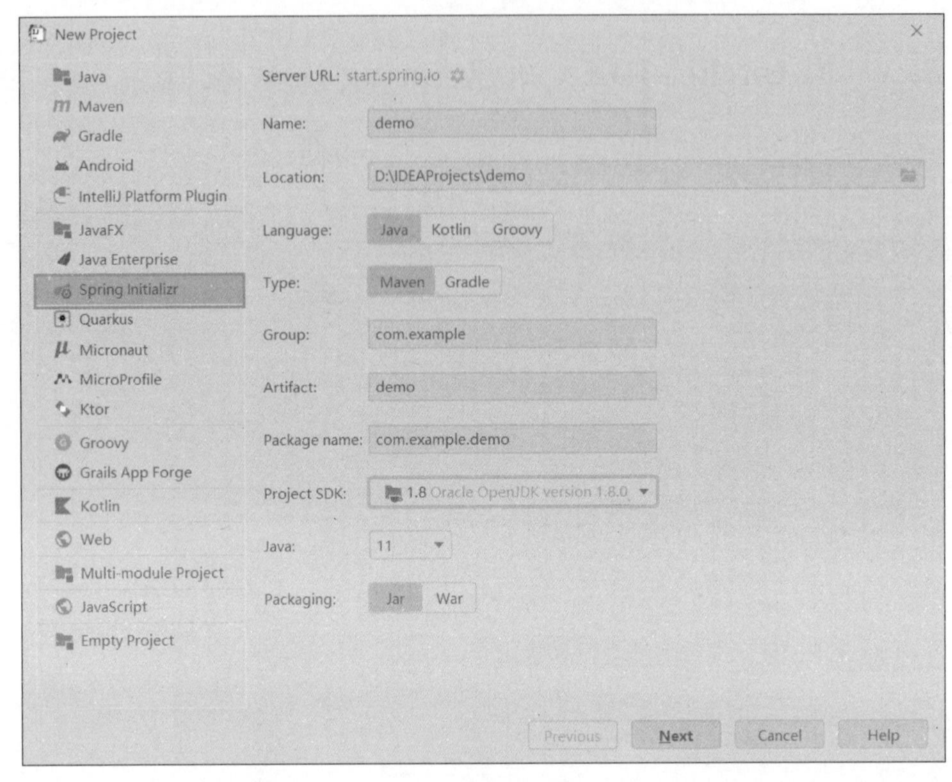

图 8-5　项目详细信息

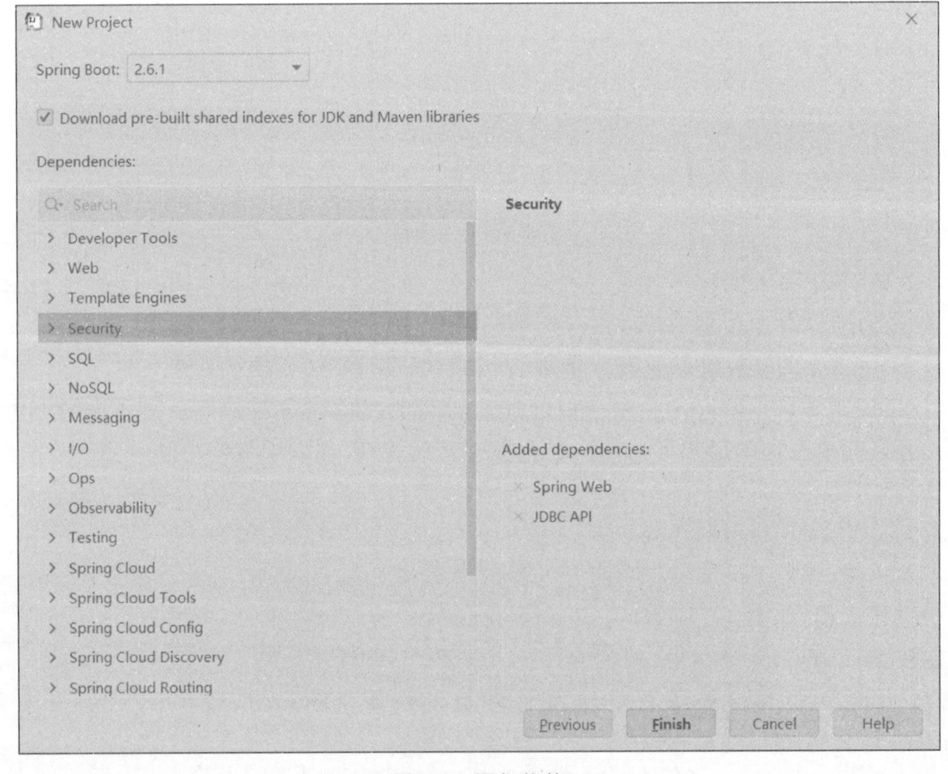

图 8-6　添加依赖

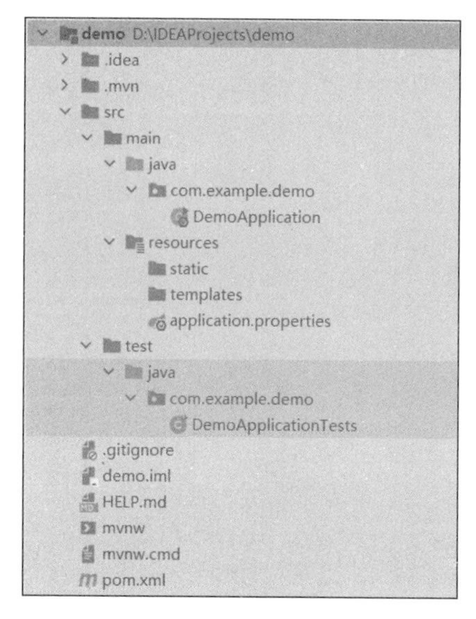

图 8-7　初始的目录结构

templates 目录存放模板文件，application. properties 是 Spring boot 默认的应用外部配置文件。

src/test 是单元测试目录。

. gitignore 是 git 版本管理排除文件。

pom. xml 是 maven 项目配置文件，可以添加依赖。

8.4　启动 Spring Boot 项目

在右上角选择应用程序配置，然后直接单击绿色三角图标运行项目，Spring Boot 内置了 Tomcat 服务器，可以直接运行，如图 8-8 所示。

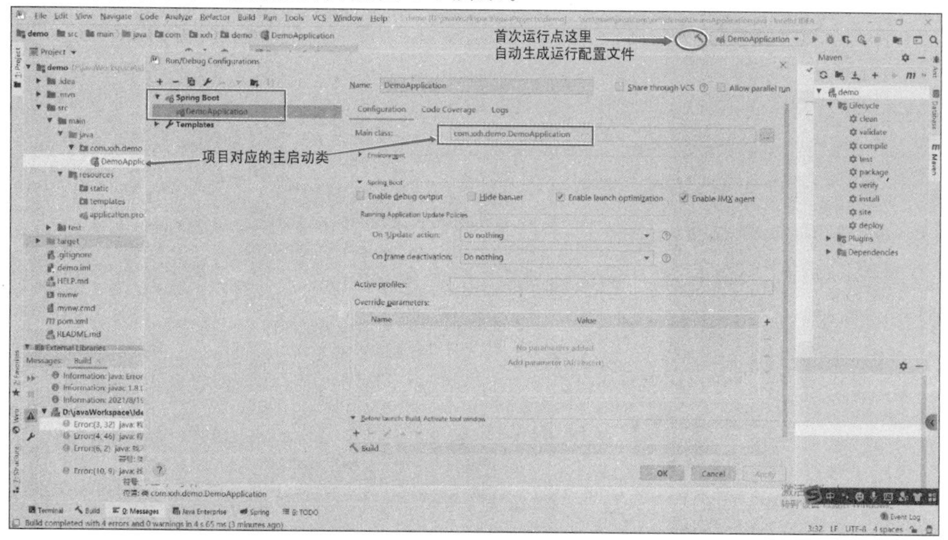

图 8-8　启动项目

如图 8-9 所示项目已经运行成功。运行成功后控制台输出的信息将包含程序路径、端口、Servlet 引擎、Tomcat 版本的信息等。

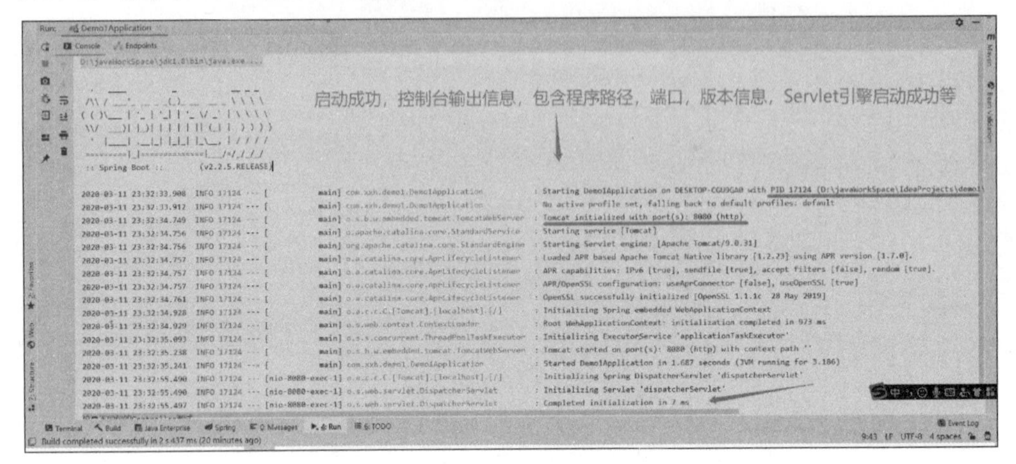

图 8-9　运行成功

打开浏览器，在地址栏输入 localhost:8080，回车，会看到如图 8-10 所示页面，这代表项目已经正常运行。

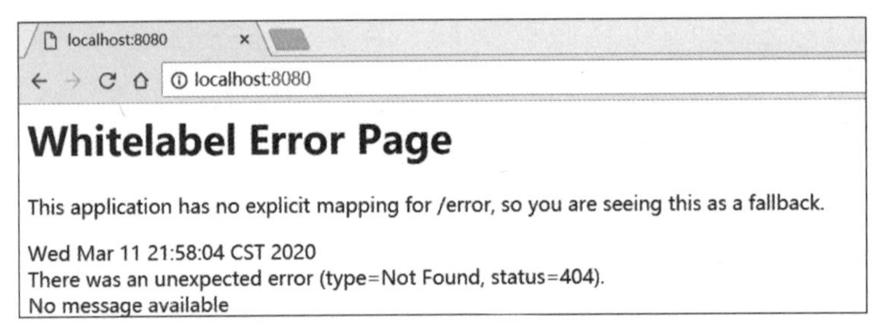

图 8-10　项目运行成功的浏览器页面

8.5　MVC 设计模式

MVC 即 Model-View-Controller（模型-视图-控制器），其是一种软件设计模式，最早出现在 Smalltalk 语言中，后被 Sun 公司推荐为 Java EE 平台的设计模式，如图 8-11 所示。

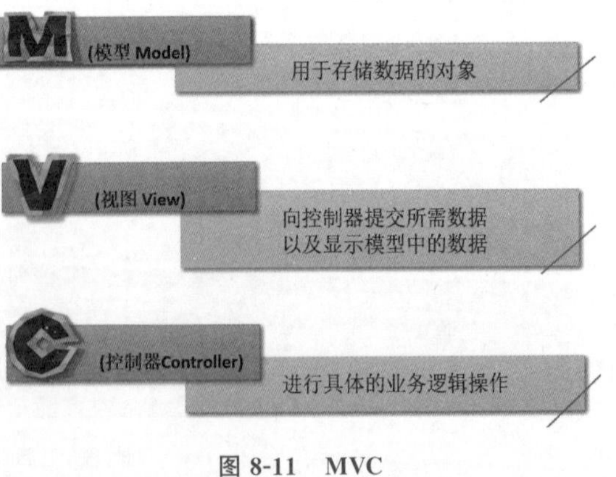

图 8-11　MVC

MVC 把应用程序分成了 3 个核心模块，这 3 个模块又可被称为业务层-视图层-控制层。它们三者在应用程序中的主要作用如下。

模型层（model）：可以分为两层，即 Service 层和 Dao 层；Service 层负责一些业务处理，如获取数据库连接、关闭数据库连接等；Dao 层负责访问数据库，实现对数据的操作。总体来说，模型层实现应用程序的数据处理，封装有各种对数据的处理方法。它不关心它会如何被视图层显示或被控制器调用,它只接收数据并处理,然后返回一个结果。

视图层(view):负责应用程序对用户的界面显示,它从用户那里获取输入数据并通过模型层传给控制层处理,然后再通过控制层获取模型层返回的结果并显示给用户(HTML、CSS、jQuery 等)

控制层(controller):负责控制应用程序的流程,它接收从视图层传过来的数据,然后根据业务逻辑对其进行处理,得出结果并选择视图层中的某个视图来显示结果。

MVC 设计思想如图 8-12 所示。

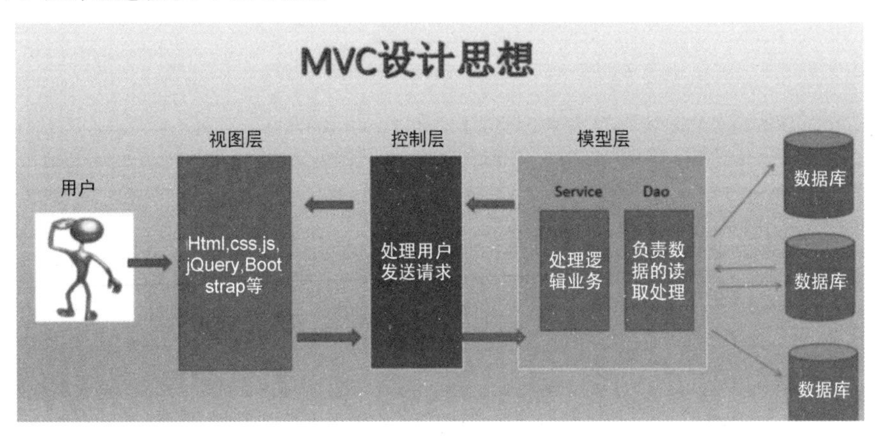

图 8-12　MVC 设计思想

8.6　Spring Boot 项目中 MVC 设计模式的使用

在 Spring Boot 项目的 java 项目目录下新建 controller、dao、entity 和 service 等子目录,如图 8-13 所示。

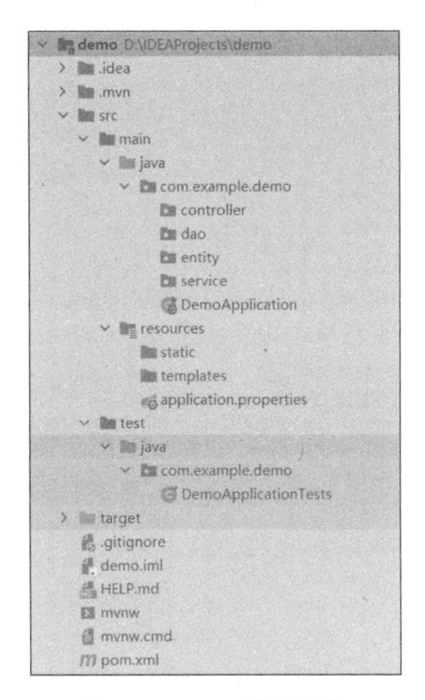

图 8-13　java 项目目录

使用 MVC 设计模式，实现用户注册及登录操作，具体代码如下所示。

1. Service 层

```
1.  import com.alibaba.druid.util.StringUtils;
2.  import com.lupf.springboottest.dao.UserDOMapper;
3.  import com.lupf.springboottest.dao.UserPasswordDOMapper;
4.  import com.lupf.springboottest.dataobject.UserDO;
5.  import com.lupf.springboottest.dataobject.UserPasswordDO;
6.  import com.lupf.springboottest.error.BusiErrCodeEm;
7.  import com.lupf.springboottest.error.BusiException;
8.  import com.lupf.springboottest.service.UserService;
9.  import com.lupf.springboottest.service.model.UserModel;
10. import org.springframework.beans.BeanUtils;
11. import org.springframework.beans.factory.annotation.Autowired;
12. import org.springframework.dao.DuplicateKeyException;
13. import org.springframework.stereotype.Service;
14. import org.springframework.transaction.annotation.Transactional;
15.
16. import javax.servlet.http.HttpServletRequest;
17. import java.util.Random;
18.
19. @Service
20. public class UserServiceImpl implements UserService {
21.     @Autowired
22.     private UserDOMapper userDOMapper;
23.
24.     @Autowired
25.     private UserPasswordDOMapper userPasswordDOMapper;
26.
27.     @Autowired
28.     private HttpServletRequest httpServletRequest;
29.
30.     @Override
31.     public UserModel getUserBuId(Integer id) throws BusiException {
32.         //根据用户 id 获取用户信息
33.         UserDO userDO = userDOMapper.selectByPrimaryKey(id);
34.
35.         //根据用户的 id 获取到用户的密码信息
36.         UserPasswordDO userPasswordDO = null;
37.         if (null != userDO) {
38.             userPasswordDO = userPasswordDOMapper.selectByUserId(userDO.getId());
39.         }
40.
41.         //将数据模型对象转换为领域模型对象
42.         UserModel userModel = userDOAndPasswordDO2UserModel(userDO, userPasswordDO);
43.
44.         //返回用户信息
45.         return userModel;
46.     }
47.
48.     @Override
49.     public void getUserPhoneCode(String phoneNum) throws BusiException {
```

```
50.         //校验手机号码的有效性
51.         //这里就不演示具体的校验规则了,网上很多
52.
53.         //生成验证码
54.         Random random = new Random();
55.         //生个 6 位的随机数
56.         int code = random.nextInt(899999) + 100000;
57.
58.         //发送验证码
59.         //这里发送验证码; 可以使用三方的接口将验证码发送给用户
60.         //演示使用,这里就只做个打印
61.         System.out.println("验证码为:" + code);
62.
63.         //保存验证码
64.         //为了方便测试,这里将验证码放在 session 里面
65.         //实际的开发过程中,可以将这个数据保存到 redis 中并且给这个数据设置一个有效期
66.         httpServletRequest.getSession().setAttribute(phoneNum, code);
67.     }
68.
69.     @Override
70.     @Transactional
71.     public UserModel register(UserModel userModel) throws BusiException {
72.         //校验前端上传的用户信息
73.         if (null == userModel) {
74.             throw new BusiException(BusiErrCodeEm.REQ_PARAM_10001);
75.         }
76.
77.         //校验密码的合法性
78.         //这里按各自的规则进行校验即可
79.         //这里不做演示
80.
81.         UserDO userDO = userModel2UserDO(userModel);
82.         try {
83.             //保存用户
84.             //在 mapper 对应的方法下添加以下参数
85.             //这里很重要,否则添加之后 userDO 对象里面的 id 没有数据
86.             //keyProperty = "id" useGeneratedKeys = "true"
87.             userDOMapper.insertSelective(userDO);
88.
89.             //保存密码
90.             //组装用户密码相关的对象
91.             UserPasswordDO userPasswordDO = new UserPasswordDO();
92.             //用户的索引 ID
93.             userPasswordDO.setUserId(userDO.getId());
94.             //加密后的密码
95.             userPasswordDO.setEncrptPassword(userModel.getEncrptPassword());
96.             //添加用户密码数据
97.             userPasswordDOMapper.insertSelective(userPasswordDO);
98.         } catch (DuplicateKeyException e) {
99.             //用户号码是唯一键,如果存在,说明用户已经注册过了
100.              e.printStackTrace();
101.              throw new BusiException(BusiErrCodeEm.USER_20003);
102.          }
```

```
103.
104.            //根据 ID,重新获取一遍注册的用户信息并返回
105.            UserModel inserUserModel = this.getUserBuId(userDO.getId());
106.
107.        //返回用户信息
108.        return inserUserModel;
109.    }
110.
111.    @Override
112.    public UserModel login(String phoneNum, String encrptPassword) throws BusiException {
113.        //获取用户信息
114.        //根据用户的电话号码获取用户 ID
115.        UserDO userDO = userDOMapper.selectByPhoneNum(phoneNum);
116.
117.        //定义用户密码信息数据对象
118.        UserPasswordDO userPasswordDO = null;
119.
120.        //判断该用户是否已经
121.        if (null != userDO) {
122.            userPasswordDO = userPasswordDOMapper.selectByUserId(userDO.getId());
123.        } else {
124.            throw new BusiException(BusiErrCodeEm.USER_20004);
125.        }
126.
127.        //校验用户密码
128.        if (null == userPasswordDO || !StringUtils.equals(encrptPassword, userPasswordDO.
    getEncrptPassword())) {
129.            //这里提示用户名或者密码不正确是为了防止用户去不停尝试账号密码
130.            throw new BusiException(BusiErrCodeEm.USER_20001, "用户名或者密码不正确");
131.        }
132.
133.        //校验成功
134.        //将数据对象转换为领域模型对象
135.        UserModel userModel = this.userDOAndPasswordDO2UserModel(userDO, userPasswordDO);
136.        //返回用户信息
137.        return userModel;
138.    }
139.
140.    /**
141.     * 将用户的 DO 对象和密码 DO 对象转换为用户业务对象
142.     *
143.     * @param userDO
144.     * @param userPasswordDO
145.     * @return
146.     */
147.    protected UserModel userDOAndPasswordDO2UserModel(UserDO userDO, UserPasswordDO
    userPasswordDO) {
148.        if (null == userDO)
149.            return null;
150.
151.        UserModel userModel = new UserModel();
152.        BeanUtils.copyProperties(userDO, userModel);
153.        if (null != userPasswordDO) {
```

```
154.             userModel.setEncrptPassword(userPasswordDO.getEncrptPassword());
155.         }
156.         return userModel;
157.     }
158.
159.     /**
160.      * 将领域模型对象转换为数据对象
161.      *
162.      * @param userModel
163.      * @return
164.      */
165.     public UserDO userModel2UserDO(UserModel userModel) {
166.         UserDO userDO = new UserDO();
167.         BeanUtils.copyProperties(userModel, userDO);
168.         return userDO;
169.     }
170. }
```

2. ServiceImp 层

```
1.
2.  import com.lupf.springboottest.service.model.UserModel;
3.
4.  /**
5.   * 用户的 service 接口
6.   */
7.  public interface UserService {
8.      /**
9.       * 根据用户 id 获取用户对象
10.      *
11.      * @param id
12.      */
13.     UserModel getUserBuId(Integer id)  throws BusiException;
14.
15.     /**
16.      * 获取手机验证码
17.      *
18.      * @param phoneNum 用户手机号码
19.      */
20.     void getUserPhoneCode(String phoneNum)  throws BusiException;
21.
22.     /**
23.      * 注册
24.      *
25.      * @param userModel
26.      * @return
27.      */
28.     UserModel register(UserModel userModel)  throws BusiException;
29.
30.     /**
31.      * 登录
```

```
32.         *
33.         * @param phoneNum 电话
34.         * @param pwd      密码
35.         * @return
36.         */
37.     UserModel login(String phoneNum, String pwd)  throws BusiException;
38. }
```

3. Controller 层

```
1.  import com.lupf.springboottest.controller.viewobject.UserVO;
2.  import com.lupf.springboottest.dao.UserDOMapper;
3.  import com.lupf.springboottest.error.BusiErrCodeEm;
4.  import com.lupf.springboottest.error.BusiException;
5.  import com.lupf.springboottest.response.BaseRespObj;
6.  import com.lupf.springboottest.service.UserService;
7.  import com.lupf.springboottest.service.model.UserModel;
8.  import org.apache.commons.lang3.StringUtils;
9.  import org.springframework.beans.BeanUtils;
10. import org.springframework.beans.factory.annotation.Autowired;
11. import org.springframework.web.bind.annotation.RequestMapping;
12. import org.springframework.web.bind.annotation.RequestMethod;
13. import org.springframework.web.bind.annotation.RequestParam;
14. import org.springframework.web.bind.annotation.RestController;
15. import sun.misc.BASE64Encoder;
16.
17. import javax.servlet.http.HttpServletRequest;
18. import java.security.MessageDigest;
19. import java.security.NoSuchAlgorithmException;
20.
21. @RestController
22. @RequestMapping("/user")
23. public class UserController extends BaseController {
24.
25.     @Autowired
26.     UserDOMapper userDOMapper;
27.
28.
29.     @Autowired
30.     private UserService userService;
31.
32.     @Autowired
33.     private HttpServletRequest httpServletRequest;
34.
35.     /**
36.      * 获取用户验证码
37.      *
38.      * @param phoneNum 用户号码
39.      * @return
40.      * @throws BusiException
41.      */
```

```
42.     @RequestMapping(value = "/getPhoneCode", method = RequestMethod.POST)
43.     public BaseRespObj getUserByID(@RequestParam(name = "phoneNum") String phoneNum)
    throws BusiException {
44.         userService.getUserPhoneCode(phoneNum);
45.         return BaseRespObj.create(null);
46.     }
47.
48.     /**
49.      * 注册
50.      *
51.      * @param name      用户昵称
52.      * @param phoneNum 用户号码
53.      * @param code      用户验证码
54.      * @param age       年龄
55.      * @param sex       性别
56.      * @param email     邮箱
57.      * @param pwd       密码
58.      * @return
59.      * @throws Exception
60.      */
61.     @RequestMapping(value = "/register", method = RequestMethod.POST)
62.     public BaseRespObj register(
63.             @RequestParam(name = "name") String name,
64.             @RequestParam(name = "phoneNum") String phoneNum,
65.             @RequestParam(name = "phoneCode") Integer code,
66.             @RequestParam(name = "age") Integer age,
67.             @RequestParam(name = "sex") String sex,
68.             @RequestParam(name = "email") String email,
69.             @RequestParam(name = "pwd") String pwd) throws Exception {
70.
71.         //将前端数据转换为领域模型对象
72.         UserModel userModel = new UserModel();
73.         userModel.setAge(age);
74.         userModel.setSex(Byte.valueOf(sex));
75.         userModel.setEmail(email);
76.         userModel.setName(name);
77.         userModel.setTelphone(phoneNum);
78.
79.         //在 session 中取出前面发送的验证码
80.          Integer sessCode = (Integer) httpServletRequest.getSession().getAttribute
    (phoneNum);
81.
82.         if (null == sessCode || sessCode.intValue() != code.intValue()) {
83.             throw new BusiException(BusiErrCodeEm.REQ_PARAM_10001, "短信验证码信息
    有误!");
84.         }
85.
86.         userModel.setEncrptPassword(this.encodeByMD5(pwd));
87.         userModel.setRegisterMode("bytelphone");
88.         UserModel insertUserModel = userService.register(userModel);
89.         UserVO userVO = userModel2UserVO(insertUserModel);
90.
91.         return BaseRespObj.create(userVO);
```

```
92.     }
93.
94.     /**
95.      * 登录
96.      *
97.      * @param phoneNum 用户电话号码
98.      * @param pwd      用户密码
99.      * @return
100.     * @throws Exception
101.     */
102.    @RequestMapping(value = "/login", method = RequestMethod.POST)
103.    public BaseRespObj login(
104.            @RequestParam(name = "phoneNum") String phoneNum,
105.            @RequestParam(name = "pwd") String pwd) throws Exception {
106.
107.        if (StringUtils.isEmpty(phoneNum) || StringUtils.isEmpty(pwd)) {
108.            throw new BusiException(BusiErrCodeEm.REQ_PARAM_10001);
109.        }
110.
111.         UserModel userModel = userService.login(phoneNum, this.encodeByMD5(pwd));
112.        UserVO userVO = userModel2UserVO(userModel);
113.        return BaseRespObj.create(userVO);
114.    }
115.
116.
117.    /**
118.     * 将用户业务对象转换为前端的视图对象
119.     *
120.     * @param userModel 业务模型对象
121.     * @return 前端视图对象
122.     */
123.    protected UserVO userModel2UserVO(UserModel userModel) {
124.        UserVO userVO = new UserVO();
125.        BeanUtils.copyProperties(userModel, userVO);
126.        return userVO;
127.    }
128.
129.    /**
130.     * MD5 加密
131.     *
132.     * @param va 待加密的数据
133.     * @return 加密后的数据
134.     * @throws NoSuchAlgorithmException
135.     */
136.    protected String encodeByMD5(String va) throws NoSuchAlgorithmException {
137.        MessageDigest md5 = MessageDigest.getInstance("MD5");
138.        BASE64Encoder base64Encoder = new BASE64Encoder();
139.        String newVa = base64Encoder.encode(md5.digest(va.getBytes()));
140.        return newVa;
141.    }
142. }
```

8.7　小结

本章小结如图 8-14 所示。

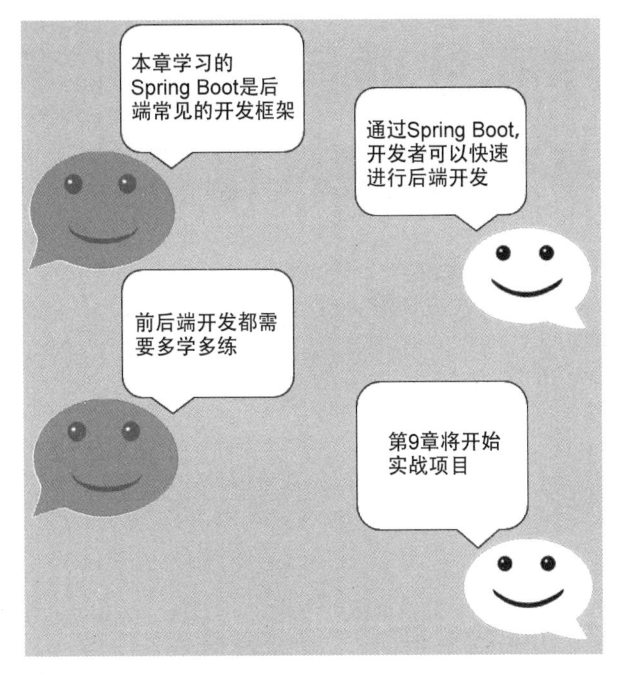

图 8-14　小结

8.8　习题

将微信小程序开发与 Spring Boot 开发相结合,开发一个完整的系统。

第9章

小程序实战项目——更换HHU专属头像框

CHAPTER 9

微课视频

在线练习

之前已经介绍了微信小程序的概念以及小程序开发的相关基础知识，包括注册及使用微信开发者平台、使用微信开发者工具、小程序组件和小程序 API 的知识。在了解这些基础内容后，就可以着手实战开发一个不涉及后端的小程序来强化之前的学习内容。本章的主要内容是开发并发布上线一个真实的小程序，实现更换微信用户头像框样式的功能，主要包括搭建小程序项目、设计主要页面视图、实现具体逻辑功能、发布上线小程序及展示最终效果。

通过本章的实战项目，读者可以对使用小程序组件及 API 有更深入的了解，并且可以体会到完整的小程序开发流程及开发真实小程序过程中可能遇到的各种问题，培养解决实际问题的能力。

9.1 创建项目

创建项目是制作小程序的第一步。新建一个小程序项目，如图9-1所示，项目名称填写为“avatar-HHU”；目录可以选择自己创建的工作目录；AppID可在微信公众平台中获取（一个微信小程序对应一个AppID，获取途径具体如图9-2所示，如果在新建项目时不填好AppID，也可以在进入微信开发者工具后进行填写，但是必须得填写完毕后小程序才能上传发布）；开发模式选择“小程序”，语言选择JavaScript。

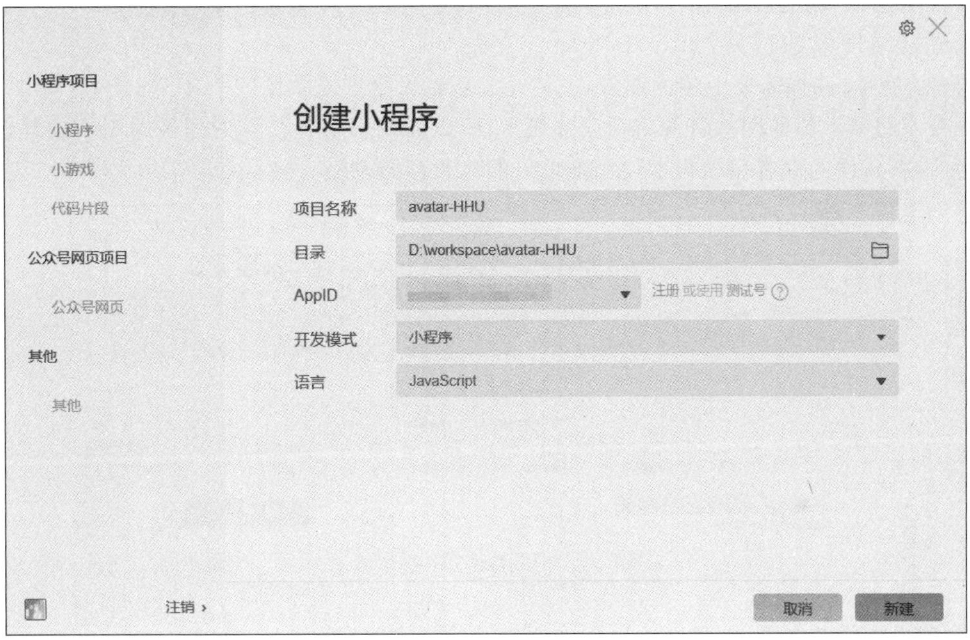

图9-1 新建小程序

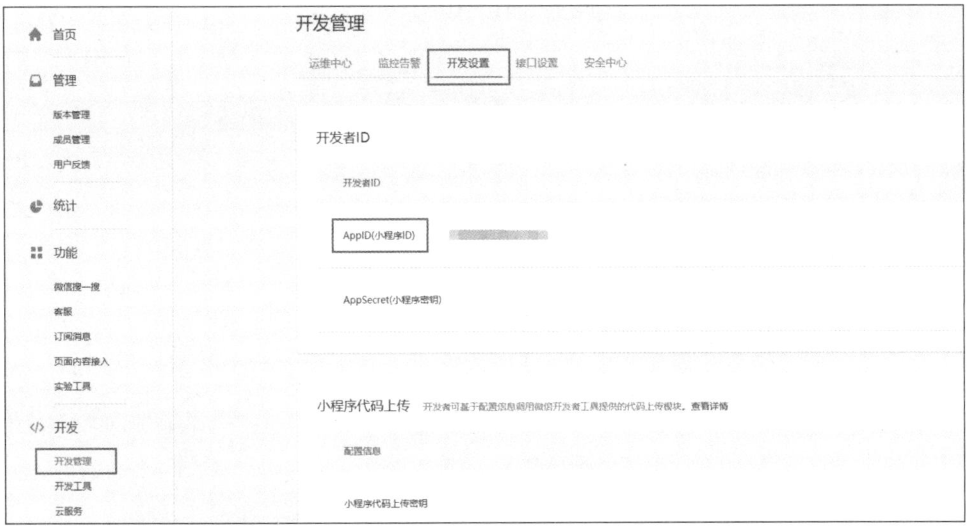

图9-2 获取AppID

创建好项目后，在初始的目录结构中新建 images 文件夹（与 pages 文件夹同级），如图 9-3 所示，在 images 文件夹中可以存放项目需要的图像素材。

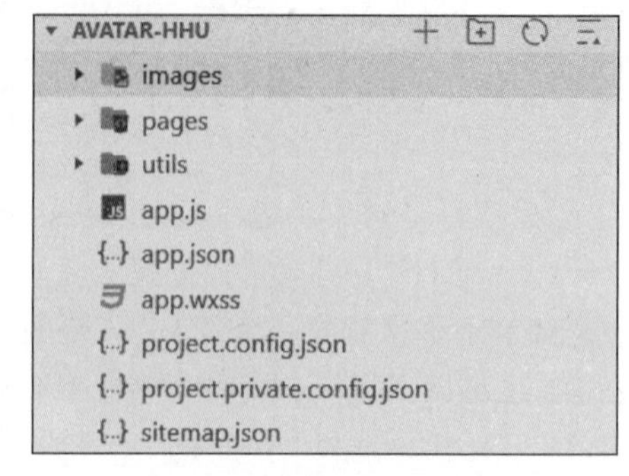

图 9-3　初始目录结构

需要注意的是，微信小程序项目最大不能超过 2MB，而如果将全部的图像资源存放在项目内部会很容易导致项目的大小超过 2MB，最优做法是将本地图像转变成网络图像，使用 URL 链接的方式去引用图像，这里推荐一个可以将本地图像转变成网络图像的网站：https://imgurl.org/，如图 9-4 所示，选择需要上传的图像，上传完成后就可得到该图像的 URL 地址，如图 9-5 所示。在该网站上传的图像资源将会公开显示，所以涉及不适合公开的图像时则不推荐使用该网站，有条件的读者可以付费使用阿里云的对象存储 OSS。

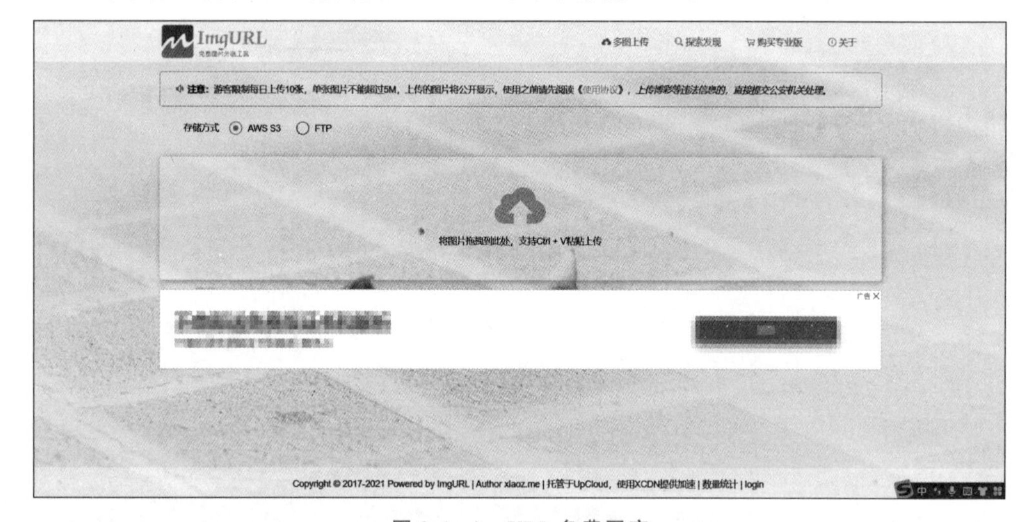

图 9-4　imgURL 免费图床

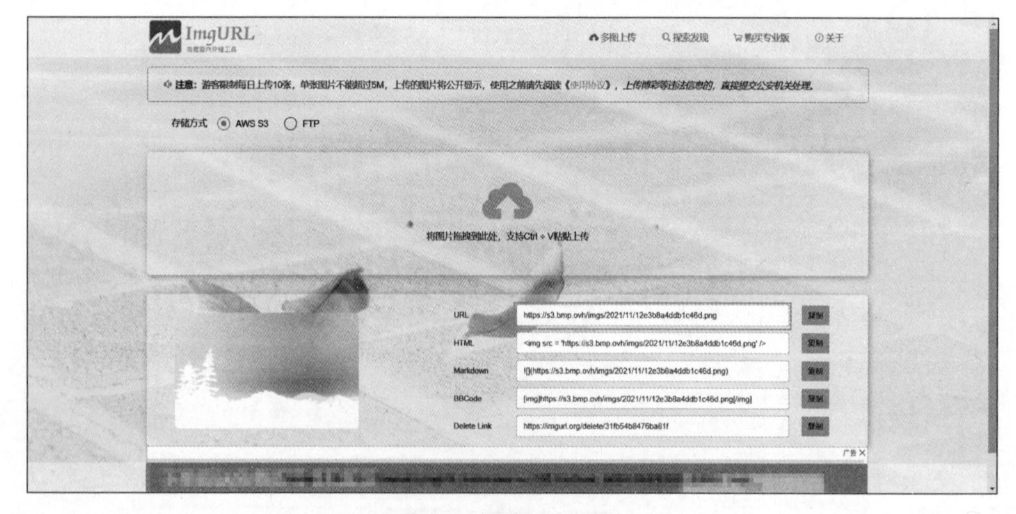

图 9-5　图像 URL 地址

由于初学小程序的成本限制，本项目采用本地图像与网络图像结合的方式，请读者体会这两种图像引用方式的优缺点。

9.2　设计视图

前端开发工程师在开发页面前一般会先收到由UI设计师事先设计好的页面样式图，然后再根据UI提供的样式图来一比一还原。所以在编写小程序代码前，需要先了解一共需要制作几个小程序页面，以及每个页面的结构和样式是怎么样的，还要清楚了解每个页面中所要实现的功能。在没有UI设计师提供设计稿的情况下，开发者可以通过视图设计简略布置页面结构，大致掌握接下来所要进行的工作。此实战项目所包含的页面主要有以下两个。

引导页：如图9-6所示，引导页由占满屏幕的背景图像和一个有跳转功能的按钮组成，单击按钮即可跳转至头像框更换页。头部导航栏文字设置为“专属头像框”。

头像框更换页：如图9-7所示，头像框更换页由三部分组成：一是可选的头像框样式展示区域，展示区域陈列了若干背景为透明色的头像框样式图，用户可以在该区域单击选择喜欢的头像框样式图像，一行摆放5幅头像框样式图像。(由于屏幕宽度限制，这种设计会出现摆放不下的情况，故可在可视区域内添加滚动条以滚动查看的方式来解决)；二是添加了头像框样式后的头像图像展示区域，读取头像后，用户原始微信头像将会在这块区域展示，用户在单击选择第一部分的头像框样式图后，此区域会展示添加了新样式后的头像内容；三是两个功能按钮，分别是读取现有的用户头像和保存新头像到本地微信相册，用于实现相应的功能。

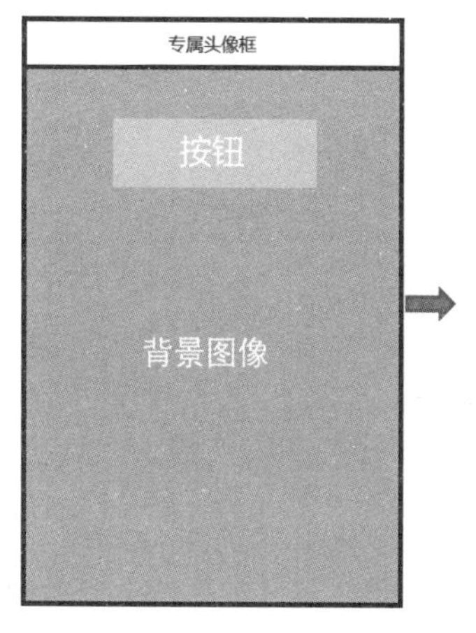

图9-6　引导页设计

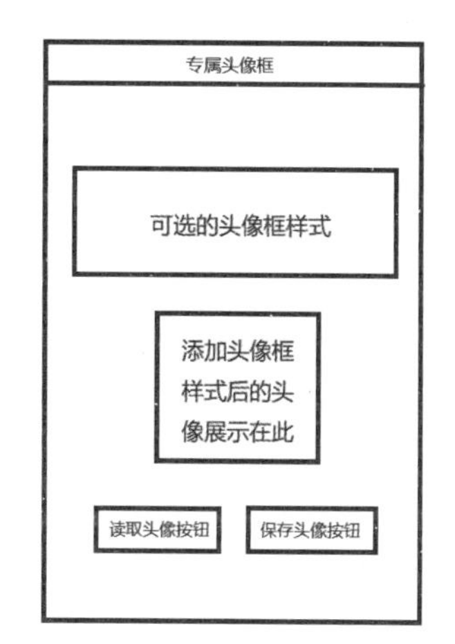

图9-7　头像框更换页设计

9.3　具体实现

用户更换专属头像框的步骤是先单击“读取头像”按钮，使小程序读取现有的用户头像，然后在可选的头像框样式中单击选择想要更换的头像框样式，新的头像图像就会在展示框中展示出来,选择不同的头像框样式即可切换展示新头像,最后挑选到满意的头像框样式后单击“保存头像”按钮即可把头像保存到本地相册中。

具体实现步骤如下所示。

1. 新建页面

在 app. json 文件中的 pages 字段里添加两个新页面,引导页取名为 introduce,头像框更换页取名为 home,注意,introduce 页应写在 home 页的前面,因为逻辑顺序是先进入 introduce 页,再由 introduce 页跳转到 home 页。配置好 app. json 页面后保存,微信小程序开发者工具会自动创建 introduce 文件夹和 home 文件夹,代码如下所示。

```
1.  "pages": [
2.    "pages/introduce/introduce",
3.    "pages/home/home",
4.    "pages/index/index",
5.    "pages/logs/logs"
6.  ],
```

新建好 introduce 和 home 文件夹后,最终项目的目录结构如图 9-8 所示,红框部分为新增的文件夹。

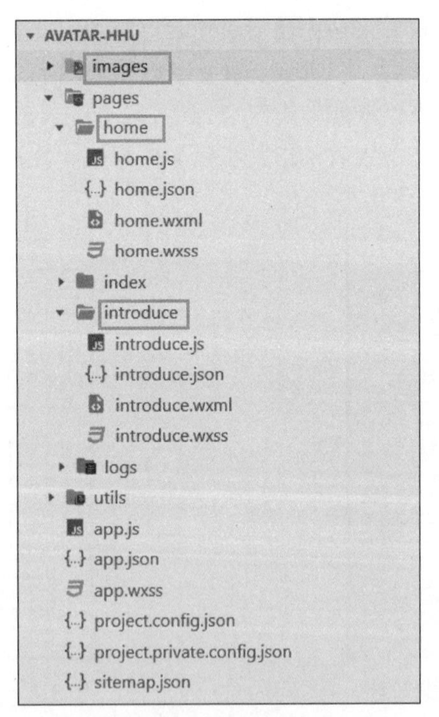

图 9-8　最终项目的目录结构

2. 设置导航栏文字为“专属头像框”

需要在 app. json 文件中的 window 字段继续配置,设置 navigationBarTitleText 的属性值为“专属头像框”即可,代码如下所示。

```
1.  "window": {
2.    "backgroundTextStyle": "light",
3.    "navigationBarBackgroundColor": "#fff",
4.    "navigationBarTitleText": "专属头像框",
5.    "navigationBarTextStyle": "black"
6.  },
```

3. introduce页面布局与跳转功能实现

如图9-9所示，小程序需要将这幅图像作为introduce页面的背景，并将"一起来换河海大学校庆专属头像框吧"这个长方形区域作为设置单击跳转的按钮区域，具体实现如下。

图9-9 引导页背景图像

要将introduce页面的背景以网络图像的方式引入，需要先把背景图上传到图床，然后获取URL地址。设置背景图最方便的方式是设置page标记的background-image属性，page标记是微信页面最外面的标记，在WXML中书写的所有标签都是page标记的子标记，具体可在调试器的WXML模块中查看。接下来需要将背景图像整个屏幕，只需将background-size属性的宽和高都设置为100%即可，100%就是完全填充手机屏幕的宽和高。

实现单击跳转区域的思路是用一个相同宽高的盒模型对象覆盖背景图中的跳转区域，

然后在该对象上设置跳转功能即可,需要注意的是,盒模型对象需要做宽高适配,因为不同型号手机屏幕的宽和高不同,在不同型号的手机下背景图像中的长方形单击区域的宽高是变化的,手机屏幕变小,背景图就变小,背景图中的长方形单击区域也就变小,所以给盒模型对象设置的宽高不能是固定大小的,盒模型对象的大小需要能随着手机屏幕大小的变化而变化,实现宽度自适应的方法是将 px 尺寸单位改为 rpx 自适应尺寸单位。

此处由于要用到的背景图尺寸为 750px×1624px,所以换算公式为 750rpx=750px=750 物理像素,即 1rpx=1px=1 物理像素,开发者只需在原 750×1624 尺寸下量出长方形单击区域的宽度即可,可以使用 Photoshop 软件打开此背景图,调出像素标尺,通过测量背景图像长方形单击区域得出宽度为 352px,距离左侧宽度为 198px,故只需将盒模型对象的 width 属性值设置为 352rpx,margin-left 属性值设置为 198rpx 即可。

高度的自适应可以通过 vh 单位来实现,微信小程序规定 100vh 等于屏幕高度的 100%,也就是说 1vh 为屏幕高度的 1%,使用 Photoshop 测量出长方形单击区域的高度为 145px,距顶部距离为 198px,而背景图高度为 1624px,145px/1624px≈0.09,即 9vh,198px/1624px≈0.12,所以设置盒模型对象的 height 属性值为 9vh,margin-top 属性值为 12vh 即可。至此完成宽度和高度的自适应。

实现布局的具体代码如下所示。

```
1.  // introduce.wxml
2.  <view class = "clickArea" bindtap = "ontap"></view>

4.  // introduce.wxss
5.  page {
6.    background - image: url("https://s3.bmp.ovh/imgs/2021/10/9ea0d9edd34a3c9f.png");
7.    background - size: 100 % 100 % ;
8.  }
9.  .clickArea {
10.   margin - left: 198rpx;
11.   margin - top: 12vh;
12.   height: 9vh;
13.   width: 352rpx;
14. }
```

接下来只需在盒模型对象上设置单击跳转功能即可,微信提供了 wx.navigateTo 这个 API 来实现页面跳转功能,在 introduce.js 中写单击跳转的方法 ontap,并在 introduce.wxml 中为组件绑定 ontap 方法即可,代码如下。

```
1.  // introduce.js
2.  ontap(e) {
3.      wx.navigateTo({
4.        url: '/pages/home/home',
5.      })
6.    },
```

4. home 页面新头像展示

由于用户在读取头像后可以多次单击选择想要添加的头像框样式,也就是说用户更换一个新的头像框样式后前一个头像框样式应该会消失掉，并且在保存头像这一环节需要把新头像展示区域的内容全部导出到本地，这些功能的实现用普通的组件很难完成，所以需要用到 canvas 组件，通过 canvas 组件可以在画布内绘制图像，也可以回退和保存画布区域的内容。

在 canvas 组件中，开发者需要设置 canvas 组件的 type 为 2d，画布的宽高为 300rpx，需要设置 class 属性，后面通过 class 属性获取 canvas 对象，通过 canvas 对象进行相关操作，代码如下。

```
1.  <view class = "avatarBox">
2.      <canvas id = "myCanvas" class = "mycanvas" type = "2d" style = "width: 300rpx; height:
  300rpx; "></canvas>
3.  </view>
```

5. home 页面读取头像

微信提供了 getUserProfile 这个 API 来获取用户信息，其中就包括获取用户的头像信息（注意：通过 getUserProfile 接口返回的头像清晰度比较低，需要将图像 URL 最后的数字 132 改为 0 才可以提升至最高的清晰度）。通过 wx. createSelectorQuery()来获取 canvas 结点，拿到 canvas 对象后就可以对画布区域进行绘制操作。获取到 canvas 对象后，还需要将画布的横轴放大到原来的 2 倍（通过 ctx. scale(2, 1)来实现），之后才能绘制正常尺寸的头像。获取用户头像时，需要设置状态以标识用户是否已先读取头像，若为 false，则用户不能选择头像框样式。最后，在画布上绘制好初始微信头像后需要设置结点保存画布信息内容，其用于多次更换头像框样式时将画布区域先恢复到初始头像框，再添加新的头像框样式。

WXML 代码如下所示。

```
1. <button class = "getAvatarBt" bindtap = "getUserProfile">读取头像</button>
```

js 代码如下：

```
1.  getUserProfile(e) {
2.      // 必须用户单击才能生效，直接写在 onLoad 中不生效
3.      // 使用 wx.getUserProfile 获取用户信息，开发者每次通过该接口获取用户个人信息均需
        // 用户确认
4.      wx.getUserProfile({
5.        desc: '展示用户信息', // 声明获取用户个人信息后的用途，后续会展示在弹窗中
6.        success: (res) => {
7.          this.setData({
8.            userInfo: res.userInfo,
9.          });
10.         // 获取 canvas 组件的结点
11.         wx.createSelectorQuery()
12.           .select('#myCanvas')
13.           .fields({
14.             node: true,
15.             size: true,
```

```
16.            })
17.            .exec((res) => {
18.              // 拿到 canvas 对象
19.              const canvas = res[0].node
20.              const ctx = canvas.getContext('2d')
21.              // 将画布的横坐标放大到原来的 2 倍
22.              ctx.scale(2, 1)
23.              // 将 url 最后的 132 数字改为 0,提升清晰度
24.              var url = this.data.userInfo.avatarUrl
25.              var str = url.replace(/132/,"0")
26.              // 创建 image 对象
27.              const img = canvas.createImage()
28.              img.src = str
29.              // 监听图像的加载,加载完毕后再在画布中绘制图像
30.              img.onload = () => {
31.                ctx.drawImage(img, 0, 0, 150, 150);
32.                // hasGetAvatar 用于标识用户是否已先读取头像,若为 false,则用户不能选择
// 头像框样式
33.                this.setData({
34.                  hasGetAvatar: true
35.                });
36.                // 保存头像信息,用于多次选择头像框样式时,单击一次样式,画布区域先恢复
// 到初始头像框,再添加样式
37.                this.data.imgData = ctx.getImageData(0, 0, 300, 150);
38.              }
39.            })
40.        }
41.      })
42.    }
```

6. 实现 home 页面可选头像框样式展示区域

先判断用户是否已读取头像：若还未读取头像就提示“请先读取头像”；若已读取头像则可以选择头像框样式(同样需先获取到 canvas 对象,绘制头像框样式前先恢复到上次保存好的画布内容,再绘制新的头像框样式)。

此时需要使用 imageList 数组存放头像框样式图存储的本地路径,通过 wx:for 列表渲染方法可以循环遍历 imageList 数组,通过 scroll-view 标签可以实现滚动查看图像,WXML 代码如下。

```
1.  < view class = "imageBox" wx:for = "{{imageList}}"  wx:for - item = "item" wx:for - index =
"index" wx:key = "id">
2.      < scroll - view scroll - x >
3.          < image wx:for = "{{item.urlList}}" wx:for - item = "item" wx:for - index = "index"
  wx:key = " * this" class = " cover - image" src = " {{item}}" mode = " widthFix" bindtap =
  "selectImage" data - operation = "{{item}}"></image >
4.      </scroll - view >
5.  </view >
```

js 代码如下。

```
1.  selectImage(e) {
2.      if (this.data.hasGetAvatar === false) {
3.        wx.showToast({
4.          title: '请先读取头像',
5.          icon: "none",
6.        })
7.      } else {
8.        wx.createSelectorQuery()
9.          .select('#myCanvas')
10.         .fields({
11.           node: true,
12.           size: true,
13.         })
14.         .exec(async (res) => {
15.           const canvas = res[0].node
16.           const ctx = canvas.getContext('2d')
17.
18.           const img = canvas.createImage()
19.           img.src = e.currentTarget.dataset.operation
20.
21.           img.onload = () => {
22.             // 恢复头像信息
23.             ctx.putImageData(this.data.imgData, 0, 0);
24.             ctx.drawImage(img, 0, 0, 150, 150);
25.           }
26.         })
27.     }
28.   }
```

7. home 页面保存头像

通过 wx.canvasToTempFilePath 这个 API 可以把当前画布指定区域的内容导出，生成指定大小的图像文件(使用时需要先获取 canvas 对象，然后通过 wx.saveImageToPhotosAlbum 这个 API 将图像保存到本地相册中，保存图像成功则提示“已保存到相册”，若失败则提示“请截屏保存分享”)。

WXML 代码如下。

```
1.  <button class="saveBt" bindtap="saveAvatar">保存头像</button>
```

js 代码如下。

```
1.  async saveAvatar(e) {
2.      const query = wx.createSelectorQuery();
3.      const canvasObj = await new Promise((resolve, reject) => {
4.        query.select('#myCanvas')
5.          .fields({
6.            node: true,
7.            size: true,
8.          })
9.          .exec(async (res) => {
```

```
10.             resolve(res[0].node);
11.           })
12.       });
13.       wx.canvasToTempFilePath({
14.         canvas: canvasObj,
15.         // 起始坐标
16.         x: 0,
17.         y: 0,
18.         // 保存到本地的图像像素
19.         destWidth: 800,
20.         destHeight: 800,
21.         success: (res) => {
22.           //保存图像
23.           wx.saveImageToPhotosAlbum({
24.             filePath: res.tempFilePath,
25.             success: function (data) {
26.               wx.showToast({
27.                 title: '已保存到相册',
28.                 icon: 'success',
29.                 duration: 2000
30.               })
31.             },
32.             fail: function (err) {
33.               if (err.errMsg === "saveImageToPhotosAlbum:fail auth deny") {
34.                 console.log("当初用户拒绝,再次发起授权")
35.               } else {
36.                 wx.showToast({
37.                   title: '请截屏保存分享',
38.                   icon: 'none',
39.                 });
40.               }
41.             },
42.             complete(res) {
43.               wx.hideLoading();
44.             }
45.           })
46.         },
47.         fail(res) {
48.           console.log(res);
49.         }
50.       }, this)
51.     }
```

9.4 项目展示

Introduce 页面如图 9-10 所示,Home 页面如图 9-11 所示。

读取头像页面如图 9-12 所示,读取头像成功后的页面如图 9-13 所示。

图 9-10　Introduce 页面

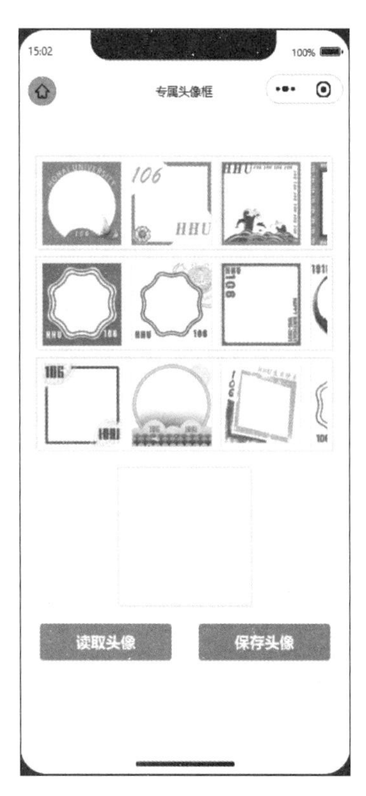

图 9-11　Home 页面

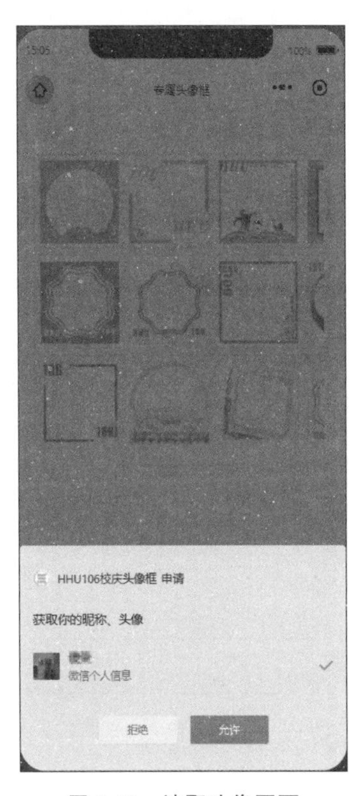

图 9-12　读取头像页面

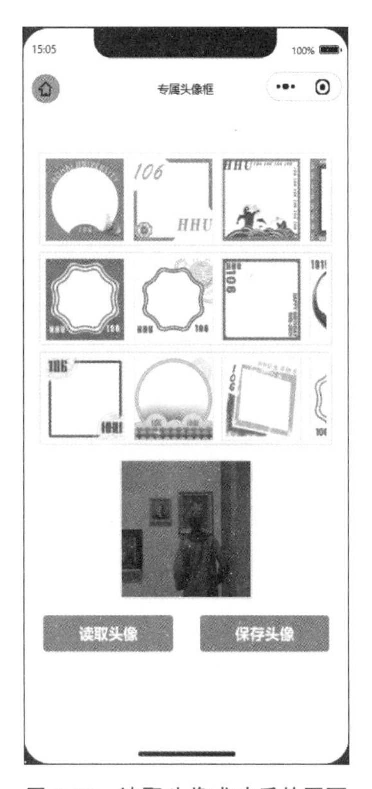

图 9-13　读取头像成功后的页面

选择头像框样式后的页面如图 9-14 所示。

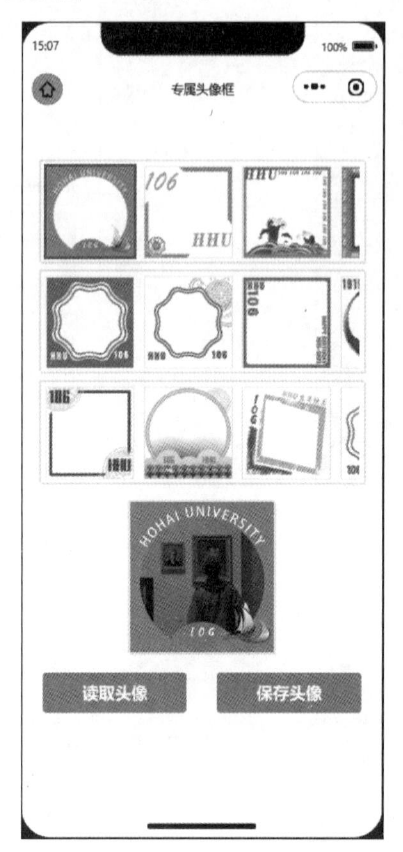

图 9-14　选择头像框样式后的页面

9.5　完整代码

1. app.json

```
1.  {
2.    "pages": [
3.      "pages/introduce/introduce",
4.      "pages/home/home",
5.      "pages/index/index",
6.      "pages/logs/logs"
7.    ],
8.    "window": {
9.      "backgroundTextStyle": "light",
10.     "navigationBarBackgroundColor": "#fff",
11.     "navigationBarTitleText": "专属头像框",
12.     "navigationBarTextStyle": "black"
13.   },
14.   "style": "v2",
15.   "sitemapLocation": "sitemap.json"
16. }
```

2. introduce.wxml

```
1.  <view class = "clickArea" bindtap = "ontap"></view>
```

3. introduce.wxss

```
1.  page {
2.    background - image: url("https://s3.bmp.ovh/imgs/2021/10/9ea0d9edd34a3c9f.png");
3.    background - size: 100 % 100 %;
4.  }
5.
6.  .clickArea {
7.    margin - left: 198rpx;
8.    margin - top: 12vh;
9.    width: 352rpx;
10.   height: 9vh;
11. }
```

4. introduce.js

```
1.  // pages/introduce/introduce.js
2.  Page({
3.    data: {
4.    },
5.    ontap(e) {
6.      wx.navigateTo({
7.        url: '/pages/home/home',
8.      })
9.    },
10. })
```

5. home.wxml

```
1.  <view class = "imageBox" wx:for = "{{imageList}}" wx:for - item = "item" wx:for - index =
  "index" wx:key = "id">
2.      <scroll - view scroll - x>
3.          <image wx:for = "{{item.urlList}}" wx:for - item = "item" wx:for - index = "index"
  wx:key = " * this" class = "cover - image" src = "{{item}}" mode = "widthFix" bindtap =
  "selectImage" data - operation = "{{item}}"></image>
4.      </scroll - view>
5.  </view>
6.  <view class = "avatarBox">
7.      <canvas id = "myCanvas" class = "mycanvas" type = "2d" style = "width: 300rpx; height:
  300rpx; "></canvas>
8.  </view>
9.  <view class = "Bt">
10.     <button class = "getAvatarBt" bindtap = "getUserProfile">读取头像</button>
11.     <button class = "saveBt" bindtap = "saveAvatar">保存头像</button>
12. </view>
```

6. home.wxss

```
1.  .imageBox {
2.      height: 180rpx;
3.      width: 650rpx;
4.      box-shadow: 1px 1px 1px 1px #efefef, -1px -1px 1px 1px #efefef;
5.      margin: auto;
6.      margin-top: 20rpx;
7.      padding: 10rpx;
8.      white-space: nowrap;
9.  }
10.
11. .imageBox:first-child {
12.     margin-top: 100rpx;
13. }
14.
15. .cover-image {
16.     border: 1px solid #efefef;
17.     height: 180rpx;
18.     width: 180rpx;
19.     margin-right: 20rpx;
20. }
21.
22. .avatarBox {
23.     height: 300rpx;
24.     width: 300rpx;
25.     box-shadow: 1px 1px 1px 1px #efefef, -1px -1px 1px 1px #efefef;
26.     margin: 40rpx auto;
27. }
28.
29. .Bt {
30.     display: flex;
31.     padding: 0 15rpx;
32. }
33.
34. .Bt button {
35.     /* 设置button宽度需要加!important声明,否则无法生效 */
36.     width: 300rpx !important;
37.     background-color: #6abbf3;
38.     color: #ffffff;
39. }
```

7. home.js

```
1.  // pages/home.js
2.  Page({

4.    data: {
5.      userInfo: {},
6.      hasGetAvatar: false,
7.      imageList: [
```

```
8.          {
9.            id: 0,
10.           urlList: [ "../../images/cx1. png","../../images/cx2. png","../../images/cx3.
    png","../../images/cx4.png","../../images/cx5.png"]
11.         },
12.         {
13.           id: 1,
14.           urlList: [ "../../images/kyf1. png","../../images/kyf2. png","../../images/kyf3.
    png","../../images/kyf4.png","../../images/kyf5.png"]
15.         },
16.         {
17.           id: 2,
18.           urlList: [ "../../images/qty1. png","../../images/qty2. png","../../images/qty3.
    png","../../images/qty4.png","../../images/qty5.png"]
19.         },
20.       ],
21.       imgData: {}
22.     },
23.     getUserProfile(e) {
24.       // 必须用户单击才能生效,直接写在 onLoad 中无法生效
25.       // 推荐使用 wx.getUserProfile 方法获取用户信息,开发者每次通过该接口获取用户个人
          // 信息时均需用户确认
26.       wx.getUserProfile({
27.         desc: '展示用户信息', // 声明获取用户个人信息后的用途
28.         success: (res) => {
29.           this.setData({
30.             userInfo: res.userInfo,
31.           });
32.           wx.createSelectorQuery()
33.             .select('#myCanvas')
34.             .fields({
35.               node: true,
36.               size: true,
37.             })
38.             .exec((res) => {
39.               // 获取 canvas 对象
40.               const canvas = res[0].node
41.               const ctx = canvas.getContext('2d')
42.
43.               // 将画布的横坐标放大为原来的 2 倍
44.               ctx.scale(2, 1)
45.
46.               // 将 URL 最后的 132 数字改为 0,提升清晰度
47.               var url = this.data.userInfo.avatarUrl
48.               var str = url.replace(/132/,"0")
49.               // 创建 image 对象
50.               const img = canvas.createImage()
51.               img.src = str
52.               // 监听图像的加载,加载完毕后再在画布中绘制图像
53.               img.onload = () => {
54.                 // 绘制头像
55.                 ctx.drawImage(img, 0, 0, 150, 150);
```

```
56.                 // hasGetAvatar 用于标识用户是否已先读取头像,若为 false,则用户不能选择
                    // 头像框样式
57.                 this.setData({
58.                   hasGetAvatar: true
59.                 });
60.                 // 保存头像信息,用于多次选择头像框样式时,每单击一次样式,画布区域将先
                    // 恢复到初始头像框,再添加样式
61.                 this.data.imgData = ctx.getImageData(0, 0, 300, 150);
62.               }
63.             })
64.         }
65.       })
66.   },
67.   selectImage(e) {
68.     if (this.data.hasGetAvatar === false) {
69.       wx.showToast({
70.         title: '请先读取头像',
71.         icon: "none",
72.       })
73.     } else {
74.       wx.createSelectorQuery()
75.         .select('#myCanvas')
76.         .fields({
77.           node: true,
78.           size: true,
79.         })
80.         .exec(async (res) => {
81.           const canvas = res[0].node
82.           const ctx = canvas.getContext('2d')
83. 
84.           const img = canvas.createImage()
85.           img.src = e.currentTarget.dataset.operation
86. 
87.           img.onload = () => {
88.             // 恢复头像信息
89.             ctx.putImageData(this.data.imgData, 0, 0);
90.             ctx.drawImage(img, 0, 0, 150, 150);
91.           }
92.         })
93.     }
94.   },
95.   async saveAvatar(e) {
96.     const query = wx.createSelectorQuery();
97.     const canvasObj = await new Promise((resolve, reject) => {
98.       query.select('#myCanvas')
99.         .fields({
100.          node: true,
101.          size: true,
102.        })
103.        .exec(async (res) => {
104.          resolve(res[0].node);
105.        })
106.    });
```

```
107.     wx.canvasToTempFilePath({
108.       canvas: canvasObj,
109.       // 起始坐标
110.       x: 0,
111.       y: 0,
112.       // 保存到本地的图像像素
113.       destWidth: 800,
114.       destHeight: 800,
115.       success: (res) => {
116.         //保存图像
117.         wx.saveImageToPhotosAlbum({
118.           filePath: res.tempFilePath,
119.           success: function (data) {
120.             wx.showToast({
121.               title: '已保存到相册',
122.               icon: 'success',
123.               duration: 2000
124.             })
125.           },
126.           fail: function (err) {
127.             console.log(err);
128.             if (err.errMsg === "saveImageToPhotosAlbum:fail auth deny") {
129.               console.log("当初用户拒绝,再次发起授权")
130.             } else {
131.               wx.showToast({
132.                 title: '请截屏保存分享',
133.                 icon: 'none',
134.               });
135.             }
136.           },
137.           complete(res) {
138.             wx.hideLoading();
139.           }
140.         })
141.       },
142.       fail(res) {
143.         console.log(res);
144.       }
145.     }, this)
146.   },
147. })
```

9.6 将小程序发布上线

小程序开发完成后,需要将之发布上线以供用户使用。

在开发者工具中单击“上传”按钮,如图9-15所示。单击按钮后需要填写上传信息,包括“更新类型”、“版本号”和“项目备注”。“项目备注”可以存放发布人和发布时间,便于记录相关信息。“版本号”最完整的写法如v1.0.0,以v开头,代表版本version,三位数字分别与更新类型有关,“版本升级”对应从左到右第一位数字,“特性升级”对应第二位数字,“修订补丁"对应第三位数字。例如,此次更新发布是修复了一个小 BUG,则对应"修订补丁"类型,新的版本号应相比原版本号在第三位数字上加一,若原版本号为 v1.0.0,则新版本号为 v1.0.1。

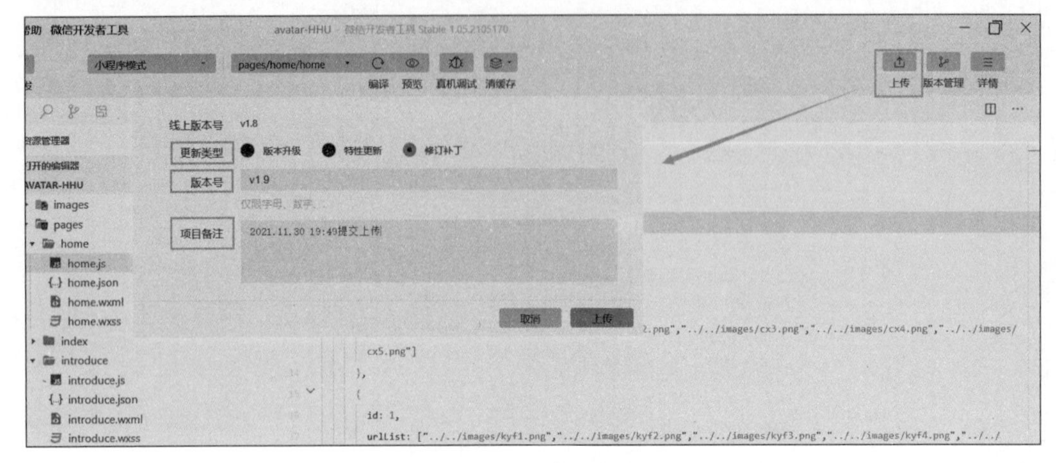

图 9-15　上传小程序

但是对于小项目来说,"特性更新"一般很少用到,所以此处也可以采用两位数的版本记录方法,从左到右第一位是大版本号,第二位是小版本号。大版本一般记录修改整体交互,或者从头到尾修改了 UI 页面时更新。其他如小 BUG 的修复则算是小版本更新。

单击"上传"后即可在微信平台中的版本管理页面查看已上传的版本,此时上传的版本类型为"开发版本",如图 9-16 所示。

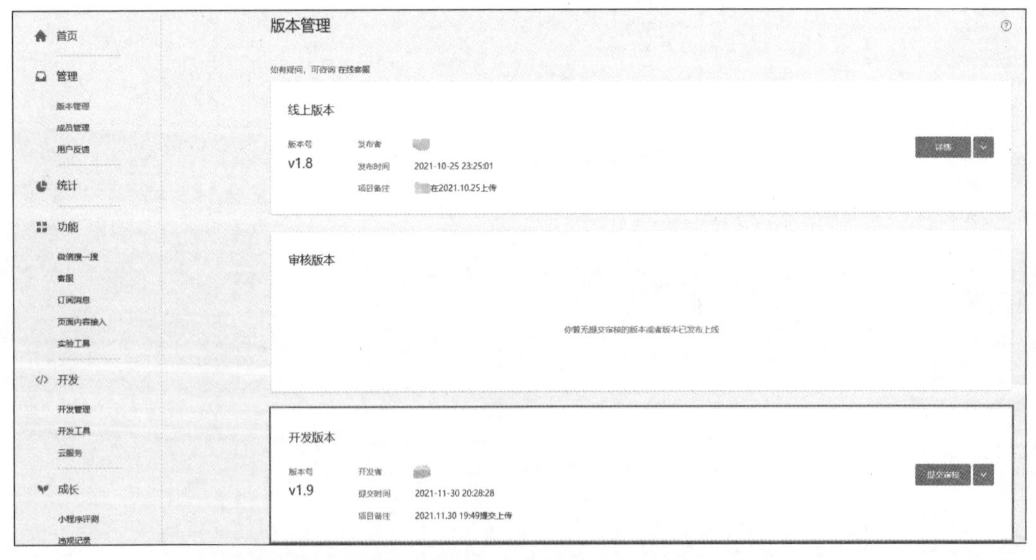

图 9-16　版本管理页面查看上传的小程序版本

针对上传好的开发版本,开发者可以单击右侧下拉菜单,选择"选为体验版本"选项上传"体验版本",也可以单击"提交审核"按钮,上传"线上版本",如图 9-17 所示。"体验版本"区别于"线上版本",其只能由开发者查看,不能被小程序正式用户使用,选为"体验版本"的好处是开发者可以方便地以之模拟"线上版本",在真机上体验功能调试、错误排查、样式查看等功能。选为"体验版本"后如图 9-18 所示,"开发版本"会有一个"体验版"的标志。

图 9-17　两种上传方式

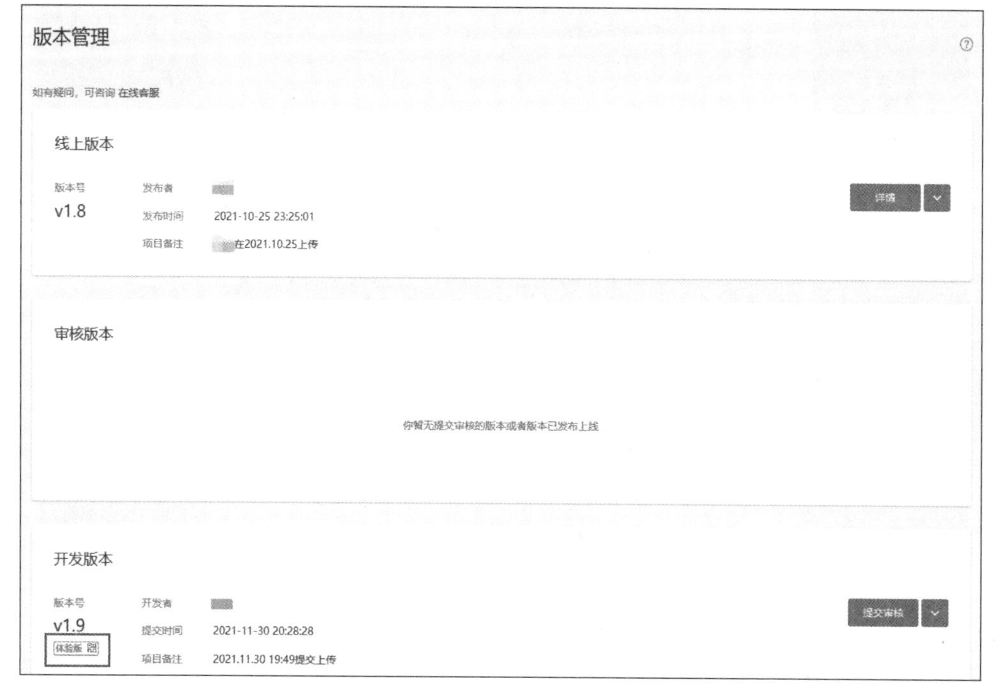

图 9-18　体验版本

若单击“提交审核”按钮，则会出现如图 9-19 所示的内容，勾选“已阅读并了解平台审核规则”后，单击“下一步”按钮，进入图 9-20 所示的页面，单击“继续提交”按钮，进入如图 9-21 所示的提交审核信息填写页面，此时需要填写版本描述，即相比上一个版本新增或新修改的内容。为了方便微信审核人员审核,建议此处描述简洁一些。另外"图片预览""视频预览""测试账号""测试密码""测试备注"为选填部分。(审核可以选择不加急或加急,但加急一年内只能使用一次,建议谨慎使用,一般选择不加急审核,预计在1~7天内可以完成审核。)若代码中包含较复杂逻辑或其他特殊情况,则可能会导致审核时间延长。填写好信息后单击"提交审核"按钮,回到版本管理页面,可以看到如图9-22所示,审核版本模板出现刚刚提交的版本,状态为"审核中",需要等待微信小程序审核人员审核代码通过后才可以进一步将之发布为线上版本。审核通过后微信小程序平台会发送订阅消息到个人微信账号,开发者需要注意查收。

图 9-19 确认提交审核

图 9-20 安全测试提醒

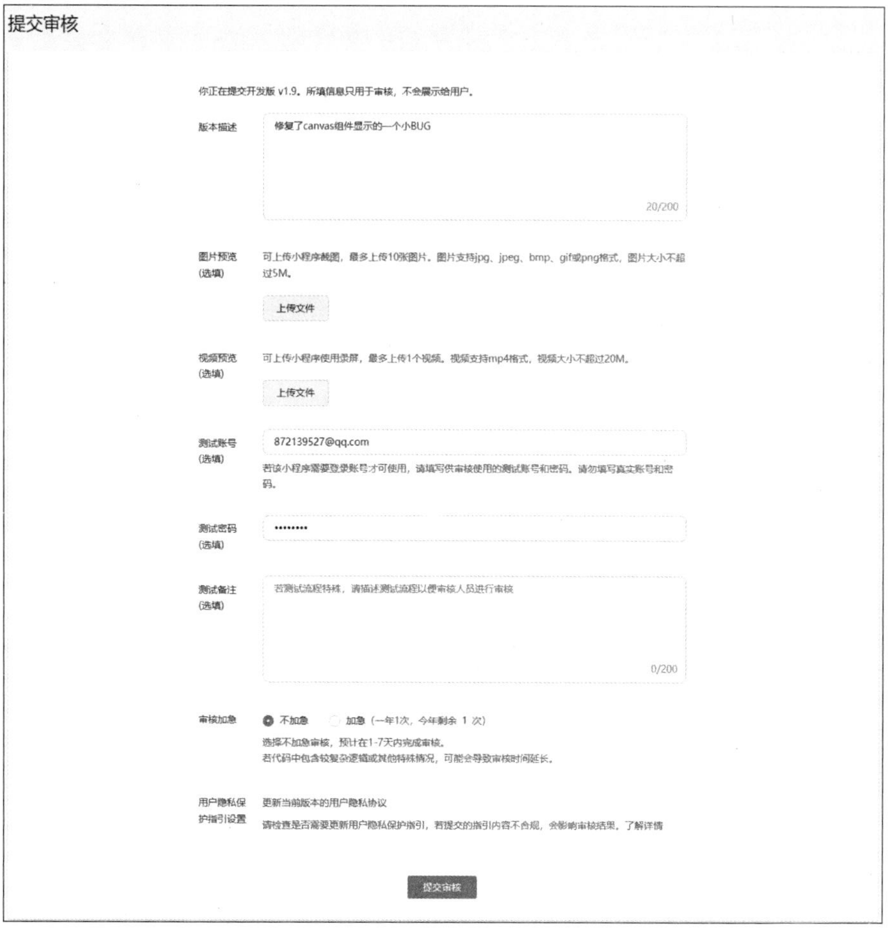

提交审核

你正在提交开发版 v1.9。所填信息只用于审核，不会展示给用户。

版本描述　修复了canvas组件显示的一个小BUG　20/200

图片预览（选填）　可上传小程序截图，最多上传10张图片。图片支持jpg、jpeg、bmp、gif或png格式，图片大小不超过5M。
上传文件

视频预览（选填）　可上传小程序使用录屏，最多上传1个视频。视频支持mp4格式，视频大小不超过20M。
上传文件

测试账号（选填）　872139527@qq.com
若该小程序需要登录账号才可使用，请填写供审核使用的测试账号和密码。请勿填写真实账号和密码。

测试密码（选填）　••••••••

测试备注（选填）　若测试流程特殊，请描述测试流程以便审核人员进行审核　0/200

审核加急　不加急　加急（一年1次，今年剩余 1 次）
选择不加急审核，预计在1-7天内完成审核。
若代码中包含较复杂逻辑或其他特殊情况，可能会导致审核时间延长。

用户隐私保护指引设置　更新当前版本的用户隐私协议
请检查是否需要更新用户隐私保护指引，若提交的指引内容不合规，会影响审核结果，了解详情

提交审核

图 9-21　提交审核信息填写页面

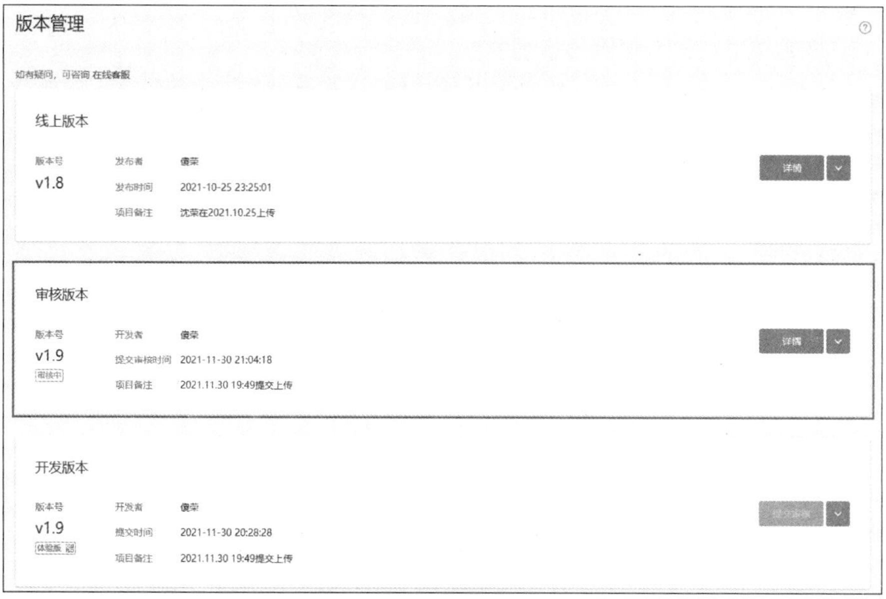

版本管理

如有疑问，可咨询 在线客服

线上版本
版本号 v1.8　发布者 儇荣　发布时间 2021-10-25 23:25:01　项目备注 沈荣在2021.10.25上传　详情

审核版本
版本号 v1.9 审核中　开发者 儇荣　提交审核时间 2021-11-30 21:04:18　项目备注 2021.11.30 19:49提交上传　详情

开发版本
版本号 v1.9 体验版　开发者 儇荣　提交时间 2021-11-30 20:28:28　项目备注 2021.11.30 19:49提交上传　提交审核

图 9-22　审核版本

9.7 小结

本章小结如图 9-23 所示。

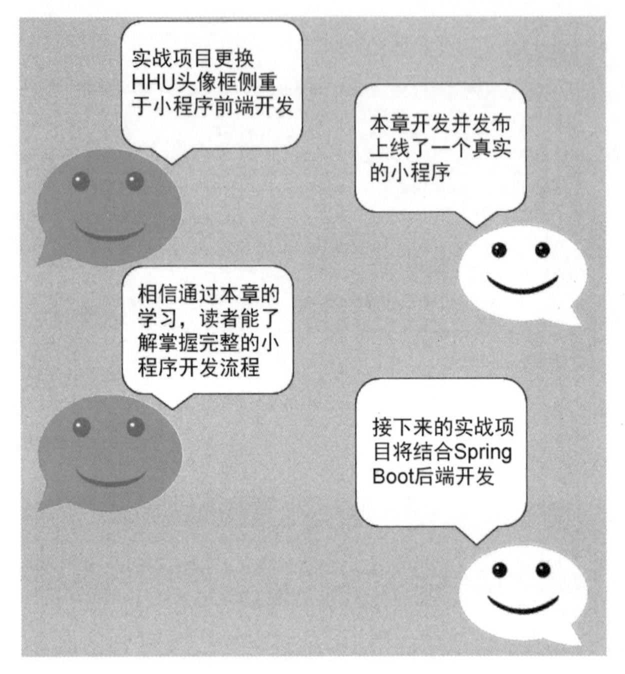

图 9-23 小结

9.8 习题

1. 简述获取 input 文本框输入值的方法。

2. 独立创建一个微信小程序,并实现上述功能,实现完成后将代码上传,并将之选为体验版小程序。

第10章

小程序实战项目——宿舍报修系统

CHAPTER 10

微课视频

在线练习

本章的主要内容是开发小程序实战项目——宿舍报修系统。系统的主要功能是通过用户提交的图像、地点、出现的问题等维修关键词生成维修订单，而维修人员可以通过信息详情页接受订单，接受后用户可以通过自己的信息页面查看当前订单的排序，也可以通过信息详情页面搜索之前位序的维修问题，若有问题可以通过单击维修师傅信息进行短信聊天，维修完成后维修人员需提交完成信息来确认订单。

10.1 设计系统功能

主要面向两种用户角色,分别是学生和维修人员。两者都有基本的注册登录及修改密码等功能。在学生角色下,小程序提供提交报修订单、查看订单进度、订单信息及取消订单等功能。在维修人员角色下,小程序提供接受维修订单、完成维修订单的功能。

系统本身有排序功能,以维修人员接受订单开始,会有相应的排序出现在订单后,所有用户均可以直接查看。另外,系统也提供查找功能(模糊搜索),用户可以通过此功能查看某一个维修人员当天所有订单的情况。

系统还提供简短的聊天功能以方便用户间的交流,并应对一些意外情况。

系统整体用例图如图 10-1 所示。

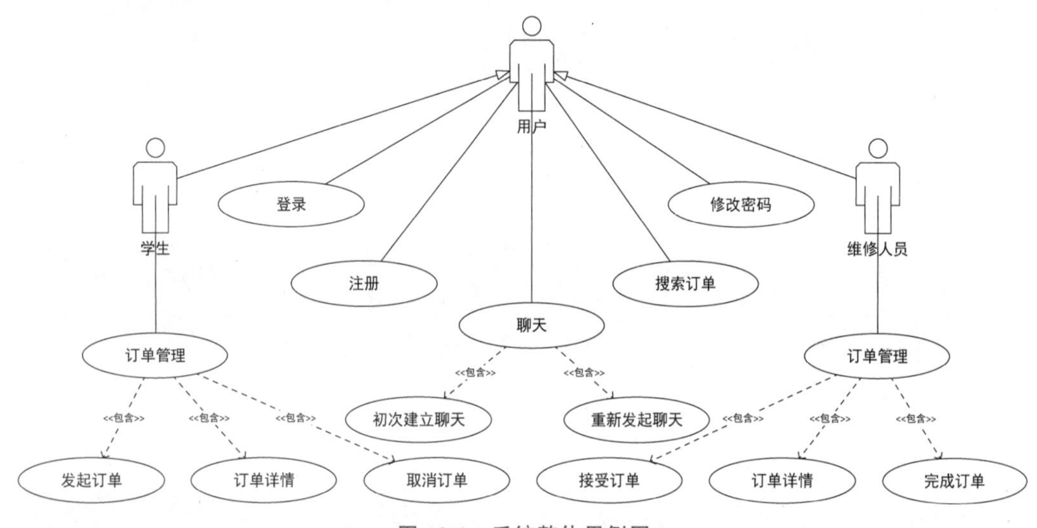

图 10-1 系统整体用例图

主要功能:(所有功能均需用户在登录情况下才能查看)

1. 聊天功能

第一次进入系统后,下方导航栏会有一个"消息"页面,由于初次并没有消息录入,因此这里是空的,在学生角色下,用户可以单击首页"维修人员列表"选择维修人员发起聊天,在维修人员角色下,用户可以接受订单,在"订单详情"页面发起与用户的聊天。

2. 订单管理

此功能界面位于"信息详情"页面,此页面支持模糊搜索并配置了订单排序的功能,此外,用户还可以单击订单查看订单详情。在学生角色下,用户可在首页和"我的"页面分别使用"报修"和"取消订单"的服务。在维修人员角色下,用户可以在"订单详情"和"我的"页面分别"接受订单"或"完成订单"。

3. 个人信息管理

用户可以查看各个状态下订单、小程序版本和系统公告,也可以通过"我的"页面的人像按钮修改个人信息。

系统的功能模块如图 10-2 所示。

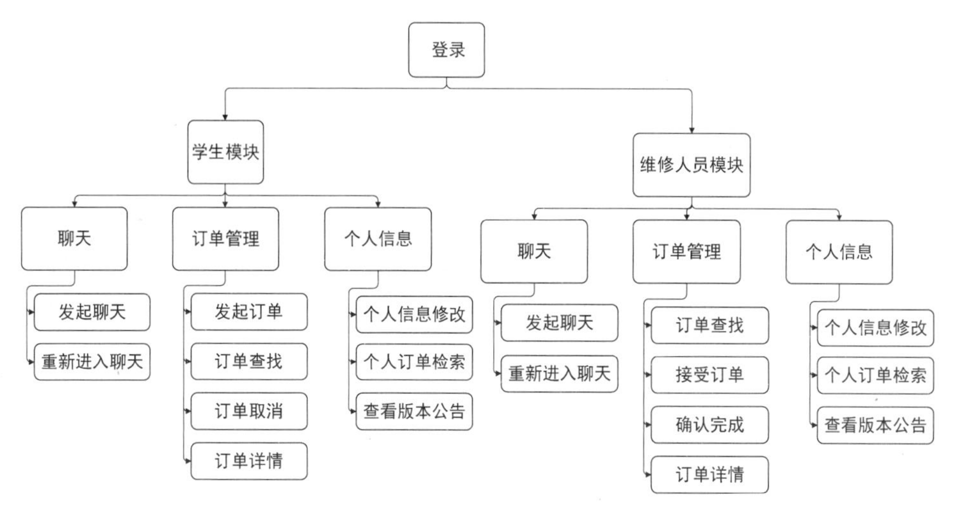

图 10-2　系统的功能模块

10.2　设计数据库

通过对维修数据的分析提炼，按功能划分本系统所设计的实体，可以将之分为四类，分别是账户、订单信息、排序信息、聊天信息。

一个学生角色的用户可以提交多个维修订单，一个维修人员角色的用户也可以接受多个订单。所以用户和订单之间是一对多的关系。

一个维修人员角色的用户当天订单排序只能有一种，所以用户和排序信息是一对一的关系。

聊天是由两人的发起的，两个人对应一个聊天室，所以两个用户和聊天信息是多对一的关系。

各表的属性关系及各表之间的关系如图 10-3 所示。

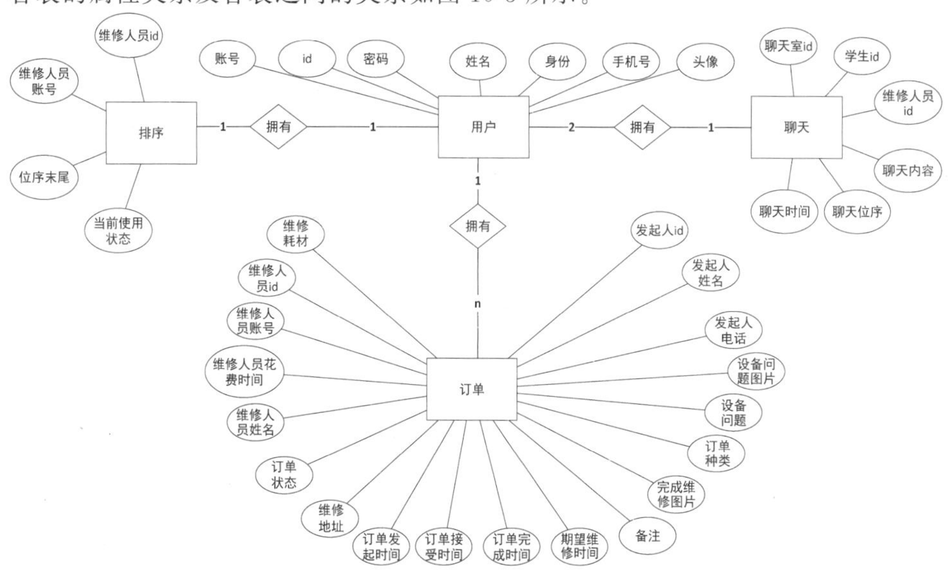

图 10-3　各表的属性关系及各表之间的关系

通过图 10-3 的 E-R 图可完成系统数据库的逻辑结构设计，因此系统一共有 4 个集合，分别是 account、Corrupted_information、count 及 char_information，分别存储着关于账户、维修订单、订单排序及聊天等内容。

表 10-1 记录了系统中用户的基本信息，其被存放在 account 集合中。基本信息包括系统自动生成的_id 及用户唯一标识符、账号、姓名、密码、身份、手机号、头像照片。这些字段都要求非空，_id 与账号要求具有唯一性，其中_id 为主键。

表 10-1　account 集合

字　段	字段类型	描　述	字　段	字段类型	描　述
_id	string	系统自动生成	_openid	string	用户唯一标识符
account	string	账号	identity	string	身份
name	string	姓名	phone	string	手机号
pwd	string	密码	url	string	头像图片

表 10-2 记录了系统中订单的基本信息，其被存放在 Corrupted_information 集合中。其基本信息包括系统自动生成的_id 及用户唯一标识符、维修人员基本信息、发起人基本信息、订单状态、维修地址、订单期望维修时间、发起时间、接受时间及完成时间、订单种类、设备问题及问题照片和完成照片。其中_id 为主键，发起人 id 与维修人员 id 为外键。

表 10-2　Corrupted_information 集合

字　段	字段类型	描　述	字　段	字段类型	描　述
_id	string	系统自动生成	_openid	string	用户唯一标识符
account	string	维修人员账号	address	string	维修地址
date	string	期望维修时间	facility	string	维修问题
name	string	维修人员姓名	phone	string	发起人的联系电话
runouttime_complete	string	维修人员花费时间	state	string	当前订单状态
time_accept	string	订单接受时间	time_complete	string	订单完成时间
type	string	订单种类	url	string	设备问题图片
username	string	发起维修人姓名	count	number	当前位序
accept	string	接受订单人的_id	ps	string	备注
id	string	发起订单的_id	supply_complete	string	维修耗材
time_put	string	订单发起时间	url_complete	string	完成维修后图片

表 10-3 记录了系统中排序的基本信息，其存放在 count 集合中，基本信息包括系统自动生成的_id 及用户唯一标识符、维修人员账号、排序末尾号及当前记录的使用状态。其中_id 为主键，所有字段都要求非空。

表 10-3　count 集合

字　段	字段类型	描　述	字　段	字段类型	描　述
_id	string	系统自动生成	_openid	string	用户唯一标识符
account	string	维修人员账号	count	number	排序末尾号
state	string	当前状态			

表 10-4 记录了系统中的聊天基本信息，其存放在 char_information 集合中，基本信息包括系统自动生成的_id 及用户唯一标识符、学生 id、维修人员 id、聊天的时间、次序及内容。其中_id 为主键，学生 id 与维修人员 id 为外键。

表 10-4　char_information 集合

字　段	字段类型	描　述	字　段	字段类型	描　述
_id	string	系统自动生成 id	_openid	string	用户的唯一标识符
id_1	string	学生的 id	id_2	string	维修人员的 id
information	array	聊天内容	order	array	两人聊天的次序
time	array	发出内容的时间			

10.3　设计系统模块

10.3.1　登录模块

该模块由注册、登录及修改密码三个功能组成。

在初期设计时，考虑到基于微信小程序的报修系统在两个权限下会有不同的状态，因此需要把登录作为使用系统的必需条件，如果不登录，则使用不了系统的任何功能。

考虑到微信与学生本身信息绑定的问题，这里没有使用微信的 API 来直接获取微信账号的基本信息，而是自己写了简易的登录、注册、修改密码等功能。

因此，注册是使用系统时首要决定的部分。注册时应对信息有空判断和相应的唯一性判断及错误信息提示。由于系统功能的要求，注册维修人员时应额外建立该维修人员的排序记录，这些信息来源于用户在单元格的填写信息，流程图如图 10-4 所示。

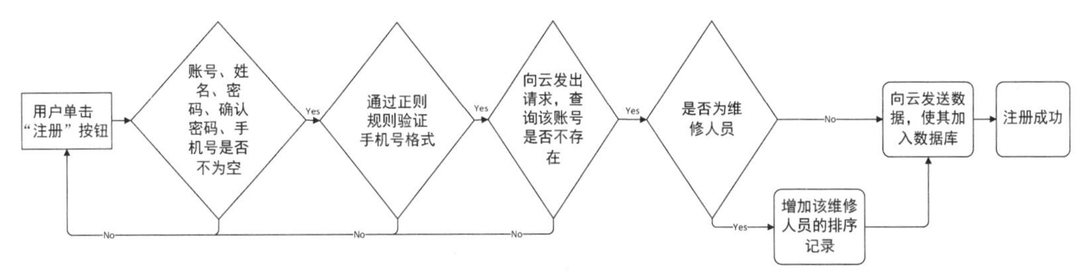

图 10-4　注册流程图

注册完成后，登录功能需要有判空、内容正确性判断及错误信息提示。这些登录的信息会一直保存在全局变量中，方便后续数据使用，这些信息来源于用户在单元格填写的信息，登录流程图如图 10-5 所示。

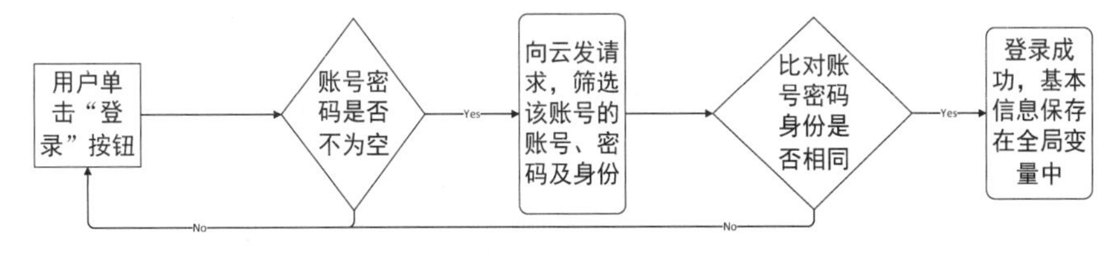

图 10-5　登录流程图

修改密码也应有是否为原主人的判断，之后才能允许用户对密码进行修改，这些信息来源于用户单元格填写内容，修改密码流程图如图 10-6 所示。

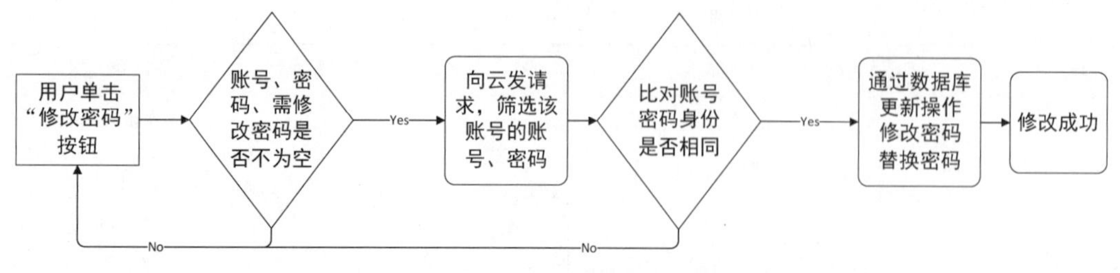

图 10-6 修改密码流程图

10.3.2 订单模块

这一模块包含订单发出、接受、取消及完成，信息详情，信息总览(内置搜索，排序功能)。订单的发出和取消需要在学生权限下使用，需发出有信息的判空及错误提示，取消时则应有二次确认提示。订单发出信息来源于用户在单元格内所填信息；订单的接受和确认需要在维修人员权限下使用，接受需要存在防止多次接受的功能且接受时应使订单加入排序；订单确认需要填写相应完成信息并在排序上进行相应改变。上述订单的 4 种操作都应由按钮发起。总览页面需要展示出所有订单的简易信息，该信息是从云端调取的，维修人员可以获取它所有的订单维修信息。信息详情需要展示一个订单完整的信息，其与信息总览页面存在交互，而总览页面需要提供订单_id 与当前订单状态给信息详情。

该模块的总体流程图如图 10-7 所示。

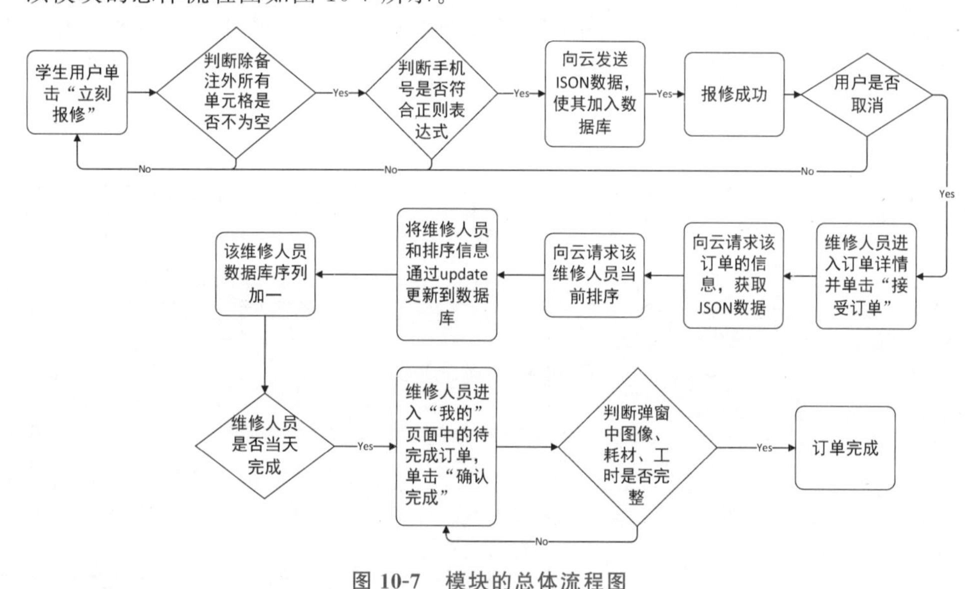

图 10-7 模块的总体流程图

10.3.3 聊天模块

该模块是为了加强学生和维修人员之间的沟通。维修人员和学生都应有初次发起聊天的权限，也需要能再次进入聊天的功能。初次建立聊天需要获得聊天两人的基本信息——两人的_id 与头像信息_url。这些信息来源于全局变量与云数据库，模块的流程图如图 10-8 所示。

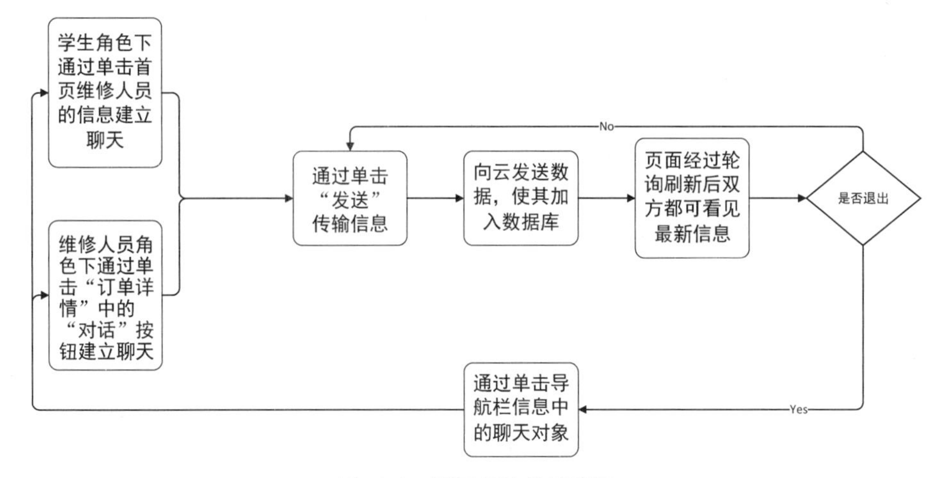

图 10-8　聊天模块的流程图

10.3.4　个人信息模块

该模块可分为管理个人信息、查看订单、查看公告板及退出登录。

管理个人信息是为了管理一些可变动内容，其数据来源于登录时的全局变量。由于内容相对较少，因此这里采用弹框显示。管理个人信息流程图如图 10-9 所示。

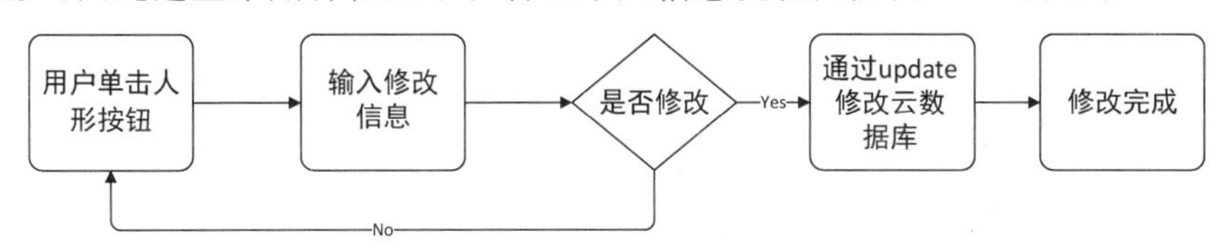

图 10-9　管理个人信息流程图

查看订单是为了方便用户查看自己各个状态下的订单，其数据的呈现需要获得单击的订单状态 state 和用户_id。

查看公告板是为了让用户更好地了解系统，内容较少的缘故其都使用弹出层显示。

退出登录是为了切换账号时之用。退出登录后应该将全局变量清空，并禁止返回操作。

10.4　系统模块的实现

10.4.1　登录模块

在登录时，用户只需要提供账号、密码及角色身份。当单击“登录”选项时，系统将首先通过 e.detail.value(e 为单元格传参)获取单元格内的信息，检测密码、账号是否为空(默认是以学生身份登录)，若为空则利用 wx.showToast()方法弹出相关缺失信息。当第一步检测通过后，微信小程序会向云数据库发出请求，云数据库会将所用账号相关的信息以 JSON 形式发送到前端，之后前端将对输入的账号、密码及身份进行比对，若有错误也会通过 wx.showToast()方法报错。两步都完成后，即可授权用户登录系统。考虑后面会显示个人信息，在登录后，前端会利用 app.globalData 这一全局变量来储存个人基本信息，减少与后端交换带来的流量损失,本系统也用到了 mobx 这一框架以方便后期改进。

在注册时,用户需要提交的信息就相对多一些,包括账号密码、姓名、手机号及角色身份(手机号是为了方便后面系统上线后在修改密码这一模板上加入手机号短信验证)。注册这块的验证与登录类似,关键是让注册者受到账号与手机号的限制,账号需要具有唯一性,因此注册时需要先向云端请求数据来判断该账号是否存在,判定为空后才能有后续加入数据库的操作。手机号比较特殊,前端要判断手机号是否为空及是否符合手机号验证的正则表达式(负责匹配手机号是否在运营商号段内),本系统用的正则表达式是/^(((13[0-9]{1})|(15[0-9]{1})|(18[0-9]{1})|(17[0-9]{1}))+\\d{8})$/。

在修改密码时,由于小程序上线后才能使用短信验证,故现在这一环节相对简单许多,只需要如上述登录判定账号密码正确,即可通过数据库 update 函数对密码进行更新。

实现登录功能的核心代码如下所示。

```
1.  login(e){
2.        let psd = this.data.password;
3.        let un = this.data.username;
4.        let v1 = this.data.value2;
5.        var that = this;
6.        if (psd == '') {
7.          Toast('密码不能为空')
8.        }else if(un == ''){
9.            Toast('账号不能为空')
10.       }else{
11.         db.collection('account')
12.         .where({
13.           account: un
14.         })
15.         .get({
16.           success: function(res) {
17.             //console.log(un)
18.             //console.log(res.data)
19.             //console.log(res.data.length)
20.            if(res.data.length == '0'){
21.              Toast('该账户不存在')
22.            }else{
23.              //console.log(res.data[0].密码)
24.              //console.log(psd)
25.               if(res.data[0].pwd == psd){
26.                 //console.log('3')
27.                 if(res.data[0].identity == v1){
28.                 //console.log(res.data[0]._id)
29.                 let v = res.data[0]._id.valueOf();
30.                 //console.log(v)
31.                 that.updateid(v)
32.                 app.globalData.personal_id = res.data[0]._id
33.                 app.globalData.personal_name = res.data[0].name
34.                 app.globalData.personal_url = res.data[0].url
35.                 app.globalData.personal_account = res.data[0].account
36.                 app.globalData.personal_identity = res.data[0].identity
37.                 console.log(app.globalData.personal_identity)
```

```
38.                 //console.log('成功')
39.                 Toast('登录成功')
40.                 setTimeout(function(){
41.                   wx.switchTab({
42.                     url: '/pages/home/home',
43.                   })
44.               },100)
45.                 }else{
46.                   console.log('5')
47.                   Toast('身份错误')
48.                 }
49.                 }else{
50.                   console.log('4')
51.                   Toast('密码错误')
52.                 }
53.             }
54.
55.             },
56.             fail: err =>{
57.               Toast("查询失败")
58.             }
59.
60.           })
61.       }
62. }
```

10.4.2　订单模块

该模块基本围绕信息总览和信息详情展开，因此需要先行实现这两个页面。

1. 信息总览

信息总览页面的信息是从云数据库 char_information 集合中获取的，这里采用的是云函数，在 js 中通过 wx. cloud. callFunction()函数可以调用 getlist()这个云函数获取所有的订单维修信息。

getlist()函数实现的是通过 db. collection(). get()获取需求的信息。这里之所以用到云函数而非直接在信息总览页面的 js 中请求数据库，是为了能一次获得更多数据，在数据无穷多的条件下，云函数能一次获取到 100 条记录，而直接调用数据库请求只能一次获取 20 条，这个数字太小，不能完成产品需求。当然 100 条记录也还是不够的，因此本系统还利用 for 循环和数组拼接函数 concat()来突破极限，做到完全取出。云函数 getlist()核心代码如下所示。

```
1.  exports.main = async (event, context) => {
2.      //获取数据的总条数
3.      let count = await db.collection("Corrupted_information").count()
4.      count = count.total
5.      //通过 for 循环做多次请求，并把多次请求的数据放到一个数组中
6.      let all = []
```

```
7.        for(let i = 0;i < count;i += 100){
8.            let list = await db.collection("Corrupted_information").skip(i).get()
9.            all = all.concat(list.data)
10.       }
11.       //将数据返还
12.       return all;
13. }
```

数据量大意味着速度慢、用户体验差、使用效率低，因此需要在 js 页面做"节流阀"。每次页面需要拉取获得更多信息时就会触发小程序生命周期函数中的 onReachBottom()函数，这个函数会在页面触底时触发。如果在获取数据时，用户重新往回倒退、再次触底，则这样会多次触发该函数，所以这里有个判断是否加载中的数据"节流阀"，以确保数据不会多次被获取。为了提升用户体验，在加载过程中还增加了加载展示效果。

```
1.  getcontent(){
2.          //节流
3.          this.setData({
4.              isload:true
5.          })
6.          //展示 loading 效果
7.          wx.showLoading({
8.            title: '数据加载中...',
9.          })
10.         var that = this
11.         wx.cloud.callFunction({
12.           // 云函数名称
13.           name: 'getlist',
14.           // 传给云函数的参数
15.           success: function(res) {
16.             //console.log(res.result) // 3
17.             that.setData({
18.               list:res.result
19.             })
20.           },
21.           fail: console.error
22.         })
23.         wx.hideLoading()
24.         that.setData({
25.            isload:false
26.         })
27.     }
```

用户可以在导航里直接进入信息详情的页面，也可以通过单击这里的信息，利用 navigator 组件进入订单详情页面。信息总览页面如图 10-10 所示。它包含了模糊查找和以卡片组件形式存在的一个个信息，是由一个带有 for 循环的 navigator 组件作为整个信息的容器，里面则是一个个 vant weapp(UI 框架)里的 card，展示图如图 10-10 所示。

另外，模糊查找部分则是由向云端发起数据请求的函数实现的。这里首先利用 db.collection().command.or()这个函数在不同字段的模糊查找，利用正则表达式规则对每个字的进行查找，例如，查找接受订单的名字中带"陈"字的维修师傅，可以如图 10-11 所示。

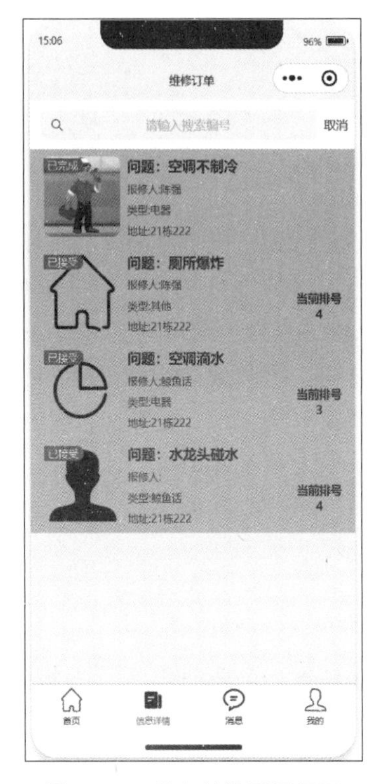

图 10-10　信息总览页面展示

```
{
  name:db1.RegExp({
  regexp: that.data.value
  }),
```

图 10-11　模糊查找部分内容匹配

以上的代码中“that. data. value”表示的是搜索栏输入的内容，即要查找名字中带“陈”的师傅，所以只要将“that. data. value”的值改为“陈”即可。

至于实现查找后，下面 card 的动态发生变化，该系统是通过组件自带的 hidden 属性实现的，当搜索框获得聚焦且获得输入框信息时，会使原本的 card 隐藏，搜索框内的数值则通过另一个 card 展现，这里先是通过模糊搜索获得云数据库的 JSON，然后通过“this. setData({})”对 js 中 Data 中 list 变量赋值，在经过 WXML 中 wx:for 循环获得 list 的值，最后就能渲染出搜索的内容，代码如图 10-12 所示。

```
<navigator wx:for="{{list2}}" wx:key="index" hidden="{{show1}}" url="/pages/specific/specific?order_id={{item._id}}&state={{item.state}}">
<van-card
tag="{{item.state}}"
thumb="{{ item.url }}">
<view slot="title" style="margin-bottom: 15rpx;">
  <text style="color: #323233;font-weight: bold;font-size:medium">问题: {{item.facility}}</text>
  </view>
  <view slot="desc" style="display: flex;flex-direction: row;justify-content: space-between;">
  <view style="display: flex;flex-direction: column;">
    <text style="color: #323233;margin-bottom: 15rpx;">报修人:{{item.username}}</text>
    <text style="color: #323233;margin-bottom: 15rpx;">类型:{{item.type}}</text>
    <text style="color: #323233;">地址:{{item.address}}</text>
  </view>
  <!-- <van-button size="small" type="primary">接受</van-button> -->
  <view wx:if="{{item.state=='已接受'}}" style="display: flex;flex-direction: column;justify-content:center;align-items: center;">
    <text style="font-size: small;font-weight: bold;">当前排号</text>
    <text style="font-size: small;font-weight: bold;">{{item.count}}</text>
  </view>
</view>
```

图 10-12　搜索功能下内容显示的 WXML 设计

2. 信息详情

信息详情页面是不能单独打开的,它必须通过单击订单 card 进入,在这个跳转内,信息详情页面可以获得这个订单的_id 这个唯一标识属性及订单的完成状态(state)来判定订单需要展示的数据,通过_id 可向云端获得该条数据的信息。

该页面是由图片、表单、一个进度条及一个按钮(学生模式下没有)组成的,展示图 10-13 展示的是单个维修订单,表单内展示的内容则是一些详细的维修信息。根据信息总览的传参 state,利用 WXML 中 if 判断,实现不同状态下内容的差异。最后则是进度条,该进度条调用了 van-steps 组件直观地展示进度及各个进度时间。用户旁边的按钮是为了给维修人员和用户处理突发情况交流而用的,若处于维修人员模式下,最后将是一个按钮,用于接受订单。按钮的出现及订单不同状态下的信息展示是通过 WXML 中 wx:if 函数判断状态,例如,< view wx:if="{{list[0].state=='已完成'||list[0].state=='已接受'}}">即可做到。

3. 订单发出、接受、取消及完成

订单的发出是在学生角色下的,用户可以直接在导航栏的首页单击立即报修。该页面和订单信息页面相差无几,只是表单变为可写、图像变为可上传、可预览而已,展示如图 10-14 所示。

图 10-13　信息详情页面展示

图 10-14　报修订单填写页面

报修按钮会首先判断图像、报修人、手机号等是否为空，若为空则不能提交（所有选项中只有备注能为空），若通过则调用“db. collection(). add({data:{}})”提交内容。

这里图像上传的处理，是先将数据库函数上传至云存储空间，然后经过的回调函数可以获得它的 URL 和 fileID，再将图像的 URL 存储到云数据库。关于上传云存储的代码如图 10-15 所示。

```
uploadImage(fileURL) {
  var that = this
  wx.cloud.uploadFile({
    // 上传至云端的路径
    cloudPath:new Date().getTime()+'.png'
    filePath: fileURL, // 小程序临时文件路
    success: res => {
      //获取图像的http路径, 准备添加到数据库
      that.addImagePath(res.fileID)
      that.setData({
        fileID: res.fileID
      })
    },
    fail: console.error
  })
},
```

```
addImagePath(fileId) {
  var that = this
  wx.cloud.getTempFileURL({
    fileList: [fileId],
    success: res => {
      url = res.fileList[0].tempFileURL
      const { fileList2 = [] } = that.data;
      fileList2[0].url= url
      fileList2[0].status= 'done'
      that.setData({ fileList2 });
    },
    fail: console.error
  })
},
```

图 10-15　图像上传云存储的代码展示

接受订单页面是在维修人员角色下呈现的信息详情页面。该页面通过单击按钮读取 app. globalData 基本信息，将维修人员的账号、名称、排序信息更新到该订单中。

取消订单功能只有在学生角色下才有，用户可在导航栏中通过单击“我的”进入“未完成订单”页面进行查看，里面所有的订单都有取消订单按钮。这些订单获取方式与信息总览相同，只是做了筛选，同样配有“节流阀”。当订单发出后，只有学生发现不需要维修后才可自主取消订单（前提是维修人员没有接受订单），由于这是个删除数据库的操作，所以需要设有一个弹窗来提醒用户。若继续执行，则取消订单按钮可通过 button 组件的“data-id”为该订单的 _id 传参，小程序可在 js 页面通过“e. target. dataset. id”获得该参数，通过“db. collection(). where(). remove”在云数据库中删除数据。

完成订单功能只有维修人员角色才有，用户可在导航栏中通过单击“我的”进入已接受订单页面查看，所以该维修人员接受订单就会经过云数据库筛选，并通过 card 呈现出来，都配有“确认”按钮。“确认”按钮与“取消订单”按钮相同，只是最后功能的 remove 变为 update。另外，单击“确认”完成后，需要提交完成图像、耗材及工时，以方便系统统计维修人员的工作情况。

4. 排序

排序的内容分为 3 块——序列生成、序列添加、序列更新。

生成序列需要在云数据库中有一个集合（count）用来记录每个维修人员当日的排序。同时，在云函数中需要有一个函数在每天凌晨 2 点将排序值清空，置为 1。维修人员的排序

记录是在注册维修人员时同时形成，而云函数，则需要设置触发器以保证，触发器代码如图 10-16 所示。

该触发器需要在云函数的 config.json 中配置，其中 config 属性是触发时间的调节，这里是以 cron 表达式来决定合适触发时机的，它一共 7 个必需字段，每位需要按空格间隔，从 1～7 位分别表示秒、分钟、小时、日、月、星期、年。

添加序列是在维修人员接受订单后会将从该维修人员对应的排序号拿出，并将其同步到该订单的数据库上。在完成同步后，其将在运行排序号自加一之后再更新到排序的数据库，自加一代码如图 10-17 所示。

```
"triggers": [
  {
    "name": "myTrigger",
    "type": "timer",
    "config": "0 0 2 * * * *"
  }
]
```

图 10-16　触发器配置代码实现

```
addsort(){
    db.collection('count').where({
      account:app.globalData.personal_account
    })
    .update({
      data: {
        count: db.command.inc(1)
      }
    })
},
```

图 10-17　排序自加一代码实现

更新序列的作用是当维修人员完成一个维修订单后允许其确认完成，这时序列会将对应维修人员名下所有的序列都自减一，由于序列都是针对当天的，因此，还需要一个云函数设有时间触发器，来使有未完成的接受订单在凌晨 2 点回到未完成状态，这部分订单需要重新被接受。

10.4.3　聊天模块

该模块可以将之分为发起聊天、重新聊天两个部分。

在发起聊天功能中，若这是两者第一次进行聊天，则维修员工可通过接受订单的订单详情页面单击用户旁边的对话按钮发起对话，学生则可通过首页的维修队伍单击维修人员发起聊天，两者的代码是相似的。按钮的单击都会从 app.globalData 和 card 中获得双方的唯一性_id，单击后，小程序会在云数据库集合 char_information 中增加一条关于两人的记录。单击后会进入会话窗口，会出现如图 10-18 所示页面。

图 10-18　聊天页面

发送一条聊天记录的核心代码如下所示。

```
1. //发送内容
2. publishChat(){
3.     var curDate = new Date();
4.     var year = curDate.getFullYear();
5.     var month = curDate.getMonth() + 1;
6.     var day = curDate.getDate();
7.     var hour = curDate.getHours();
8.     var minute = curDate.getMinutes();
9.     var second = curDate.getSeconds();
10.    let arr_order = []
11.    let arr_information = []
12.    let arr_time = []
13.    if(this.data.list_original!= ''){
14.        arr_order = this.data.list_original[0].order
15.        arr_information = this.data.list_original[0].information
16.        arr_time = this.data.list_original[0].time
17.    }
18.    let item = this.data.position
19.    let now_time = year + " - " + month + " - " + day + ' ' + hour + ':' + minute + ':' + second
20.    arr_order.push(item)
21.    arr_information.push(this.data.text)
22.    arr_time.push(now_time)
23.    var that = this
24.    db.collection('char_information').where({
25.        id_1:that.data.id_1_confirm,
26.        id_2:that.data.id_2_confirm,
27.    }).update({
28.        data:{
29.            order:arr_order,
30.            information:arr_information,
31.            time:arr_time,
32.        }
33.    })
34.    that.setData({
35.        text:''
36.    })
37.    that.getcontent()
38. }
```

与常规聊天页面相似，但由于这里只是短暂会话，所以不需要提供发送图像功能，只需要发送文字即可。在下方输入框输入文字，然后单击发送即可成功发送。为了使用户自己的对话始终居于右侧，对方的对话内容始终居于左侧，系统在WXML做了自适应设计，代码如下。

```
1. <!-- 聊天信息面板 -->
2. <scroll - view scroll - y = "true" style = "height: 1300rpx;">
3.     <view wx:for = "{{list_original[0].order}}" wx:key = "index" class = "list - title">
4.         <view wx:if = "{{list_original[0].order[index] == position}}" class = "right">
5.             <image src = "{{url_self}}"></image>
6.             <view style = "display: flex;flex - direction: column;text - align: right;
   margin - right: 20rpx;">
```

```
7.                   < text style = "font - size: small;">{{list_original[0].time[index]}}
   </text>
8.                   < text style = " font - weight: bold;">{{list_original[0].information
   [index]}}</text>
9.               </view>
10.          </view>
11.          < view wx:else class = "left">
12.              < image src = "{{url_receive}}"></image>
13.              < view style = "display: flex;flex - direction: column;margin - left: 20rpx;">
14.                 < text style = " font - size: small;">{{list_original[0].time[index]}}
    </text>
15.                 < text style = " font - weight: bold;">{{list_original[0].information
    [index]}}</text>
16.              </view>
17.          </view>
18.          </view>
19. </scroll - view>
20. <!-- 发送信息 -->
21. < view style = " display: flex; flex - direction: row; width: 100 % ; position: absolute;
    bottom: 0;margin - bottom: 30rpx;justify - content: center;align - items: center;">
22.     < van - cell - group >
23.     < van - field
24.     value = "{{text}}"
25.     placeholder = "请输入内容"
26.     size = "x - large"
27.     bind:change = "textchange"
28.     />
29.     </van - cell - group >
30.     < van - button size = "normal" type = "primary "  bind:click = "publishChat">发送</van -
    button >
31. </view>
```

代码中的 position 属性值通过确定当前登录者的身份来判定,当为学生时,判定为 1,当为维修人员的时候,判定为 2,在集合 char_information 中的记录会有一个字段记录每条信息的 position 属性值,通过 js 中获得的 position 和云数据库中的 position 值比对,以此实现自适应效果,即用 WXML 中 wx:if 标记判断显现右边,隐藏左边,不符合则反之。发送信息是通过读取输入框的信息,通过 db.collection().add()方法实现的,它需要提交的信息是输入框的信息、发出的时间、发出者的位序,提交完成后,将在数据库函数 complete 中再读取一遍数据,即可做到实时更新。但是要做到接收方也能实时更新就需要云端的操作了,该系统由于使用的云服务是免费版、不是按量付费版,无法使用事件触发器来使接收方更新,但这里运用了轮询这种做法来使实现,代码如下所示。

```
1. onShow: function () {
2.     this.getcontent()
3.     setTimeout(() =>{
4.         var that = this;
5.         that.getcontent()
6.     }, 100)
7. },
```

这个函数的意义是每隔 10 秒获取一次数据，即 10 秒刷新一下页面。

重新聊天是让已经建立对话的两个人可以在导航栏中单击信息页面。这个页面会从云数据中筛选出与登录者_id 相同的记录，并通过 for 循环将这些 view 组件显示出来，通过单击这些 view 组件，用户可以重新进入上次的聊天页面。

用户重新进入聊天页面后小程序可以展示已存在的聊天记录，获取以前的聊天记录的核心代码如下所示。

```
1.  //获得以前的聊天信息
2.  getcontent(){
3.      var that = this
4.      db.collection('char_information').where({
5.          id_1:that.data.id_1_confirm,
6.          id_2:that.data.id_2_confirm,
7.      }).get({
8.          success:function(res){
9.              if(res.data.length!= 1){
10.                 db.collection('char_information').add({
11.                     data:{
12.                         id_1:that.data.id_1_confirm,
13.                         id_2:that.data.id_2_confirm,
14.                         order:[],
15.                         time:[],
16.                         information:[]
17.                     },success:function(res2){
18.                         if(that.data.id_1_confirm == app.globalData.personal_id){
19.                             that.setData({
20.                                 position:1
21.                             })
22.                         }else{
23.                             that.setData({
24.                                 position:2
25.                             })
26.                         }
27.                     }
28.                 })
29.             }else{
30.                 that.setData({
31.                     list_original:res.data,
32.                 })
33. 
34.                 //确认位置
35.                 if(that.data.id_1_confirm == app.globalData.personal_id){
36.                     that.setData({
37.                         position:1
38.                     })
39.                 }else{
40.                     that.setData({
41.                         position:2
42.                     })
43.                 }
44.             }
```

```
45.                //console.log(that.data.position)
46.            }
47.        })
48. }
```

信息的页面展示如图 10-19 所示。

图 10-19　消息的页面展示

view 组件中包含了上次聊天人的姓名、最后一句聊天信息及它的发出时间。

10.4.4　个人信息模块

该模块可分为管理个人信息、查看订单、查看公告板及退出登录等。页面展示如图 10-20 所示。

1. 管理个人信息

其功能的数据来源于登录时写入的全局变量 app. globalData，可以通过单击右上角图标来修改个人信息，单击后，会有 vant 组件的弹窗弹出，可以对用户的头像、姓名、手机号进行修改(该处的图片提交和上文提到的图片上传相似，文字也相同)，不填写则将默认为原本信息，单击“确认”按钮修改后，系统会通过 db. collection(). updata 函数更新到云数据库，并提示修改成功，代码如下。

```
1.  onConfirm(event) {
2.      let that = this
```

```
3.        if(that.data.name == ''){
4.          that.setData({
5.            name:that.data.list[0].name
6.          })
7.        }
8.        if(that.data.phone == ''){
9.          that.setData({
10.           phone:that.data.list[0].phone
11.         })
12.       }
13.       if(url == ''){
14.         url = that.data.list[0].url
15.       }
16.       db.collection('account').doc(this.data.list[0]._id)
17.       .update({
18.           data: {
19.                 name: that.data.name,
20.                 phone:that.data.phone,
21.                 url: url,
22.           },
23.           success: function(res1) {
24.             Toast("修改成功")
25.             that.getcontent()
26.           }
27.       })
28.   }
```

图 10-20　个人信息页面

修改展示如图 10-21 所示。

2. 查看订单

在学生角色下，用户可查看未完成订单、已接受订单、已完成订单，在维修人员角色下，用户可查看待完成和已完成订单，这两个页面的不同也是通过全局变量的 hidden 属性的变化来实现的，每个用户单击进入后都可以查看到自己相关订单的信息总览，这里需要传入全局变量中登录者的_id 和订单状态以方便程序筛选，其与订单模块的信息总览相似，只是在 db.collection().get()方法中加入了 where()条件来筛选出相应状态的订单。另外也使用了 wx:if 组件为未完成订单的取消按钮和待完成订单的确认完成按钮实现页面变化，在学生角色下三个订单是一个页面，在维修人员角色下两个订单状态用的是一个页面。每个订单状态都可以通过单击图像进入信息详情页面。

3. 查看公告板、退出登录

这两个功能都使用了 vant 组件中的弹出层组件，单击之会弹出下方相应内容，展示如图 10-22 所示。

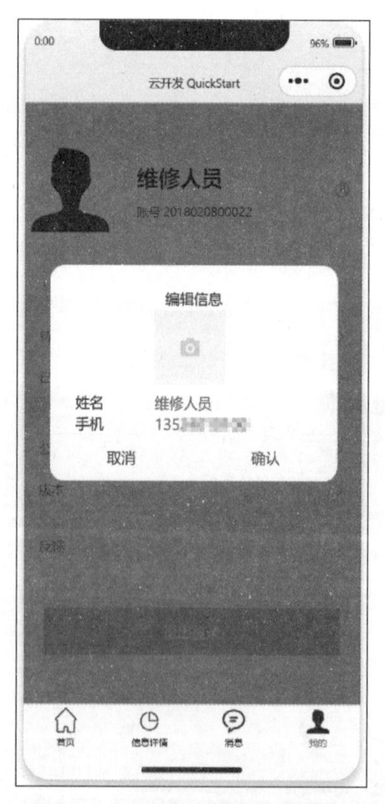

图 10-21　修改个人信息弹窗展示

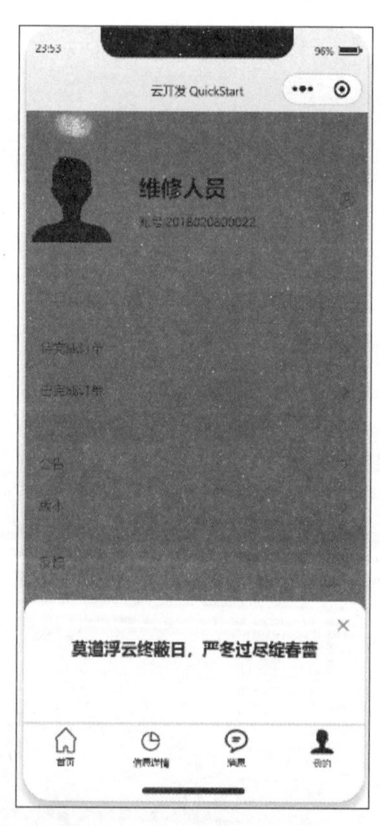

图 10-22　公告弹出层展示

这里对单元格单击可修改弹出层的 show 属性，将之变为 true，使其呈现弹出的效果，当单击弹出层上的“×”号或单击弹出层以外的区域则会再次修改 show 属性，使之变为 false，弹出层消失。由于这两块内容大多是在迭代版本中变更，因此这里并没有对其上内容与云数据库做关联。

退出登录功能是单击后将直接关闭当前小程序的所有页面(包括挂起状态的),并回到登录首页,这里用的是 wx. reLaunch ()跳转函数,其会将全局变量 app. globalData 的值全部置为空,代码如下。

```
1.  //退出登录
2.  out(){
3.    wx.reLaunch({
4.      url:"/pages/login/login"
5.    })
6.    app.globalData.personal_id = '',
7.    app.globalData.personal_name = '',
8.    app.globalData.personal_phone = '',
9.    app.globalData.personal_identity = '',
10.   app.globalData.personal_url = "",
11.   app.globalData.personal_account = ''
12. },
```

10.5　习题

独立创建一个微信小程序,并实现上述功能。

第11章

小程序实战项目——电影院自助管理系统

CHAPTER 11

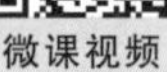

微课视频

在线练习

本章的主要内容是开发电影院自助管理系统小程序实战项目。

11.1　设计系统功能

基于 Spring Boot 的电影院自助管理系统分为微信小程序购票前台和 Web 后台，后台的主要流程是管理员上架电影，然后再选择某个电影院的影厅添加场次，前台的主要流程是注册登录小程序，允许用户单击购票导航栏、选择电影或电影院、单击进入详情、然后选择相应的场次，选座后单击下单、买票，并可以允许用户在个人中心的“我的订单”中查看订单详情。后台管理员则通过 Web 后台查看相应的订单。因此详细功能如下。

1. 用户端的功能设计

(1) 登录前台：登录小程序，每次登录完小程序，后台将自动缓存账号，一次登录即可保留登录信息。

(2) 购买电影票：用户购买电影票前首先需要选择影院，之后选择上映的电影和场次，页面会跳转到该场次的座位表，用户可自行选择一个合适的座位。如果座位已满，则系统会提醒用户该场次已无可预约的位置。

(3) 退电影票：如果用户临时有事无法到场，则可在一定时间内线上退票；退票需要提交原因，待后台审核通过后即可退票成功。

(4) 电影票转让：用户也可以选择转让电影票，转让电影票需要请求系统，等到有其他用户有需求时系统会提醒，单击确认后即可转让。

(5) 寻找影友：如果用户是一个人看电影，则可以线上寻找影友，用户购买完电影票后，在通知中可以看到与自己一场次的其他用户。

(6) 余额充值：如果用户购买电影票余额不足，则可以在个人中心充值，可以选择固定金额充值，也可以选择自定义金额充值。

(7) 查看观影记录：用户可以在个人中心的观影记录中查看自己最近看电影的记录。

2. 管理员端的功能设计

管理员在管理页面的导航栏可以看到如下的一些功能导航栏。

(1) 用户管理。

(2) 电影管理。

(3) 影院管理。

(4) 影厅管理。

(5) 排片管理。

(6) 订单管理。

(7) 评论管理。

(8) 管理员管理。

系统的功能模块如图 11-1 所示。

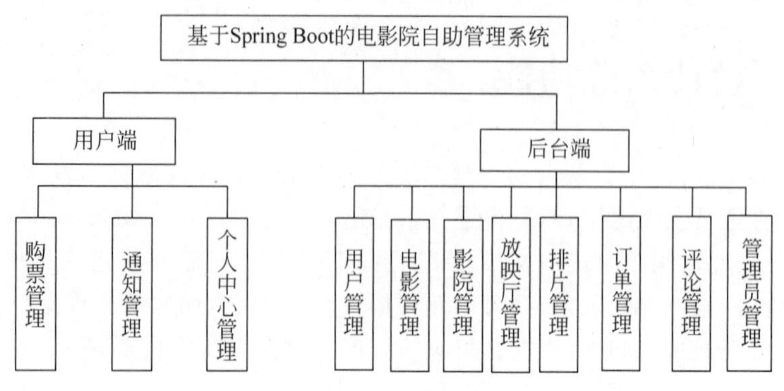

图 11-1　系统的功能模块

11.2　设计数据库

用户 E-R 图如图 11-2 所示。

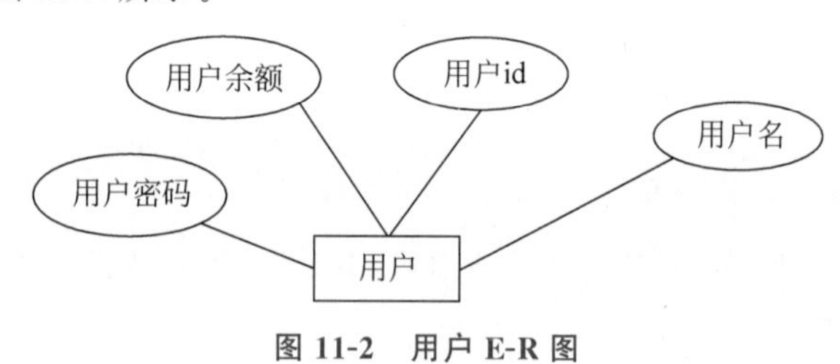

图 11-2　用户 E-R 图

评论 E-R 图如图 11-3 所示。

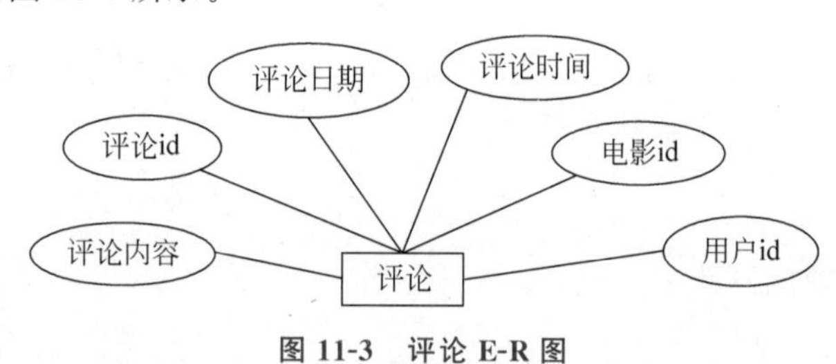

图 11-3　评论 E-R 图

电影 E-R 图如图 11-4 所示。

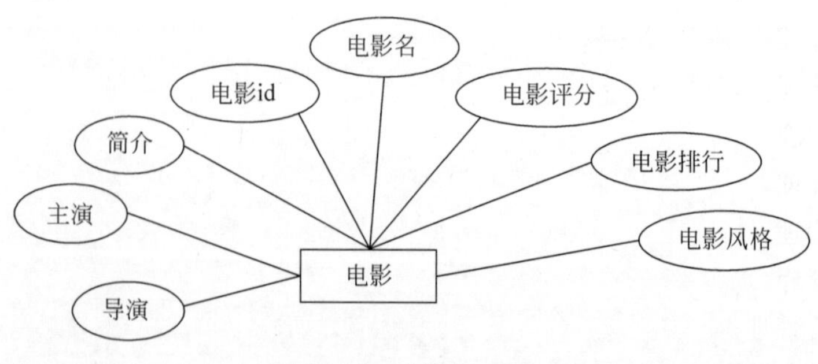

图 11-4　电影 E-R 图

电影订单 E-R 图如图 11-5 所示。

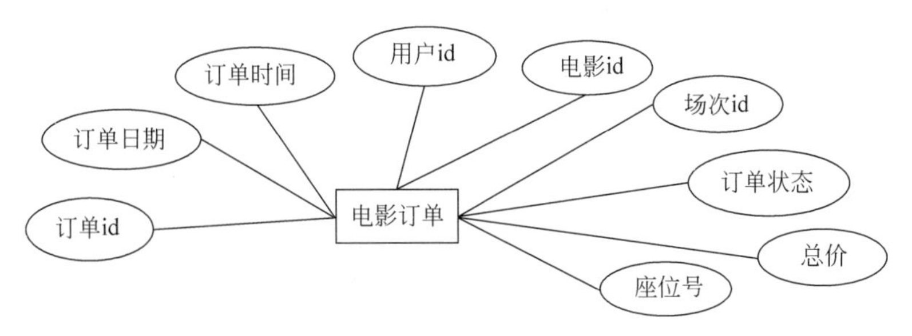

图 11-5　电影订单 E-R 图

电影院 E-R 图如图 11-6 所示。

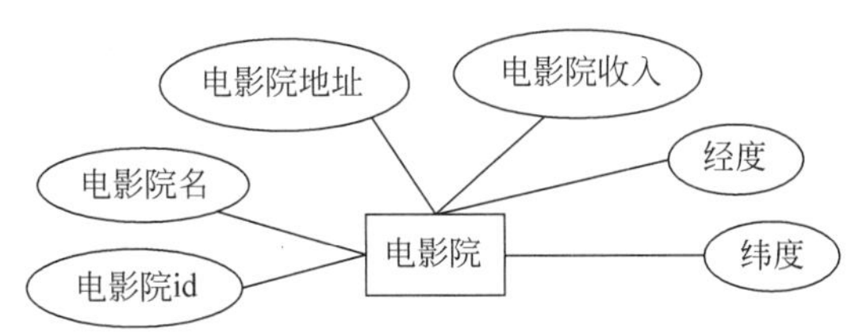

图 11-6　电影院 E-R 图

影厅 E-R 图如图 11-7 所示。

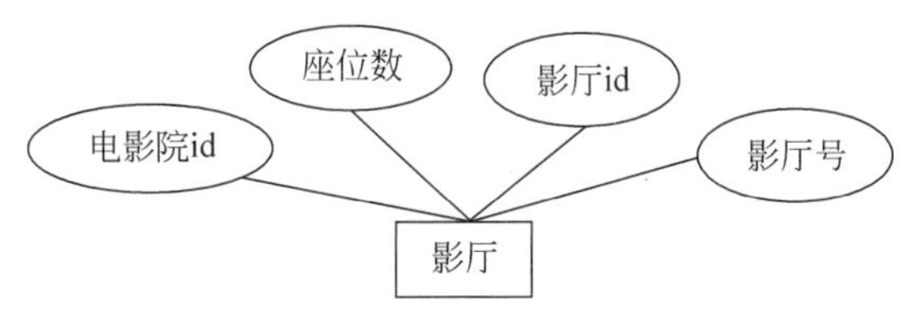

图 11-7　影厅 E-R 图

场次 E-R 图如图 11-8 所示。

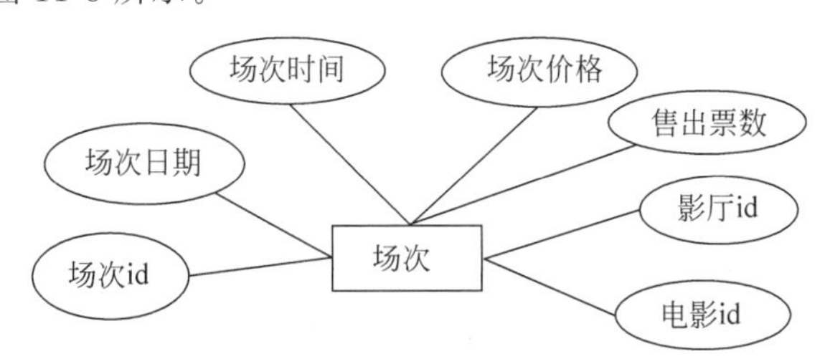

图 11-8　场次 E-R 图

转让订单 E-R 图如图 11-9 所示。

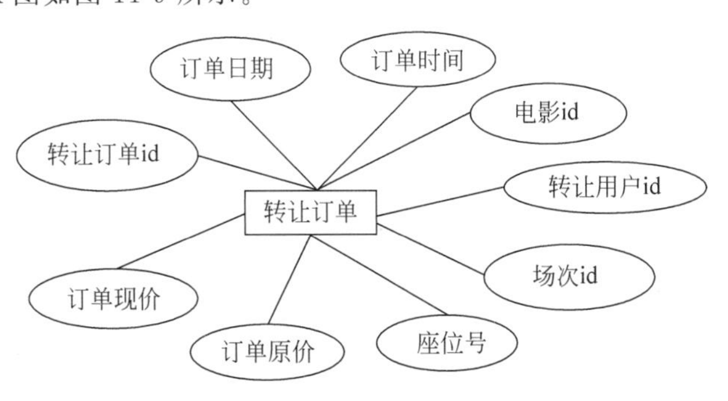

图 11-9　转让订单 E-R 图

管理员 E-R 图如图 11-10 所示。

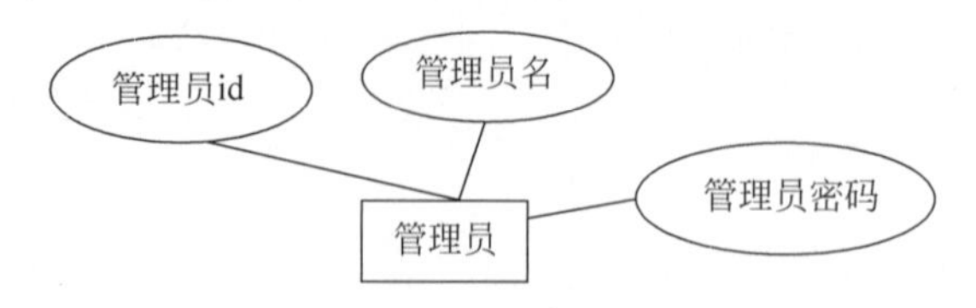

图 11-10 管理员 E-R 图

用户表如表 11-1 所示。

表 11-1 用户表

列　名	数值类型	是否允许为空	是否主键	备　注
user_id	Varchar	×	√	用户 id
user_name	Varchar	×	×	用户名
user_password	varchar	×	×	用户密码
user_money	int	×	×	用户余额

电影表如表 11-2 所示。

表 11-2 电影表

列　名	数值类型	是否允许为空	是否主键	备　注
film_id	varchar	×	√	电影 id
film_name	varchar	×	×	电影名
film_score	float	×	×	电影评分
film_rank	int	×	×	电影排行
film_style	varchar	×	×	电影风格
director	varchar		×	导演
actor	varchar		×	主演
film_introduction	varchar		×	简介
film_picture_url	varchar	×	×	图片路径

影院表如表 11-3 所示。

表 11-3 影院表

列　名	数值类型	是否允许为空	是否主键	备　注
cinema_id	varchar	×	√	电影院_id
cinema_name	varchar	×	×	电影院名
cinema_address	varchar	×	×	电影院地址
cinema_income	int	×	×	电影院收益
longitude	double	×	×	经度
latitude	double	×	×	纬度

影厅表如表 11-4 所示。

表 11-4 影厅表

列　名	数值类型	是否允许为空	是否主键	备　注
cinema_id	Varchar	×	√	电影院_id
cinema_name	Varchar	×	×	电影院名

续表

列　名	数值类型	是否允许为空	是否主键	备　注
cinema_address	Varchar	×	×	电影院地址
cinema_income	Int	×	×	电影院收益
longitude	Double	×	×	经度
latitude	Double	×	×	纬度

电影订单表如表 11-5 所示。

表 11-5　电影订单表

列　名	数值类型	是否允许为空	是否主键	备　注
order_id	Varchar	×	√	订单_id
order_date	varchar	×	×	订单日期
order_time	varchar	×	×	订单时间
user_id	varchar	×	×	用户 id
film_id	varchar	×	×	电影 id
session_id	varchar	×	×	场次 id
seat_number	int	×	×	座位号
total_price	Int	×	×	总价
state	varchar	×	×	订单状态

评论表如表 11-6 所示。

表 11-6　评论表

列　名	数值类型	是否允许为空	是否主键	备　注
comment_id	varchar	×	√	评论_id
comment_content	varchar	×	×	评论内容
comment_date	date	×	×	评论日期
comment_time	time	×	×	评论时间
film_id	varchar	×	×	电影 id
user_id	varchar	×	×	用户 id

转让订单表如表 11-7 所示。

表 11-7　转让订单表

列　名	数值类型	是否允许为空	是否主键	备　注
transfer_order_id	varchar	×	√	转让订单 id
order_date	date	×	×	转让订单日期
order_time	time	×	×	转让订单时间
film_id	varchar	×	×	电影 id
user_id	varchar	×	×	用户 id
session_id	varchar	×	×	场次 id
seat_number	int	×	×	座位号
original_price	int	×	×	原价
current_price	int	×	×	现价

管理员表如表 11-8 所示。

表 11-8 管理员表

列　　名	数值类型	是否允许为空	是否主键	备　　注
manager_id	varchar	×	√	管理员_id
manager_name	varchar	×	×	管理员名
manager_password	date	×	×	管理员密码

场次表如表 11-9 所示。

表 11-9 场次表

列　　名	数值类型	是否允许为空	是否主键	备　　注
session_id	varchar	×	√	管理员_id
session_date	Varchar	×	×	管理员名
session_time	date	×	×	管理员密码
session_price	float	×	×	场次价格
sold_number	int	×	×	售票数
hall_id	varchar	×	×	影厅 id
film_id	varchar	×	×	电影 id

11.3 系统页面的详细设计与实现

11.3.1 用户注册与登录页面

用户进入小程序页面后,首先需要注册一个新的账号,输入用户名(username)和密码(password),将数据提交到后台,后台需要对其进行校验,确认其长度符合规范(不少于 5 位数,并且包含字母和数字),用户需要输入两次密码,前后一致,便可将之保存到数据库并注册成功,否则页面提示“两次输入密码不一致!”,如图 11-11 所示。

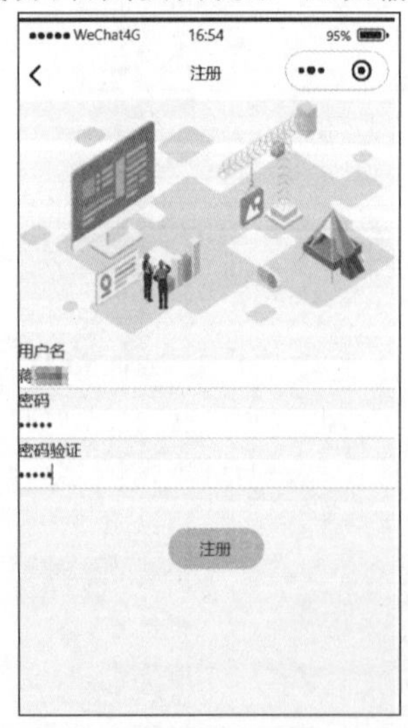

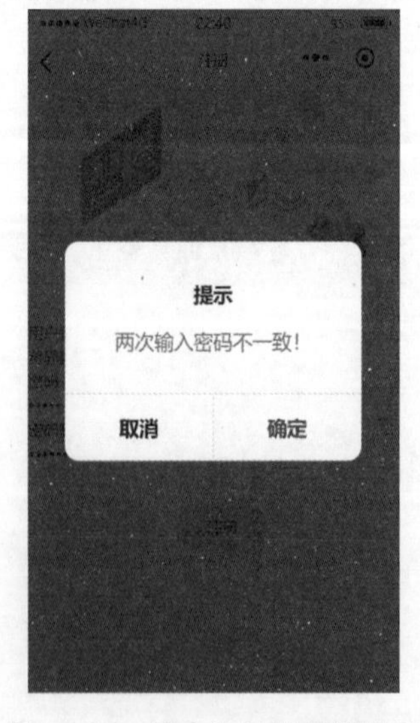

图 11-11 用户注册账号实现图

注册成功后，页面将跳转至登录页，在用户输入相应的用户名（username）和密码（password）后，小程序将通过 wx. request 请求将数据提交到后台，调用 userLogin 方法，然后到数据库中进行匹配，将结果通过 JSON 数组返回到前台。如果 res. data 中无数据，则小程序将在数据库中找不到相应的用户名（user_name）和密码（user_password），不得不提示“用户名或密码不正确”；如果 res. data 中有数据，则小程序才可能在数据库中查找相应的用户，继而将此数据保存到 key 值为 userInfo 的本地缓存中以便在登录后调用。如果用户想切换账号或退出，可以通过个人中心退出登录，如图 11-12 所示。

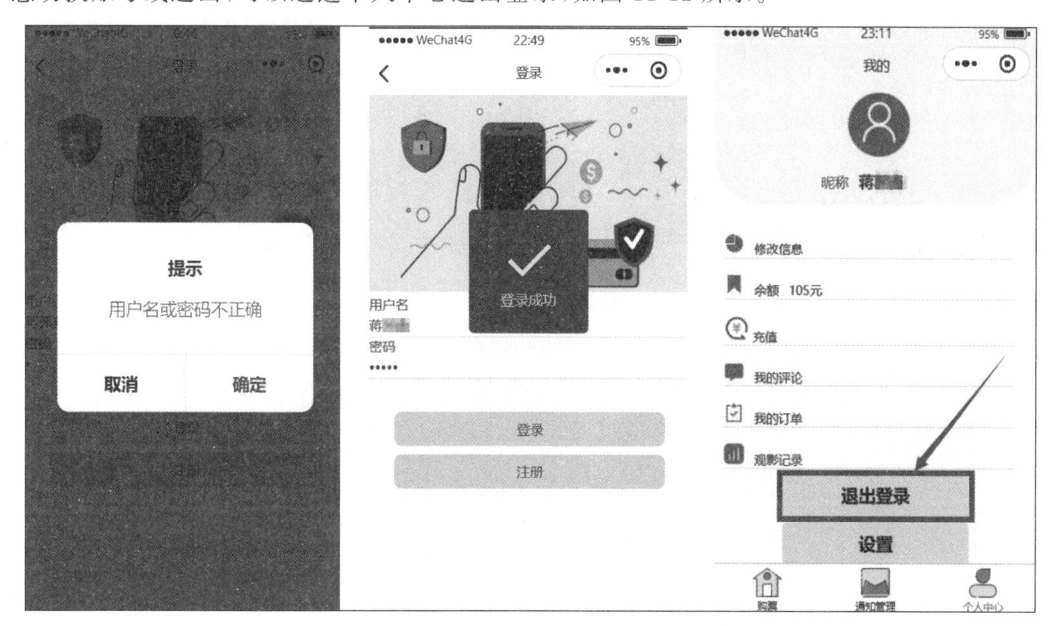

图 11-12　用户登录账号实现图

微信小程序登录页面代码如下。

```
1.  // login.wxml
2.  <view>
3.    <image style = "height:12rem;" src = "/image/login.png"></image>
4.  </view>
5.  <view>
6.  <view class = "form">
7.    用户名<input value = "{{username}}" bindinput = "get_username"/>
8.  </view>
9.  <view class = "form">
10.   密码<input type = "password" value = "{{password}}" bindinput = "get_password"/>
11. </view>
12. </view>
13.
14. <view bindtap = "login" style = "background:wheat;width:80%;margin-left:8%;margin-
    top:2rem;height:flex;padding:0.5rem;text-align:center;border-radius:0.5rem">登录</
    view>
15. <view bindtap = "signup" style = "background:wheat;width:80%;margin-left:8%;margin-
    top:0.5rem;height:flex;padding:0.5rem;text-align:center;border-radius:0.5rem">注册
    </view>
```

```
16.
17. // login.js
18. let user_id = ''
19. let username = ''
20. let password = ''
21. let validatePassword = ''
22. let user_money = ''
23. Page({
24.
25.   /**
26.    * 页面的初始数据
27.    */
28.   data: {
29.     userInfo:{}
30.   },
31.   get_username(e){
32.     username = e.detail.value
33.   },
34.
35.   get_password(e){
36.     password = e.detail.value
37.   },
38.
39.   //登录
40.   login(e){
41.     var that = this;
42.     if(username&&password){
43.       wx.request({
44.         url: 'http://localhost:9000/userLogin',        //本地服务器地址
45.         data: { //data 中的参数值就是传递给后台的数据
46.           user_name:username,
47.           user_password:password,
48.         },
49.         method: 'get',
50.         header: {
51.           'content-type': 'application/json'           //默认值
52.         },
53.         success: function(res) {                       //res 就是接收后台返回的数据
54.           console.log('本地缓存',res.data);
55.           if(res.data.length!= 0){
56.             wx.setStorage({
57.               key: 'userInfo',
58.               data: res.data[0].user_id
59.           })
60.           wx.showToast({
61.             title: '登录成功',
62.             icon: 'success',
63.             duration: 1000
64.             })
65.           setTimeout(function () {
66.             wx.switchTab({
67.               url: '/pages/me/me',
68.             })
```

```
69.                  }, 1000)
70.                }
71.              else{
72.                wx.showModal({
73.                  title: '提示',
74.                  content: '用户名或密码不正确',
75.                  success (res) {
76.                  if (res.confirm) {
77.                  console.log('用户单击确定')
78.                  } else if (res.cancel) {
79.                  console.log('用户单击取消')
80.                  }
81.                  }
82.                  })
83.              }
84.            },
85.            fail: function(res) {
86.              console.log("失败",res);
87.            }
88.          })
89.        }
90.      else{
91.        wx.showModal({
92.          title: '提示',
93.          content: '请输入用户名和密码',
94.          success (res) {
95.          if (res.confirm) {
96.          console.log('用户单击确定')
97.          } else if (res.cancel) {
98.          console.log('用户单击取消')
99.          }
100.         }
101.         })
102.     }
103.   },
104.   //注册
105.   signup(){
106.     wx.navigateTo({
107.       url: '/pages/signup/signup',
108.     })
109.   }
110. })
```

11.3.2 小程序主页面

用户需要通过登录进入小程序主页面，主页面由 3 个导航栏组成，分别是“购票”、“通知”“个人中心”，“购票”也由两个部分组成，分别是“影院”和“电影”，可以查看相关信息，单击“影院”可以查看影院的地理位置、介绍、上映的电影和安排的场次详情，如图 11-13 所示。

用户单击其中一个场次，例如“你好李焕英”，单击“购票”按钮，页面将跳转到选座页面。选中一个座位，例如，选中 22 号座位，然后单击“确认下单”按钮，即可跳转到“确认订单”页

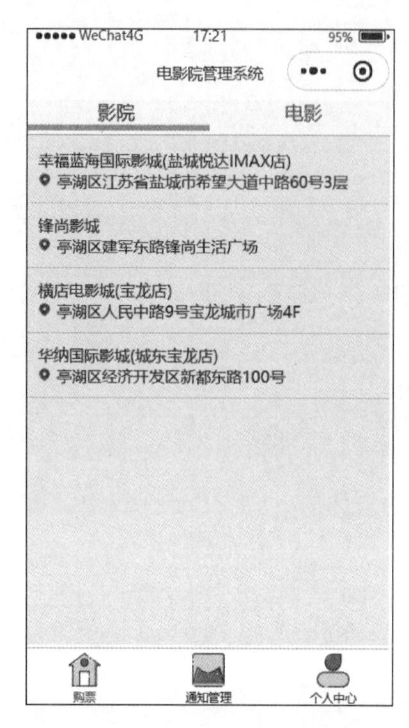

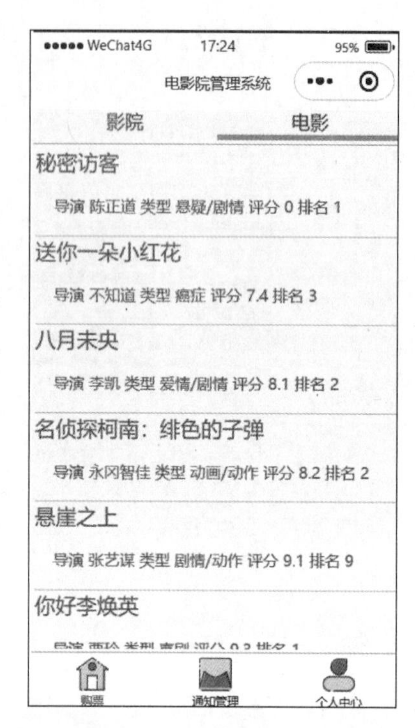

图 11-13　购票导航栏实现图

面。单击“支付”按钮，如果余额充足，则其会显示“下单成功！”，页面跳转到“我的订单”页面，如图 11-14～图 11-17 所示。单击订单可查看详情，可以查看“我的位置”。

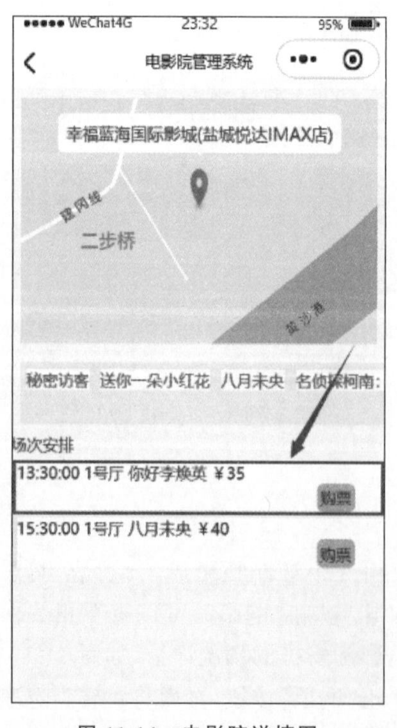

图 11-14　电影院详情图

图 11-15　选座图

图 11-16　购票支付图

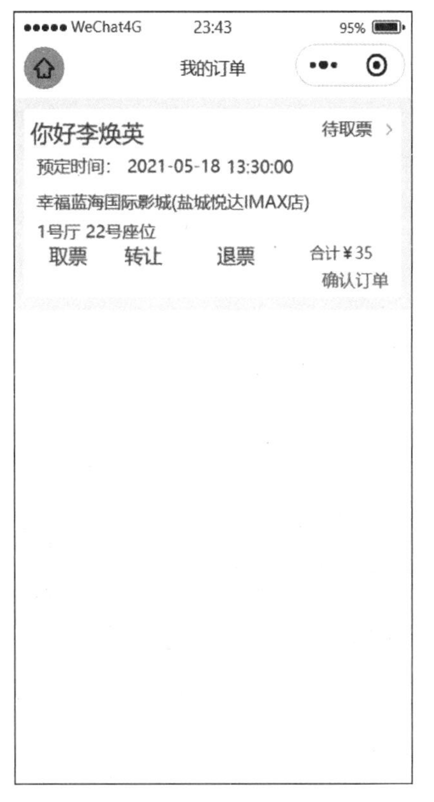

图 11-17　显示订单图

在查看电影窗口，用户可以单击一部影片，例如，“八月未央”，此时页面将显示电影的详细信息，用户可以查看电影的简介和影评，也可以写影评并将之发表出去，如发送“太好看了！”，如图 11-18 所示。

单击“我要去买票”按钮，页面将跳转到上映这部电影的影院。继续重复上述影院操作，即可买票，如图 11-19 所示。

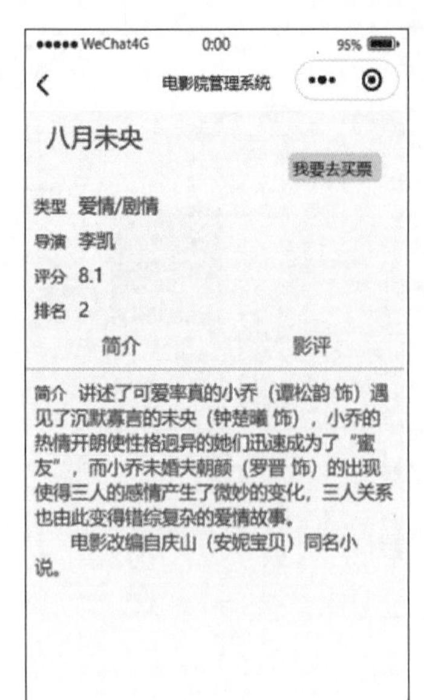

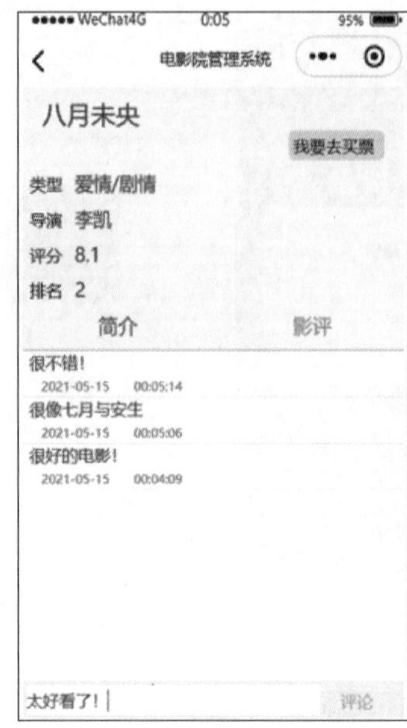

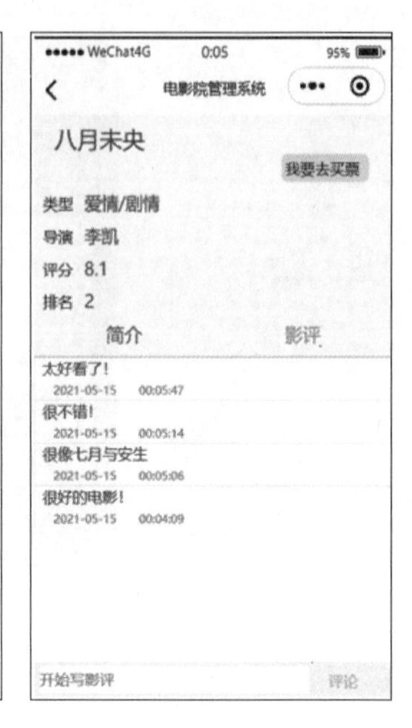

图 11-18 电影详情显示图

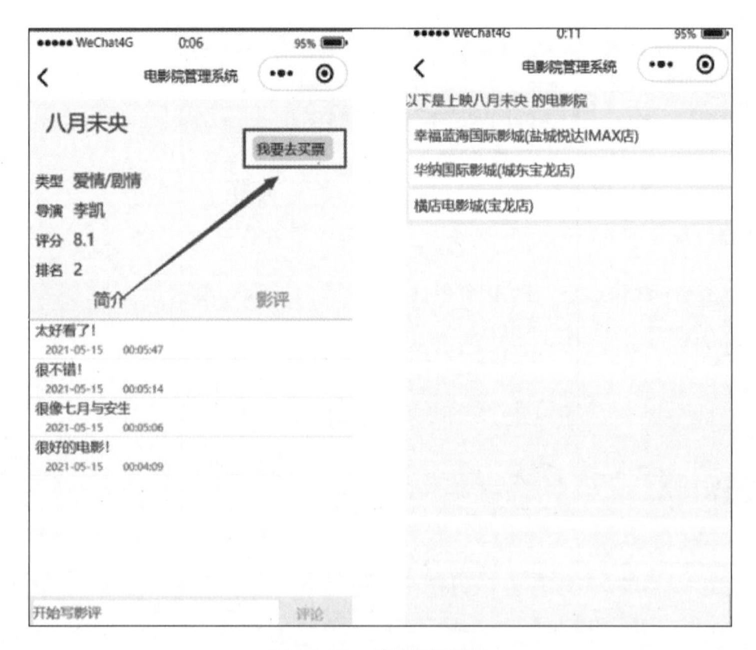

图 11-19 电影购票图

微信小程序主页面代码如下。

```
1.  // home.wxml
2.  <view class="swiper-tab">
3.    <view class="swiper-tab-item {{currentTab==0 ? 'on' : ''}}" data-current="0"
    bindtap="switchTab">影院</view>
4.    <view class="swiper-tab-item {{currentTab==1 ? 'on' : ''}}" data-current="1"
    bindtap="switchTab">电影</view>
```

```
5.  </view>
6.  <!-- 这里根据设备屏幕的高度动态设置组件的高度 -->
7.  <swiper current = "{{currentTab}}" duration = "300" style = "height:{{clientHeight?
    clientHeight - 1.8 + 'px':'auto'}}"  bindchange = "bindTouch">
8.    <swiper - item>
9.      <view class = "cinema">
10.       <view class = "cinema_page">
11.         <view wx:for = "{{cinema}}" wx:key = "key">
12.           <view class = "cinema_form" data - cinema_id = "{{item.cinema_id}}" bindtap =
"cinema_detail">
13. <view style = "width:100%;text - overflow: ellipsis; white - space: nowrap;overflow:
    hidden">{{item.cinema_name}}</view>
14. <view style = "width:100%;text - overflow: ellipsis; white - space: nowrap;overflow:
    hidden">
15. <image style = "width:12px;height:12px" src = "/image/cinema_address.png"/>
16. {{item.cinema_address}  </view>
17.        </view>
18.   </view>
19.      </view>
20. </view>
21. </swiper - item>
22.   <swiper - item>
23. <view class = "film">
24.    <view class = "film_page">
25.       <view wx:for = "{{film}}" wx:key = "key">
26. <view class = "film_form" data - film_id = "{{item.film_id}}" bindtap = "film_detail"
    style = "display:inline - flex;">
27. <view style = "width:40%;">
28. <image src = "data:image/png;base64,{{item.film_picture_url}}" style = "width:100px;
    height:120px;"></image>
29. </view>
30. <view style = "display:block;width:60%;">
31.  <view style = "font - size:18px;margin - bottom:0.5rem">{{item.film_name}}</view>
32. <view>导演 <view class = "film_word">{{item.director}}</view> </view>
33. <view>类型 <view class = "film_word">{{item.film_style}}</view></view>
34. <view>评分 <view class = "film_word">{{item.film_score}}</view></view>
35. <view>排名 <view class = "film_word">{{item.film_rank}}</view></view>
36.         </view>
37. </view>
38. </view>
39. </view>
40. </view>
41. </swiper - item>
42. </swiper>
43.
4. // home.js
45. var search = ''
46. var search_key = ''
47. Page({
48.   data: {
49.     clientHeight: 0,
50.     currentTab: 0,
51.     cinema:[],
```

```
52.       film:[],
53.     },
54.     onLoad: function (options) {
55.       var that = this;
56.       that.getfilm()
57.       this.getcinema()
58.       // 动态获取设备屏幕高度
59.       wx.getSystemInfo({
60.         success: function (res) {
61.           that.setData({
62.             clientHeight: res.windowHeight - 30
63.           });
64.           console.log(res.windowHeight)
65.         } });},
66.     radioChange: function(e) {
67.       search =   e.detail.value
68.       console.log('radio 发生 change 事件,携带 value 值为: ', search)
69.     },
70.
71.     /*获取影院*/
72.   getcinema(){
73.     console.log("查询电影院表单")
74.     var that = this;
75.     wx.request({
76.       url: 'http://localhost:9000/selectAllCinema', //本地服务器地址
77.       data: { //data 中的参数值就是传递给后台的数据
78.       },
79.       method: 'get',
80.       header: {
81.         'content-type': 'application/json' //默认值
82.       },
83.       success: function(res) { //res 就是接收后台返回的数据
84.         that.setData({
85.           cinema: res.data
86.         })
87.         console.log(res.data);
88.       },
89.       fail: function(res) {
90.         console.log("失败",res);
91.       } })},
92.     cinema_detail:function(e){
93.       let cinema_id = e.currentTarget.dataset.cinema_id
94.       wx.navigateTo({
95.         url: '/pages/cinema_detail/cinema_detail?cinema_id=' + cinema_id,
96.       })
97.     },
98.     /*获取影院*/
99.
100.    /*获取电影*/
101.    getfilm(){
102.      console.log("查看电影院表单")
103.      var that = this;
104.      wx.request({
```

```
105.        url: 'http://localhost:9000/selectAllFilm', //本地服务器地址
106.        data: { //data 中的参数值就是传递给后台的数据},
107.        method: 'get',
108.        header: {
109.          'content-type': 'application/json' //默认值
110.        },
111.        success: function(res) { //res 就是接收后台返回的数据
112.          that.setData({
113.            film: res.data
114.          })
115.          console.log(res.data);
116.        },
117.        fail: function(res) {
118.          console.log("失败",res);
119.        } }) },
120.    film_detail:function(e){
121.      console.log(e.currentTarget.dataset.film_id)
122.      let film_id = e.currentTarget.dataset.film_id
123.      wx.navigateTo({
124.        url: '/pages/film_detail/film_detail?film_id=' + film_id,
125.      })
126.     //wx.redirectTo 方法跳转会关闭当前页面跳转到某个页面
127.     //wx.reLaunch 方法跳转会关闭所有打开的页面,跳转到某个页面
128.    },
129.    /* 获取电影 */
130.
131.    /* 滑动组件 */
132.    switchTab: function (e) {
133.      var that = this;
134.      if (this.data.currentTab === e.target.dataset.current) {
135.        return false;
136.      } else {
137.        var id = e.target.dataset.current;
138.        that.setData({
139.          currentTab: id
140.        }) } },
141.     bindTouch: function (e) {
142.      var that = this;
143.      var id = e.detail.current;
144.      that.setData({
145.        currentTab: id
146.      });
147.    },
148.    switchTab_map:function(e){
149.     wx.navigateTo({
150.       url: '/pages/map/map',
151.     })  },
152.    switchTab_rank:function(e){
153.      wx.navigateTo({
154.        url: '/pages/cinema_rank/cinema_rank',
155.      }) },
156.    bindTouch_cinema: function (e) {
157.      var that = this;
```

```
158.     var id = e.detail.current;
159.     that.setData({
160.       currentTab: id
161.     }); },})
```

微信小程序订单页面代码如下。

```
1.  // order.wxml
2.  <view style="width:flex;height:flex;background:whitesmoke;padding:5px">
3.  <view wx:for="{{order}}" style="width:flex;padding:5px;margin:5px;border-radius:
    2px;background:white">
4.  <view style="display:inline-flex;width:100%">
5.  <view style="width:80%;float:left;font-size:18px">{{item.film_name}}</view>
6.  <view style="width:15%;float:left">{{item.state}}</view>
7.  <view bindtap="order_detail" data-session_id="{{item.session_id}}" style="width:
    5%;float:left">
8.  <image style="width:20px;height:20px" src="/image/arrow-right-line.png"></image>
9.      </view>
10.   </view>
11.     <view style="margin:5px">
12.     <text style="margin-right:5px">预定时间：</text>
13.     <text>{{item.order_date}}</text>
14.     <text style="padding:5px">{{item.order_time}}</text>
15.   </view>
16.   <view style="padding:5px;"><text>{{item.cinema_name}}</text> </view>
17.   <view style="padding-left:5px">
18.     <text>{{item.hall_number}}</text>号厅
19.     <text>{{item.seat_number}}</text>号座位
20.   </view>
21.   <view style="display:inline-flex;width:100%">
22.     <view bindtap="get_ticket" style="margin-left:5%;width:20%;float:left;font-
    size:15px">取票</view>
23.     <view wx:if="{{item.state=='待取票'}}" bindtap="powerDrawer" data-statu=
    "open" style="margin-left:5%;width:20%;float:left;font-size:15px">转让</view>
24. <!--mask-->
25. <view class="drawer_screen" bindtap="powerDrawer" data-statu="close" wx:if=
    "{{showModalStatus}}"></view>
26. <!--content-->
27. <!--使用 animation 属性指定需要执行的动画-->
28. <view animation="{{animationData}}" class="drawer_box" wx:if="{{showModalStatus}}">

29. <!--drawer content-->
30. <view class="drawer_title">转让电影票</view>
31. <view class="drawer_content">
32.   <label>自定义价格</label>¥<input style="background:rgb(241, 245, 247)" bindinput=
    "get_transfer_price"></input>
33. </view>
34. <view style="background:rgb(227, 246, 255);padding-left:45%;padding-top:0.5rem;
    padding-bottom:0.5rem;" bindtap="transfer_order" data-order="{{item}}" data-statu=
    "close">确定</view>
```

```
35. </view><view wx:if="{{item.state=='待取票'}}" bindtap="quit_order"  data-order=
    "{{item}}"style="margin-left:10%;width:20%;float:left;font-size:15px">退票
    </view><view style="margin-left:10%;width:30%;float:left;font-size:12px">合计
    ￥{{item.total_price}}</view></view><view wx:if="{{item.state=='待取票'}}"
    bindtap="confirm_order" data-order="{{item}}" style="margin-left:80%;width:
    20%;color:red">确认订单</view></view></view>
36.
37. // order.js
38. let order_id=''
39. let user_id = ''
40. let transfer_price = ''
41. Page({
42.   data: {
43.     order:[],
44.     showModalStatus: false,
45.   },
46. onLoad:function(e){
47.   var that = this
48.   wx.getStorage({
49.     key: 'userInfo',
50.     success: function(res) {
51.       console.log('res.data',res.data)
52.       if(res.data){
53.         user_id = res.data
54.         wx.request({
55.          url: 'http://localhost:9000/selectOneUser_order',   //本地服务器地址
56.           data: { //data 中的参数值就是传递给后台的数据
57.             user_id:user_id
58.           },
59.           method: 'get',
60.           header: {
61.             'content-type': 'application/json'              //默认值
62.           },
63.           success: function(res) {                          //res 就是接收后台返回的数据
64.             that.setData({
65.               order: res.data,
66.             })
67.             console.log('res.data',res.data);
68.           },
69.           fail: function(res) {
70.             console.log("查找失败",res);
71.           } }) }
72.       else{
73.         wx.navigateTo({
74.           url: '/pages/login/login',
75.         })
76.       }
77.     },
78.     fail: function(res) {
79.     }
80.   })
81. },
82. //获取订单
```

```
83. get_allOrder(e){
84.   let user_id = e
85.   console.log(user_id)
86.   var that = this;
87.   wx.request({
88.     url: 'http://localhost:9000/selectOneUser_order',    //本地服务器地址
89.     data: { //data 中的参数值就是传递给后台的数据
90.       user_id:user_id
91.     },
92.     method: 'get',
93.     header: {
94.       'content-type': 'application/json'                 //默认值
95.     },
96.     success: function(res) {                             //res 就是接收后台返回的数据
97.       that.setData({
98.         order: res.data,
99.       })
100.           console.log('res.data',res.data);
101.       },
102.       fail: function(res) {
103.           console.log("查找失败",res);
104.     }
105.   })
106. },
107. //查看详情
108. order_detail(e){
109. let session_id = e.currentTarget.dataset.session_id
110. console.log(session_id)
111. wx.navigateTo({
112.   url: '/pages/order_detail/order_detail?session_id=' + session_id,
113. })
114. },
115. //退票
116. quit_order(e){
117.  var that = this
118.  let current_order = e.currentTarget.dataset.order
119.  wx.showModal({
120.    title: '',
121.    content: '是否要退票',
122.    success (res) {
123.    if (res.confirm) {
124.    console.log('用户单击确定')
125.    wx.request({
126.      url: 'http://localhost:9000/wx_quitUserOrder',     //本地服务器地址
127.      data: { //data 中的参数值就是传递给后台的数据
128.       order_id:current_order.order_id
129.      },
130.      method: 'get',
131.       header: {
132.         'content-type': 'application/json'              //默认值
133.      },
134.      success: function(res) {                          //res 就是接收后台返回的数据
135.        //退款
```

```
136.          //需要 40 % 的手续费
137.          let refund = parseInt(current_order.total_price,10) * 0.6
138.          //用户退款
139.          wx.request({
140.            url: 'http://localhost:9000/wx_refundUser',    //本地服务器地址
141.            data: { //data 中的参数值就是传递给后台的数据
142.              user_id:current_order.user_id,
143.              refund:refund
144.            },
145.            method: 'get',
146.            header: {
147.              'content - type': 'application/json'          //默认值
148.            },
149.            success: function(res) {                        //res 就是接收后台返回的数据
150.              console.log(res.data);
151.              wx.showToast({
152.                title: '退票成功',
153.                icon: 'success',
154.                duration: 600
155.              })
156.            },
157.            fail: function(res) {
158.              console.log("失败",res);
159.            }
160.          })
161.          //展示
162.          that.get_allOrder(user_id)
163.          wx.showToast({
164.           title: '退票成功',
165.           duration:1000
166.         }) },
167.        fail: function(res) {
168.          wx.showToast({
169.            title: '退票失败',
170.            duration:1000
171.          })}
172.          })
173.      } else if (res.cancel) {
174.      console.log('用户单击取消')
175.      }
176.      }})},
177.  //取票
178.  get_ticket(e){
179.   let ticket_code = Math.floor(Math.random() * 100000 + 999999);
180.   wx.showModal({
181.     title: '取票码',
182.    content: '取票码为' + ticket_code,
183.    success (res) {
184.    if (res.confirm) {
185.    console.log('用户单击确定')
186.
187.    } else if (res.cancel) {
188.    console.log('用户单击取消')
```

```
189.     }} }) },
190.   //确认订单
191.   confirm_order(e){
192.     let current_order = e.currentTarget.dataset.order
193.     console.log(current_order)
194.     var that = this
195.     wx.showModal({
196.       title: '提示',
197.       content: '订单是否完成?',
198.       success (res) {
199.       if (res.confirm) {
200.       console.log('用户单击确定')
201. //修改订单状态
202. wx.request({
203.   url: 'http://localhost:9000/wx_Update_oneOrderState',    //本地服务器地址
204.   data: { //data 中的参数值就是传递给后台的数据
205.     order_id:current_order.order_id,
206.     state:'已完成'
207.   },
208.   method: 'get',
209.   header: {
210.     'content-type': 'application/json'                     //默认值
211.   },
212.   success: function(res) {                                  //res 就是接收后台返回的数据
213.     console.log(res.data);
214.     that.get_allOrder(user_id)
215.   },
216.   fail: function(res) {
217.     console.log("失败",res);
218.   }  })
219.       } else if (res.cancel) {
220.       console.log('用户单击取消')
221.       } } })
222.   },
223.   //转让电影票弹窗
224.   powerDrawer: function (e) {
225.     var currentStatu = e.currentTarget.dataset.statu;
226.     this.util(currentStatu)
227.    },
228.    util: function(currentStatu){
229.     /* 动画部分 */
230.     // 第 1 步:创建动画实例
231.     var animation = wx.createAnimation({
232.      duration: 200,                                         //动画时长
233.      timingFunction: "linear",                              //线性
234.      delay: 0                                               //0 则不延迟
235.     });
236.     // 第 2 步:这个动画实例赋给当前的动画实例
237.     this.animation = animation;
238.     // 第 3 步:执行第一组动画
239.     animation.opacity(0).rotateX(-100).step();
240.     // 第 4 步:导出动画对象赋给数据对象储存
241.     this.setData({
```

```
242.        animationData: animation.export()
243.      })
244.      // 第5步: 设置定时器到指定时候后,执行第二组动画
245.      setTimeout(function () {
246.        // 执行第二组动画
247.        animation.opacity(1).rotateX(0).step();
248.        // 给数据对象储存的第一组动画,更替为执行完第二组动画的动画对象
249.        this.setData({
250.          animationData: animation
251.        })
252.        //关闭
253.        if (currentStatu == "close") {
254.          this.setData(
255.            {
256.              showModalStatus: false
257.            }
258.          );
259.        }
260.      }.bind(this), 200)
261.
262.      // 显示
263.      if (currentStatu == "open") {
264.        this.setData(
265.          {
266.            showModalStatus: true
267.          }
268.        );
269.      }
270.    },
271.    //获取自定义价格
272.    get_transfer_price(e){
273.      transfer_price = e.detail.value
274.    },
275.    //转让电影票
276.    transfer_order(e){
277.      let transfer_order_id = Math.floor(Math.random() * 10000 + 99999);
278.      let current_order = e.currentTarget.dataset.order
279.      console.log('current_order',current_order)
280.      var that = this;
281.       if(transfer_price > current_order.total_price){
282.         wx.showModal({
283.           title: '提示',
284.           content: '转让定价不能高于原价!',
285.           success (res) {
286.           if (res.confirm) {
287.           console.log('用户单击确定')
288.           } else if (res.cancel) {
289.           console.log('用户单击取消')
290.           } } })
291.       }else{
```

```
292.        wx.request({
293.          url: 'http://localhost:9000/wx_addTransfer_order',      //本地服务器地址
294.          data: { //data 中的参数值就是传递给后台的数据
295.            transfer_order_id:transfer_order_id,
296.            order_date:current_order.order_date,
297.            order_time:current_order.order_time,
298.            film_id:current_order.film_id,
299.            user_id:current_order.user_id,
300.            session_id:current_order.session_id,
301.            seat_number:current_order.seat_number,
302.            original_price:current_order.total_price,
303.            current_price:transfer_price
304.          },
305.          method: 'get',
306.          header: {
307.            'content-type': 'application/json'              //默认值
308.          },
309.          success: function(res) {                         //res 就是接收后台返回的数据
310.            console.log('添加到转让',res.data);
311.            //删除原有订单
312.      wx.request({
313.        url: 'http://localhost:9000/wx_quitUserOrder',    //本地服务器地址
314.        data: { //data 中的参数值就是传递给后台的数据
315.          order_id:current_order.order_id
316.        },
317.        method: 'get',
318.        header: {
319.          'content-type': 'application/json'                //默认值
320.        },
321.         success: function(res) {                          //res 就是接收后台返回的数据
322.          console.log(res.data);
323.          that.get_allOrder(user_id)
324.          wx.switchTab({
325.            url: '/pages/inform/inform',
326.          })
327.        },
328.        fail: function(res) {
329.          console.log("失败",res);
330.        } })  },
331.         fail: function(res) {
332.           console.log("失败",res);
333.         }}) } } })
```

11.3.3 个人中心页面

单击导航栏中的“个人中心”按钮可以看到“修改信息”“余额”“充值”“我的评论”“我的订单”“观影记录”等功能,如图 11-20～图 11-24 所示。

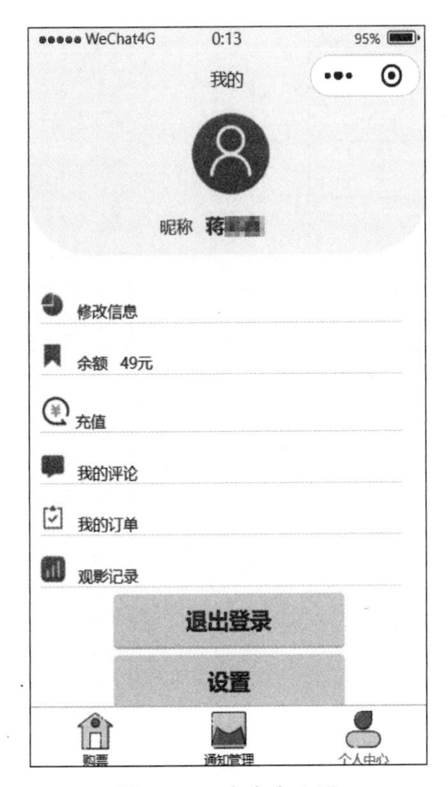

图 11-20　个人中心图

图 11-21　修改信息图

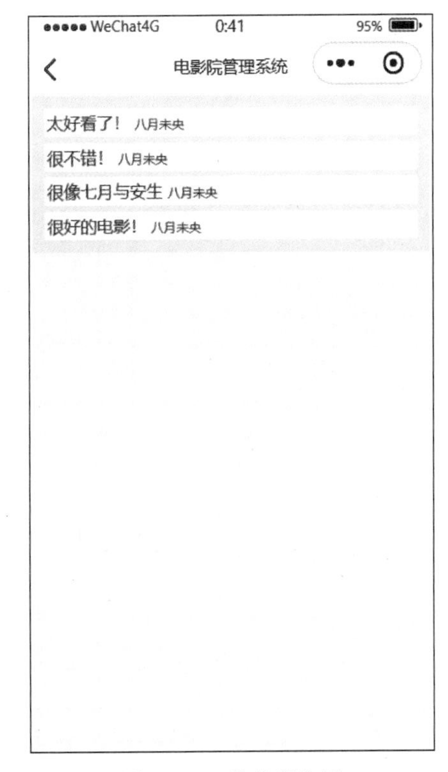

图 11-22　我的评论图

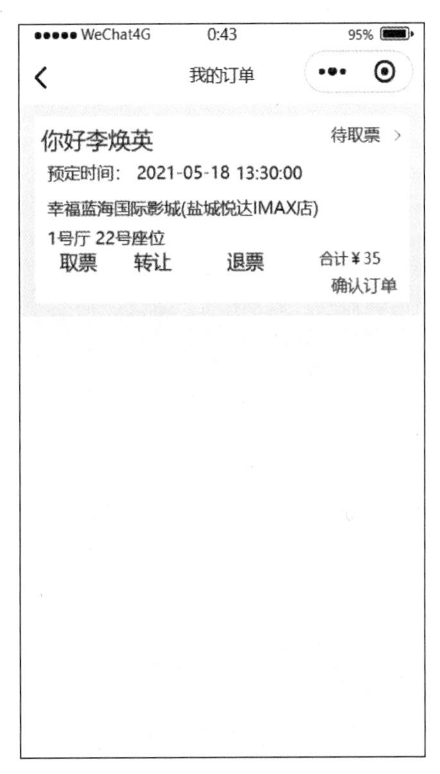

图 11-23　我的订单图

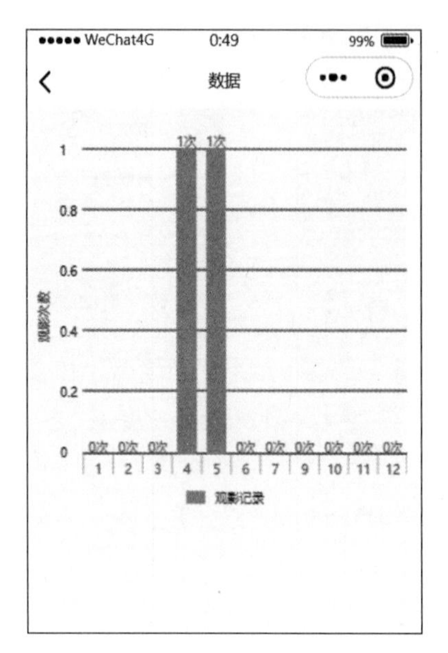

图 11-24　观影记录图

微信小程序个人中心页面代码如下。

```
1.  // me.wxml
2.  < view class = "profile">
3.    < view style = "display:block;line - height:15px;margin - left:40 % ">
4.      <!-- < image class = "image" src = "{{userinfo.avatarUrl}}"></image> -->
5.      < image class = "image" src = "/image/user.png"></image >
6.    </view >
7.    < view style = "display:block;line - height:15px;margin - left:30 % ;padding:10px">
8.     < text >昵称</text >
9.     <! -- < text style = "margin:10px;font - size:15px;font - weight:1000;">{{userinfo.
    nickName}}</text > -- > < text style = "margin:10px;font - size:15px;font - weight:1000;">
    {{user.user_name}}</text >
10.   </view >
11.   </view >
12. < view class = "container">
13.   < view bindtap = "change_password" class = "little_title">
14.   < image class = "icon" src = "/image/data.png"></image >
15.   < text style = "line - height:15px;margin - left:10px">修改信息</text >
16. </view >
17. < view class = "little_title">
18.   < image class = "icon" src = "/image/label.png"></image >
19.   < text style = "line - height:15px;margin - left:10px">余额</text >
20. < text style = "line - height:15px;margin - left:10px">{{user.user_money}}元</text >
21. </view >
22. < view class = "little_title">
23.   < view style = "display:inline" bindtap = "recharge">
24.     < image style = "width:25px;height:25px" src = "/image/add_money.png"></image >充值
25.   </view >
26. </view >< view  class = "little_title" bindtap = "comment_detail" data - user_id = "{{user.
    user_id}}">
27. < image class = "icon" src = "/image/comment.png"></image >
```

```
28.   <text style = "line - height:15px;margin - left:10px">我的评论</text>
29. </view><view class = "little_title" bindtap = "click_order" data - user_id = "{{user.user_
    id}}"><image class = "icon" src = "/image/order.png"></image>
30.     <text style = "line - height:15px;margin - left:10px">我的订单</text>
31.     </view>
32. <view bindtap = "WatchBoard" class = "little_title">
33.     <image class = "icon" src = "/image/board.png"></image>
34.     <text style = "line - height:15px;margin - left:10px">观影记录</text>
35.   </view>
36. </view>
37. <view class = "button">
38.     <button bindtap = "quit_login">退出登录</button>
39.     <button>设置</button>
40. </view>
41.
42. // me.js
43. let id = ''
44. Page({
45.   data: {
46.     user:{},
47.     showModalStatus: false,
48.   },
49.   onShow:function(e){
50.     var that = this
51.     wx.getStorage({
52.       key: 'userInfo',
53.       success: function(res) {
54.         console.log('res.data',res.data)
55.         if(res.data){
56.           id = res.data
57.           //查找用户信息
58.           wx.request({
59.             url: 'http://localhost:9000/selectOne_User', //本地服务器地址
60.             data: { //data 中的参数值就是传递给后台的数据
61.               user_id:id
62.             },
63.             method: 'get',
64.             header: {
65.               'content - type': 'application/json' //默认值
66.             },
67.             success: function(res) { //res 就是接收后台返回的数据
68.               console.log('id',id)
69.               console.log('res',res)
70.               //设置信息
71.               that.setData({
72.                 user:res.data[0]
73.               })
74.             },
75.             fail: function(err) {
76.               }
77.               })
78.         }
79.         else{
80.           wx.navigateTo({
81.             url: '/pages/login/login',
82.           })
83.         }
```

```
84.         },
85.         fail: function(res) {
86.         } }) },
87.     //充值
88.     recharge(){
89.       wx.navigateTo({
90.         url: '/pages/recharge/recharge?user_id = ' + id,
91.       })
92.     },
93.     WatchBoard:function(){
94.       wx.navigateTo({
95.         url: '/pages/watchnote/watchnote',
96.       })
97.     },
98.     //查看订单页
99.     click_order:function(e){
100.      let user_id = e.currentTarget.dataset.user_id;
101.      wx.navigateTo({
102.        url: '/pages/order/order?user_id = ' + user_id,
103.      })
104.    },
105.    //查看评论
106.    comment_detail(e){
107.      let user_id = e.currentTarget.dataset.user_id;
108.      wx.navigateTo({
109.        url: '/pages/comment_detail/comment_detail?user_id = ' + user_id,
110.      })
111.    },
112.    //退出登录
113.    quit_login(){
114.      wx.setStorage({
115.        key: 'userInfo',
116.        data: ''
117.    })
118.    wx.getStorage({
119.      key: 'userInfo',
120.      success: function(res) {
121.        if(res.data == ''){
122.          console.log(res)
123.          wx.navigateTo({
124.          url: '/pages/login/login',
125.        }) }},
126.      fail: function(res) {
127.      }  })},
128.    //修改密码
129.    change_password(){
130.      wx.navigateTo({
131.        url: '/pages/change_password/change_password',
132.      })
133.    }
134. })
```

11.3.4 管理员后台页面

管理员在输入自己的账号和密码后可以登录后台，登录成功后才能够进入管理页面。后台系统主页面是由 3 个区域组成，分别是侧边导航栏、上方的标题栏和中间的展示页面。

在代码实现方面，后台采用了 Vue 前端和 Spring Boot 后端的前后端分离方式，页面是采用的 Vue-cli"脚手架"导航。侧边栏分别有用户管理、电影管理、影院管理、影厅管理、排片管理、订单管理、评论管理和管理员管理等功能，其中核心功能是排片管理和订单管理，如图 11-25～图 11-32 所示。

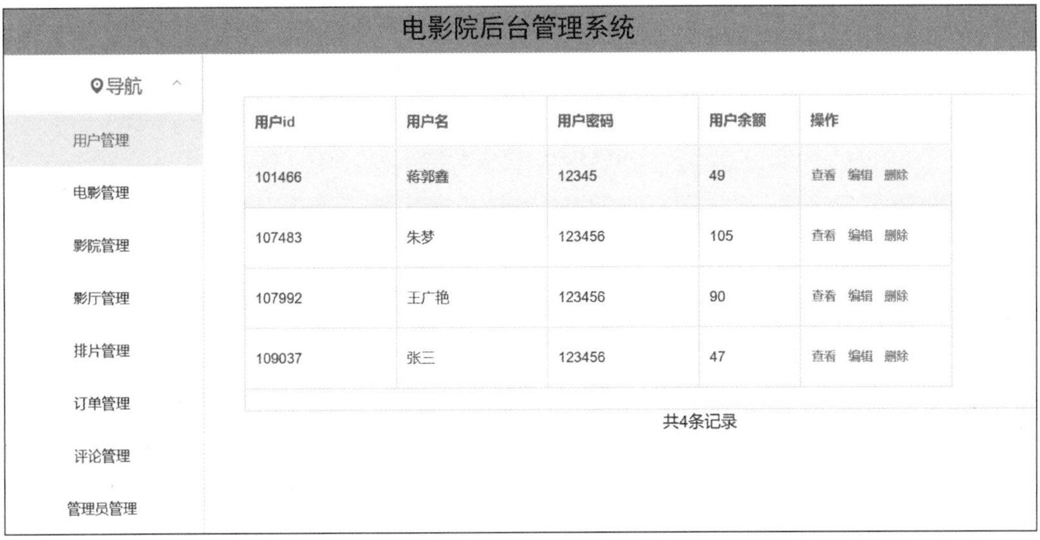

电影院后台管理系统

导航

用户管理 电影管理 影院管理 影厅管理 排片管理 订单管理 评论管理 管理员管理

用户id	用户名	用户密码	用户余额	操作
101466	蒋郭鑫	12345	49	查看 编辑 删除
107483	朱梦	123456	105	查看 编辑 删除
107992	王广艳	123456	90	查看 编辑 删除
109037	张三	123456	47	查看 编辑 删除

共4条记录

图 11-25 用户管理图

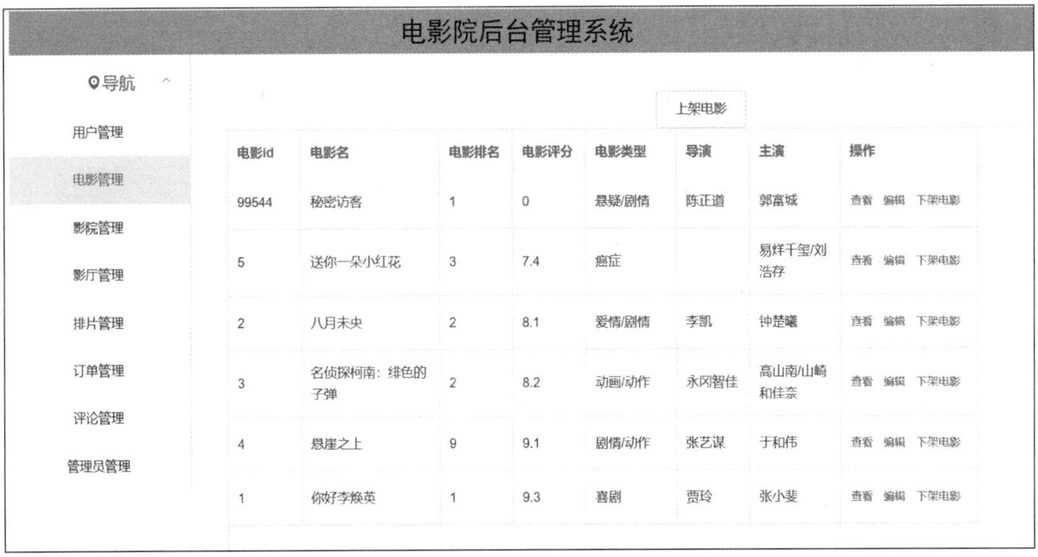

电影院后台管理系统

导航

用户管理 电影管理 影院管理 影厅管理 排片管理 订单管理 评论管理 管理员管理

上架电影

电影id	电影名	电影排名	电影评分	电影类型	导演	主演	操作
99544	秘密访客	1	0	悬疑/剧情	陈正道	郭富城	查看 编辑 下架电影
5	送你一朵小红花	3	7.4	癌症		易烊千玺/刘浩存	查看 编辑 下架电影
2	八月未央	2	8.1	爱情/剧情	李凯	钟楚曦	查看 编辑 下架电影
3	名侦探柯南：绯色的子弹	2	8.2	动画/动作	永冈智佳	高山南/山崎和佳奈	查看 编辑 下架电影
4	悬崖之上	9	9.1	剧情/动作	张艺谋	于和伟	查看 编辑 下架电影
1	你好李焕英	1	9.3	喜剧	贾玲	张小斐	查看 编辑 下架电影

图 11-26 电影管理图

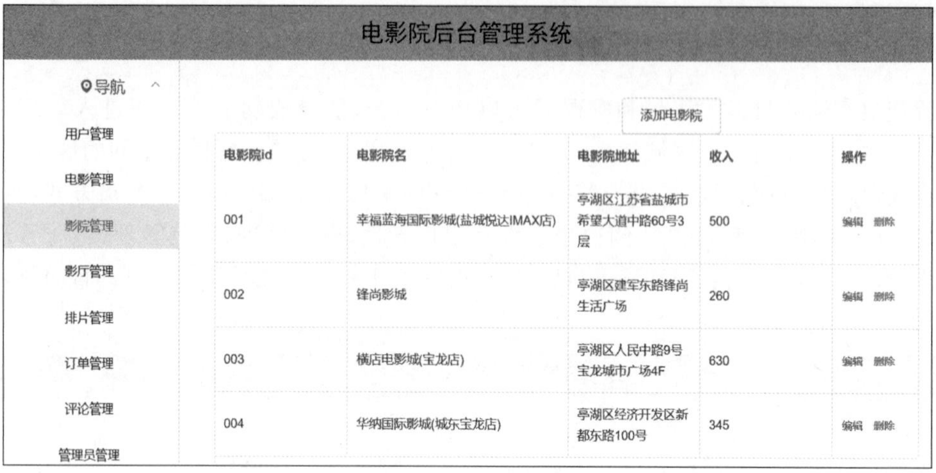

电影院后台管理系统

导航

用户管理
电影管理
影院管理
影厅管理
排片管理
订单管理
评论管理
管理员管理

添加电影院

电影院id	电影院名	电影院地址	收入	操作
001	幸福蓝海国际影城(盐城悦达IMAX店)	亭湖区江苏省盐城市希望大道中路60号3层	500	编辑 删除
002	锋尚影城	亭湖区建军东路锋尚生活广场	260	编辑 删除
003	横店电影城(宝龙店)	亭湖区人民中路9号宝龙城市广场4F	630	编辑 删除
004	华纳国际影城(城东宝龙店)	亭湖区经济开发区新都东路100号	345	编辑 删除

图 11-27　影院管理图

电影院后台管理系统

导航

用户管理
电影管理
影院管理
影厅管理
排片管理
订单管理
评论管理
管理员管理

全部　选择电影院　添加影厅

电影院名	影厅id	影厅号	影厅座位数	操作
幸福蓝海国际影城(盐城悦达IMAX店)	00101	1	80	排片详情 编辑 删除
幸福蓝海国际影城(盐城悦达IMAX店)	00102	2	85	排片详情 编辑 删除
幸福蓝海国际影城(盐城悦达IMAX店)	00103	3	65	排片详情 编辑 删除
幸福蓝海国际影城(盐城悦达IMAX店)	00104	4	65	排片详情 编辑 删除
锋尚影城	00201	1	80	排片详情 编辑 删除

图 11-28　影厅管理图

电影院后台管理系统

导航

用户管理
电影管理
影院管理
影厅管理
排片管理
订单管理
评论管理
管理员管理

全部　选择电影院　添加场次

场次日期	场次时间	场次票价	发放票数	影院名	影厅号	电影名	操作
2021-05-18	13:30:00	35	80	幸福蓝海国际影城(盐城悦达IMAX店)	1	你好李焕英	售票情况 编辑 删除
2021-04-18	15:30:00	40	80	幸福蓝海国际影城(盐城悦达IMAX店)	1	八月未央	售票情况 编辑 删除
2021-04-20	11:00:00	45	85	锋尚影城	2	你好李焕英	售票情况 编辑 删除
2021-02-01	13:00:00	40	65	华纳国际影城(城东宝龙店)	1	八月未央	售票情况 编辑 删除
2021-04-25	13:00:00	45	65	华纳国际影城(城东宝龙店)	1	悬崖之上	售票情况 编辑 删除
2021-05-01	16:00:00	55	85	锋尚影城	2	名侦探柯南：绯色的	售票情况 编辑 删除

图 11-29　排片管理图

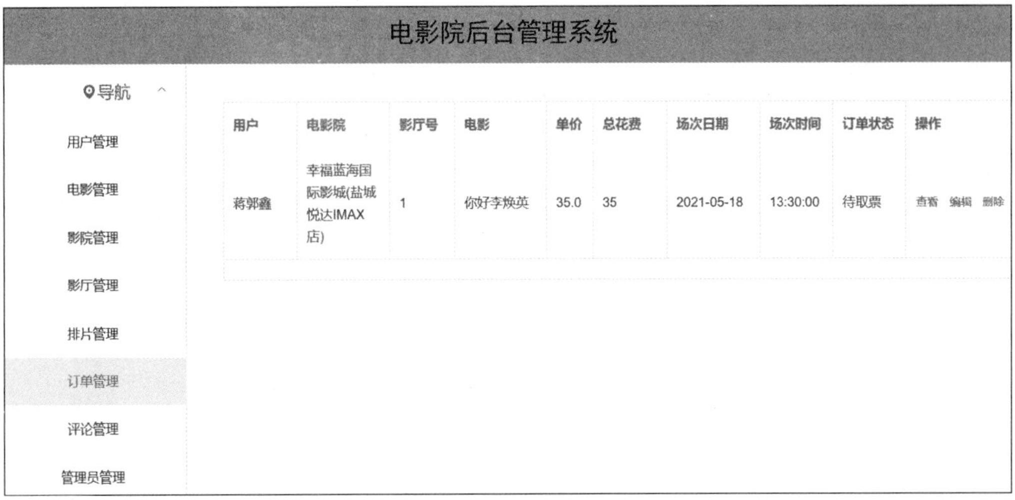

电影院后台管理系统

导航

用户管理
电影管理
影院管理
影厅管理
排片管理
订单管理
评论管理
管理员管理

用户	电影院	影厅号	电影	单价	总花费	场次日期	场次时间	订单状态	操作
蒋郭鑫	幸福蓝海国际影城(盐城悦达IMAX店)	1	你好李焕英	35.0	35	2021-05-18	13:30:00	待取票	查看 编辑 删除

图 11-30　订单管理图

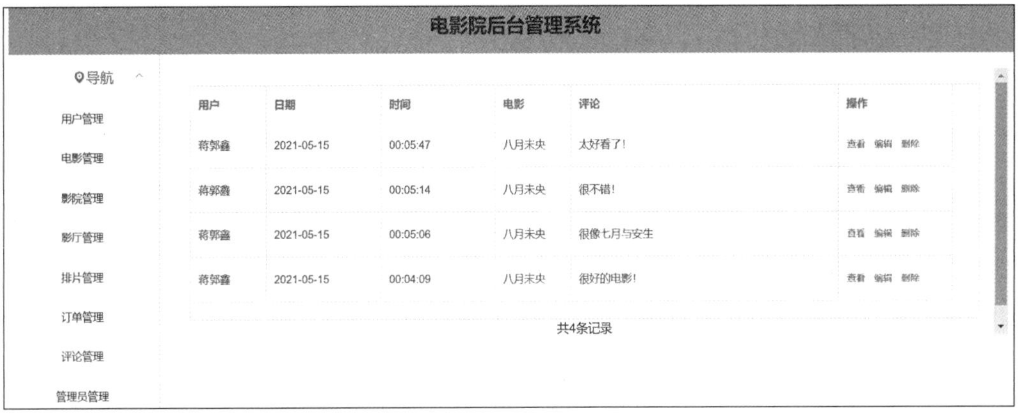

电影院后台管理系统

导航

用户管理
电影管理
影院管理
影厅管理
排片管理
订单管理
评论管理
管理员管理

用户	日期	时间	电影	评论	操作
蒋郭鑫	2021-05-15	00:05:47	八月未央	太好看了!	查看 编辑 删除
蒋郭鑫	2021-05-15	00:05:14	八月未央	很不错!	查看 编辑 删除
蒋郭鑫	2021-05-15	00:05:06	八月未央	很像七月与安生	查看 编辑 删除
蒋郭鑫	2021-05-15	00:04:09	八月未央	很好的电影!	查看 编辑 删除

共4条记录

图 11-31　评论管理图

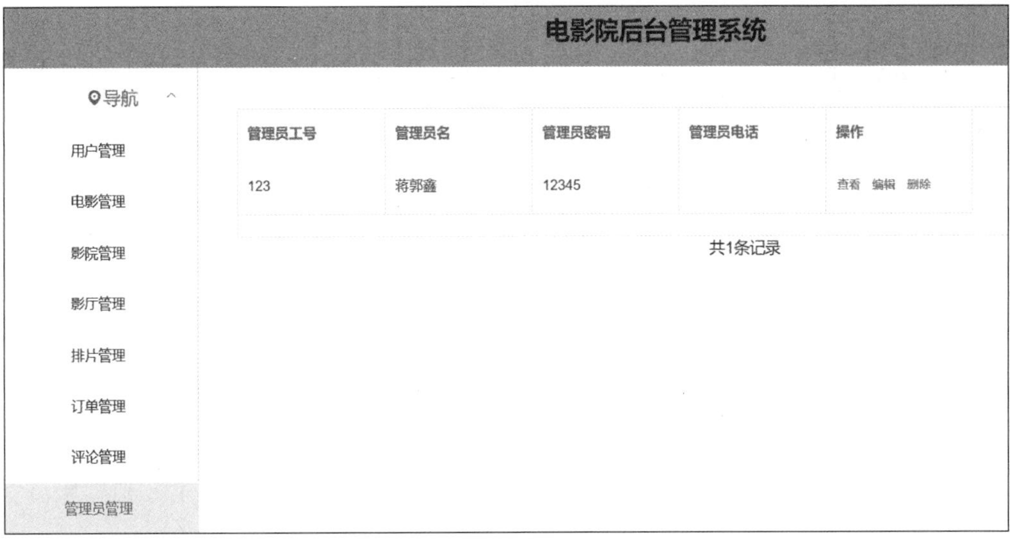

电影院后台管理系统

导航

用户管理
电影管理
影院管理
影厅管理
排片管理
订单管理
评论管理
管理员管理

管理员工号	管理员名	管理员密码	管理员电话	操作
123	蒋郭鑫	12345		查看 编辑 删除

共1条记录

图 11-32　管理员管理图

后台登录页面代码如下。

```
1.  <template>
2.      <div>
3.          <el-form ref="LoginForm"
4.                   :rules="loginRules"
5.                   :model="LoginForm"
6.                   v-loading="loading"
7.                   element-loading-text="正在登录"
8.                   element-loading-spinner="el-icon-loading"
9.                   element-loading-background="rgba(0,0,0,0.8)"
10.                  class="LoginContainer">
11.         <h3>系统登录</h3>
12.             <el-form-item prop="user_name">
13.                 <el-input type="text" auto-complete="false" v-model="LoginForm.
    manager_name" placeholder="请输入用户名"></el-input>
14.             </el-form-item>
15.             <el-form-item prop="user_password">
16.                 <el-input type="password" v-model="LoginForm.manager_password"
    placeholder="请输入密码"></el-input>
17.             </el-form-item>
18.             <el-form-item>
19.                 <div>
20.                     <el-checkbox v-model="checked" class="loginRemeber">记住我
    </el-checkbox>
21.                 </div>
22.                 <el-button type="primary" style="width:180px" @click=
    "submitLogin()">登录</el-button>
23.                 <el-button type="info" @click="resetLogin()">重置</el-button>
24.                 <el-button @click="signUp()">注册</el-button>
25.             </el-form-item>
26.         </el-form>
27.     </div>
28. </template>
29. <script>
30.     export default {
31.         name: "Login",
32.   data(){
33.   return{
34.    captureUrl:'',                                                    //验证码图像
35.     //表单数据对象
36.    LoginForm:{
37.           manager_name:'',
38.           manager_password:'',
39.             },
40.          loading:false,                                              //加载初值为无
41.          checked:'true',
42.      //验证对象
43.    loginRules:{                                                      //校验用户名
44. manager_name:[
45.    {require:true,message:'请输入用户名',trigger:'blur'},             //必填验证
46.    {min:3,max:10,message:'长度在3到5个字符',trigger:'blur'}          //长度验证   ],
47. //校验密码
```

```
48. manager_password:[
49.   {required:true,message:'请输入密码',trigger:'blur'},          //必填项验证
50.   {min:3,max:10,message:'长度在 5 到 10 个字符',trigger:'blur'}   //长度验证
51.        ] } } },
52.       methods:{
53.           submitLogin(){
54.       console.log('你按了登录')
55.      //验证你按了登录
56.      this.$refs.LoginForm.validate(async valid =>{
57.       if(valid){
58.       this.loading = true;                                      //正在加载
59. const {data:res} = await this.$http.post('Login',this.LoginForm); //访问后台
60. if(res == "OK"){
61.   this.$message.success("登录成功");                             //登录成功
62.   this.$router.push({path:"/Home"});
63. }else{ this.$message.error("登录失败"); //登录失败}}
64.   else{  return false; //验证失败 }}) },
65.    resetLogin(){ console.log('你按了重置');                       //重置表单内容
66.      this.$refs.LoginForm.resetFields(); },
67.   signUp(){
68.      this.$router.replace({path:"/SignUp"}); } } }
69. </script>
70. <style>
71. .LoginContainer{
72.    border-radius:15px;background-clip:padding-box;
73. margin:50px auto;width:350px;padding:15px 35px 15px 35px;
74.    background: aliceblue;border:1px solid skyblue;
75.    /* box-shadow: 0 0 25px gray; */  /* 盒子外边框阴影 */}
76. .loginRemeber{
77.    display:block;float:top;text-align: left;margin: 0 0 15px 0}
78. </style>
```

后台主页面代码如下。

```
1.  <template>
2.     <div>
3.       <el-container class="page">
4.         <el-header class="header">
5.      <span @click="quitLogin()" class="quitLogin">退出登录</span>
6.       <span class="header-title">电影院后台管理系统</span>
7.           </el-header>
8.           <el-container>
9.             <el-aside width="200px">
10.              <el-menu router>
11. <el-submenu index="1" v-for="(item,index) in this.$router.options.routes"
12.           :key="index" v-if="!item.hidden" >  <!-- 启用了路由模式 -<template slot=
    "title"><i class="el-icon-location">导航</i></template><el-menu-item :index=
    "children.path" v-for="(children,index) in item.children"
13. v-if="!children.hidden">{{children.name}}</el-menu-item>
14.      </el-submenu>
15.          </el-menu>
16.              </el-aside>
17.                <el-main>
```

```
18.                 <router-view/>
19.               </el-main>
20.       </el-container>
21.      </el-container>
22.      </div>
23. </template>
24. <script>
25.     export default {
26.         name: "Home",
27.         methods:{
28.             quitLogin(){
29.                 this.$router.push({path:"/Login"}); } } }
30. </script>
31. <style>
32. .page{
33.     margin:0
34. }
35. .header{
36.     background: skyblue; padding:20px}
37. .header-title{
38.     line-height:50px; font-size: 25px;font-weight: bold;}
39. .quitLogin{
40.     position: absolute;left:20px;margin:10px;
41. background: antiquewhite;border-radius:10px;padding:8px;}
42. .quitLogin:hover{
43. position: absolute;left:20px;margin:10px;background: seashell;
44. border-radius:10px;padding:8px;border:2px solid saddlebrown;}
45. </style>
```

ManagerController.java 代码如下。

```
1.  ManagerController.java
2.  public class ManagerController {
3.      @Autowired
4.      ManagerDao managerDao;
5.      //查看所有管理员
6.      @RequestMapping("/selectAllManager")
7.      public List<Manager> SelectAllManager(HttpServletRequest request){
8.          List<Manager> allManager = managerDao.selectAllManager();
9.          System.out.println("allManager:" + allManager);
10.         return allManager;
11.     }
12.     //注册管理员账号
13.     @RequestMapping( "/signUpManager")
14.     public List<Manager> signUpUser(HttpServletRequest request, @RequestBody Manager
manager){
15.         List<Manager> signUpManager = managerDao.SignUpManager(manager.getManager_id(),
manager.getManager_name(),manager.getManager_password());
16.         return signUpManager;
17.     } }
18. public class ManagerController {
19.     @Autowired
20.     ManagerDao managerDao;
```

```
21.     //查看所有管理员
22.     @RequestMapping("/selectAllManager")
23.     public List<Manager> SelectAllManager(HttpServletRequest request){
24.         List<Manager> allManager = managerDao.selectAllManager();
25.         System.out.println("allManager:" + allManager);
26.         return allManager;
27.     } //注册管理员账号
28.     @RequestMapping( "/signUpManager")
29.     public List<Manager> signUpUser(HttpServletRequest request, @RequestBody Manager
    manager){
30.         List<Manager> signUpManager = managerDao.SignUpManager(manager.getManager_id(),
    manager.getManager_name(),manager.getManager_password());
31.         return signUpManager;
32. } }
```

OrderController.java 代码如下。

```
1.  @RestController
2.  public class OrderController {
3.      @Autowired
4.      OrderDao orderDao;
5.      //查找指定 id 用户订单
6.      @RequestMapping("/selectAllFilm_Order")
7.      public List<Order> SelectAllFilm_Order(HttpServletRequest request) {
8.          List<Order> allOrder = orderDao.selectAllFilm_Order();
9.          return  allOrder;
10.     }
11. }
```

FilmController.java 代码如下。

```
1.  @RestController
2.  public class FilmController {
3.      @Autowired
4.      FilmDao filmDao;
5.      Film newfilm = new Film();
6.      //先定义访问地址(只包括协议、ip 地址和端口号)
7.      private  final String URL = "http://localhost:9000/";
8.      //查询所有电影
9.      @RequestMapping("/selectAllFilm")
10.     public List<Film> SelectAllFilm(HttpServletRequest request){
11.         List<Film> allFilm = filmDao.selectAllFilm();
12.         System.out.println("allFilm:" + allFilm);
13.         return allFilm;
14.     }
15.
16.     @RequestMapping("/upload")
17.     public String upload(@RequestParam("file") MultipartFile file) {
18.         //获取项目 classes/static 的地址
19.         String path = this.getClass().getClassLoader().getResource("static").getFile();
20.        String fileName = file.getOriginalFilename();            //获取文件名
21.         //图像访问 URI(即除了协议、地址和端口号的 URL)
22.         String url_path = "image" + fileName;
```

```
23.    System.out.println("图像访问 uri: " + url_path);
24.    String savePath = path + File.separator + url_path;          //图像保存路径
25.           System.out.println("图像保存地址: " + savePath);
26.           File saveFile = new File(savePath);
27.           if (!saveFile.exists()){
28.               saveFile.mkdirs();
29.           }
30.           try {
31.     file.transferTo(saveFile);  //将临时存储的文件移动到真实存储路径下
32.           } catch (IOException e) {
33.               e.printStackTrace();}
34.           //返回图像访问地址
35.           System.out.println("访问 URL: " + URL + url_path);
36.           newfilm.setFilm_picture_url(URL + url_path);
37.           return "OK"; }
38.       //增加电影
39.       @RequestMapping("/addOneFilm")
40.       public String AddOneFilm(HttpServletRequest request, @RequestBody Film film) throws
    FileNotFoundException { List<Film> addFilm = filmDao.addFilm(film.getFilm_id(),film.
    getFilm_name(),film.getFilm_score(),
41. film.getFilm_rank(),film.getFilm_style(),film.getDirector(),film.getActor(),
42. film.getFilm_introduction(),film.getFilm_picture_url());
43. return "OK"; }
44.       //删除一部电影
45.       @RequestMapping("/deleteOneFilm")
46.       public List<Film> DeleteOneFilm(HttpServletRequest request,@RequestBody Film film){
47.           List<Film> deleteOneFilm = filmDao.deleteOneFilm(film.getFilm_id());
48.           return deleteOneFilm;
49.       }
50.       //查找指定 id 的电影
51.       @RequestMapping("/selectOneFilm")
52.       public List<Film> SelectOneFilm(HttpServletRequest request,@RequestBody Film film){
53.           List<Film> oneFilm = filmDao.selectOneFilm(film.getFilm_id());
54.           return oneFilm;}
55.       //编辑指定 id 的电影
56.       @RequestMapping("/updateOneFilm")
57. public List<Film> UpdateOneFilm(HttpServletRequest request,@RequestBody Film film){
58. List<Film> updateFilm = filmDao.updateOneFilm(film.getFilm_id(),film.getFilm_name(),
    film.getFilm_score(),
59.               film.getFilm_rank(),film.getFilm_style(),film.getDirector(),film.getActor());
60. return updateFilm; } }
```

11.4 习题

独立创建一个微信小程序,并实现上述功能。